Einführung

in die

Festigkeitslehre

von

Ernst Wehnert.

Einführung

in die

Festigkeitslehre

nebst Aufgaben aus dem Maschinenbau und der Baukonstruktion.

Ein Lehrbuch
für Maschinenbauschulen und andere technische Lehranstalten
sowie zum Selbstunterricht und für die Praxis.

Von

Ernst Wehnert,

Ingenieur und Lehrer an der Städtischen Gewerbe- und Maschinenbauschule in Leipzig.

Mit 221 in den Text gedruckten Figuren.

Springer-Verlag Berlin Heidelberg GmbH
1906

ISBN 978-3-662-35975-4   ISBN 978-3-662-36805-3 (eBook)
DOI 10.1007/978-3-662-36805-3
Softcover reprint of the hardcover 1st edition 1906

Vorwort

———

Auf wiederholte Anregung von seiten meiner früheren, schon länger in der Praxis stehenden Schüler habe ich mich zur Herausgabe des vorliegenden Buches entschieden, das in der Hauptsache den Lehrgang darstellt, den ich seit Jahren in meinem Unterrichte an der Städtischen Maschinenbauschule in Leipzig verfolge.

Mit dem Buche soll dem angehenden Techniker ein Leitfaden in die Hand gegeben werden, der bei elementarer Darstellung die vollständige mathematische Entwickelung gibt. Hierauf ist besonders Wert gelegt worden, um jedem, der über die elementaren mathematischen Kenntnisse verfügt, ein Lehrbuch der Festigkeitslehre zum Selbstunterricht, meinen Schülern ein Buch zur Wiederholung, dem in der Praxis stehenden Techniker aber ein schnell zu übersehendes und vor allem leicht verständliches Handbuch zu bieten. Die vorhandenen größeren Werke sind ihrer weitgehenden Wissenschaftlichkeit wegen mehr für den Hochschultechniker geschrieben, für den Mittelschultechniker deshalb teilweise zu schwer verständlich, für den Anfänger aber fast gar nicht zugänglich. Die kleineren Werke dagegen haben teils zu geringen, teilweise gar keinen Wert auf die Entwickelung der Gleichungen gelegt, vielfach fehlt ihnen auch die Vollständigkeit, so daß durch sie keine genügende Übersicht über den Stoff der Festigkeitslehre, soweit er von jedem Techniker gekannt und beherrscht werden sollte, gewonnen werden kann.

Das vorliegende Buch soll daher eine wirklich bestehende Lücke auszufüllen suchen, und ich glaube, daß es innerhalb der erwähnten Kreise auch seinen Zweck zu erfüllen imstande ist. Besonders wird die Aufgabensammlung mit ihren zahlreichen und gewählten Beispielen aus dem praktischen Maschinenbau und der Baukonstruktion, nebst den beigefügten Erläuterungen aus der Maschinenlehre zu selbständigen Übungen anregen.

Sollte das Buch, wie ich hoffe, eine beifällige Aufnahme finden, so beabsichtige ich auch noch die Herausgabe eines zweiten Buches, das die zusammengesetzte Festigkeit, soweit sie praktischen Wert hat, in möglichst vollständiger Weise behandelt.

Für die freundliche Mithilfe bei der Durchsicht der Korrekturbogen von seiten meines lieben Kollegen, des Herrn Oberlehrer Engelmann, spreche ich hiermit meinen Dank aus.

Leipzig, im November 1905.

Ernst Wehnert.

Inhaltsverzeichnis.

Vierter Abschnitt.

Biegung.

Seite

Anwendungen der Festigkeitslehre.

Erste Aufgabengruppe.

Zweite Aufgabengruppe.

Dritte Aufgabengruppe.

Einleitung.

Während die Lehre von der Statik und der Dynamik, als 1. und
2. Teil der Mechanik, sich mit den Bedingungen und Gesetzen des Gleichgewichtes und der Bewegung der Körper beschäftigen, befaßt sich die Lehre
von der Elastizität, als 3. Teil der Mechanik, mit der Formänderung der
Körper.

Mit der Elastizitätslehre eng verknüpft ist die Festigkeitslehre, der
die Aufgabe zukommt, die Abmessungen und Formen der Körper so
zu bestimmen, daß die Formänderungen derselben innerhalb bestimmter
Grenzen bleiben.

Unter der Festigkeit eines Körpers versteht man den Widerstand,
den der Körper infolge seiner Molekularkraft (Kohäsion) der durch äußere
Krafteinwirkungen entstehenden Trennung seiner Teile (Moleküle) ent-
gegensetzt. Je nach der Art der Beanspruchung eines Körpers unterscheidet man in der Regel folgende sechs Grundfestigkeiten:

1. Absolute — oder Zugfestigkeit,
2. Rückwirkende — oder Druckfestigkeit,
3. Schub- oder Scherfestigkeit,
4. Relative — oder Biegungsfestigkeit,
5. Torsions- oder Drehungsfestigkeit,
6. Knickfestigkeit.

Beanspruchen jedoch die angreifenden Kräfte einen Körper derart,
daß mehrere der vorgenannten Festigkeitsarten gleichzeitig auf denselben
einwirken, so spricht man auch noch von zusammengesetzter oder kombi-
nierter Festigkeit.

Erster Abschnitt.

§ 1. Allgemeines über Zug- und Druckfestigkeit.

1. Längen-, Querschnitts- und Spannungsänderung.

a) Beansprucht eine Kraft P, wie Fig. 1 zeigt, einen Körper auf Zug, so verlängert sich dieser Körper unter Einwirkung der Kraft P von der ursprünglichen Länge 1 auf die Länge l_1; gleichzeitig findet aber auch in Querschnittsrichtung eine Zusammenziehung (Kontraktion) statt, wobei sich der anfängliche Durchmesser d auf den Durchmesser d_1 vermindert. Die Verlängerung oder Ausdehnung λ des Körpers ergibt sich somit aus

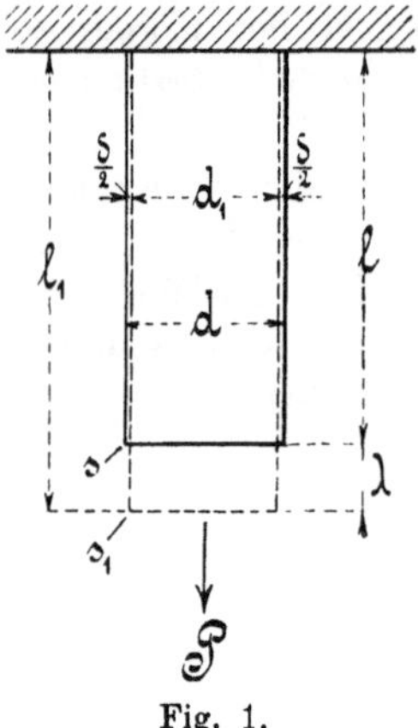

Fig. 1.

1. $\quad \lambda = l_1 - 1$

und die Kontraktion oder Zusammenziehung aus

2. $\quad \delta = d - d_1.$

Bezeichnet nun noch s die auf einen qmm Querschnitt entfallende gleichmäßig verteilte Kraft in kg zu Beginn der Belastung, s_1 dagegen die gleiche Kraft nach eingetretener Ausdehnung, so ergibt sich die auf einen qmm kommende, infolge der Querschnittsverminderung sich ergebende Belastuugs- oder Spannungserhöhung σ zu

3. $\quad \sigma = s_1 - s.$

b) Beansprucht eine Kraft P einen Körper, wie Fig. 2 zeigt, auf Druck, so tritt infolge dieser Krafteinwirkung eine Verkürzung des Körpers von der ursprünglichen Länge 1 auf l_1 ein, wobei gleichzeitig in der Querschnittsrichtung eine Vergrößerung vom anfänglichen Durchmesser d auf d_1 eintritt.

Die Verkürzung λ des Körpers ergibt sich somit zu

1. $\quad \lambda = 1 - l_1$

und die Vergrößerung des Durchmessers aus
$$2. \quad \delta = d_1 - d.$$

Bezeichnet s wieder die sogenannte Spannung (d. h. die Beanspruchung pro qmm Querschnitt) im Anfangszustande,
s_1 die Spannung nach eingetretener Zusammendrückung des Körpers, so ergibt sich die Spannungsverminderung σ zu
$$3. \quad \sigma = s - s_1.$$

c) Der Vergleich der unter a und b genannten Erscheinungen zwischen Zug- und Druckwirkung zeigt, daß die Umkehrung der Kraftrichtung auch die Formänderungen des Körpers umkehrt.

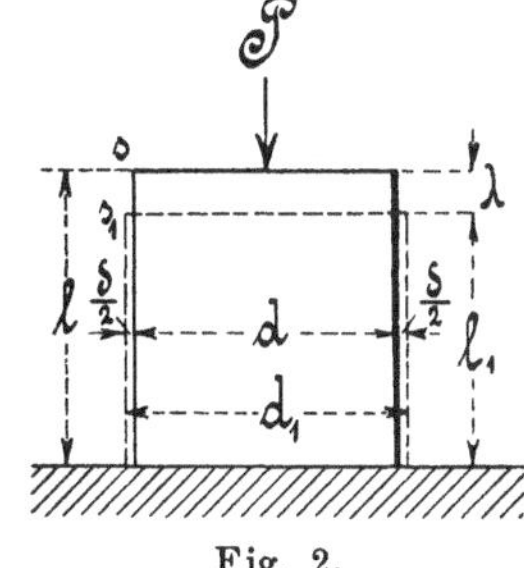

Fig. 2.

Wird somit die Richtung der ziehenden Kraft als positiv und die der drückenden Kraft als negativ bezeichnet, so lassen sich die ·oben genannten, je drei für Zug und Druck gültigen Gleichungen zu folgenden drei Gleichungen zusammenfassen:

$$\lambda = \pm (l_1 - l) \quad \ldots \ldots \ldots \quad 1$$
$$\delta = \pm (d - d_1) \quad \ldots \ldots \ldots \quad 2$$
$$\sigma = \pm (s_1 - s) \quad \ldots \ldots \ldots \quad 3$$

2. Spannung. Bruchmodul.

Wie bereits vorher gesagt, versteht man unter Spannung die durch die innere Festigkeit des Materials widerstehende Belastung in kg, mit der ein prismatischer Körper vom Querschnitt 1 qmm oder 1 qcm (z. B. ein Vierkantstab) in Richtung seiner Längsachse beansprucht werden kann. Wirkt die Belastung so auf den Körper ein, daß die inneren, dieser Belastung widerstehenden Kräfte senkrecht zum Querschnitt gerichtet sind, so bezeichnet man die Spannnng als Normalspannung im Gegensatz zu der in § 11, Abs. 2 genannten Schubspannung, bei der die Kraftrichtung mit jener des Querschnittes zusammenfällt. Die Belastung aber, die nötig ist, den genannten Körper von 1 qmm oder 1 qcm Querschnitt zu zerreißen oder zu zerdrücken, nennt man den Bruchmodul.

3. Elastizität und Elastizitätsgrenze. Tragmodul.

Wie bereits Fig. 1 und 2 gezeigt haben, besitzt jeder Körper die Eigenschaft, unter der Einwirkung äußerer Kräfte eine Änderung seiner Gestalt zu erfahren und mit dem Aufhören dieser Einwirkung die erlittene Formänderung mehr oder minder vollständig wieder zu verlieren.

Insoweit er die erlittene Formänderung wieder verliert, d. h. zurückfedert, wird er als „elastisch" bezeichnet.

Ist die Rückkehr in die ursprüngliche Form eine vollständige, so nennt man den Körper „**vollkommen elastisch**".

Diese Eigenschaft hat nun kein Körper, jedoch kann man annehmen, daß fast alle Körper innerhalb bestimmter Grenzen eine mehr oder weniger vollkommene Elastizität besitzen; diese Annahme führt zum Begriff der Elastizitätsgrenze, worunter man diejenige Grenze versteht, bis zu der eine Kraft einen Körper so belasten, bezw. ausdehnen oder zusammendrücken darf, daß nach Beseitigung der Kraft die aus ihrer Lage gebrachten Moleküle wieder in ihre frühere Lage zurückkehren, d. h. also, daß der Körper keine bleibende Formänderung erfährt.

Hieraus ergibt sich, daß bei allen in der praktischen Technik vorkommenden Konstruktionen die Belastung eines Körpers nur so groß zu wählen ist, daß er bis höchstens zur Elastizitätsgrenze ausgedehnt oder zusammengedrückt werden kann.

Diese Höchstbelastung nennt man den Tragmodul im Gegensatz zu dem sub 2 genannten Bruchmodul, die beide für jedes Material verschieden und durch praktische Versuche zu ermitteln, bezw. festzustellen sind.

Die bei praktischen Ausführungen maßgebende Belastung darf jedoch auch diesen Tragmodul nicht erreichen, sondern beträgt zumeist nur das $^1/_2$- oder $^1/_3$ fache desselben.

4. Proportionalitätsgrenze.

Die infolge der Belastung eines Körpers eintretende Verlängerung oder Verkürzung (allgemein Dehnung genannt) richtet sich nun ganz nach der Größe der Belastung, und zwar wird die Dehnung größer werden, sobald die Belastung größer ist und umgekehrt; diese Eigenschaft haben alle Materialien miteinander gemein.

Eine Reihe von Materialien besitzt aber noch die weitere Eigenschaft, daß bis zu einer gewissen Belastung eine Proportionalität zwischen Dehnung und Spannung besteht, d. h., nimmt die Belastung pro Flächeneinheit (die Spannung) etwa um gleiche Teile zu, so nimmt auch die Dehnung in gleicher Weise zu. Die Grenze, bis zu welcher der proportionale Zusammenhang zwischen Dehnung und Spannung besteht, nennt man Proportionalitätsgrenze. Wird diese Grenze überschritten, so wächst die Dehnung bei sonst gleichbleibender Belastungszunahme immer mehr und mehr, bis endlich der Bruch selbst eintritt.

Die beistehende Fig. 3 gibt eine bildliche, d. h. graphische Darstellung des zuletzt beschriebenen Zusammenhanges zwischen Dehnung und Spannung. Es mögen λ die bei Zug sich ergebenden Verlängerungszunahmen und P die zugehörigen Belastungen bezeichnen. Diese trage man im beistehenden Koordinatensystem in beliebigem Maßstabe auf der Ordinatenachse, die durch die Belastungen sich ergebenden Dehnungen dagegen in einem größer zu wählenden Maßstabe auf der Abszissenachse auf. Verbindet man nun die sämtlich aufgetragenen Punkte miteinander, so erhält man die Belastungskurve OP_rS. Wie ersichtlich, verläuft diese Kurve bis zum Punkte P_r als Gerade, womit bildlich die Proportionalität zwischen Verlängerungen (Dehnungen) und Belastungen (Spannungen) gekennzeichnet ist. An der Stelle P_r ist also die Proportionalitätsgrenze, wozu die Belastung OP_{r1} und die Ausdehnung OP_{r2} gehören.

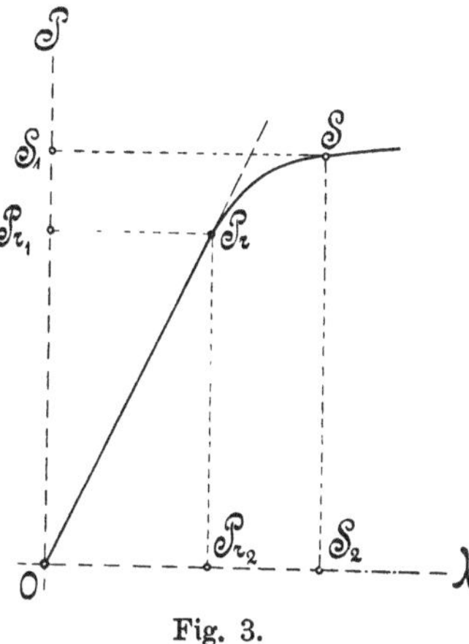

Fig. 3.

Wird nun die Belastung OP_r überschritten, so neigt sich die Belastungskurve von der Geraden OP_r nach rechts etwa bis zum Punkte S, was eine Dehnungszunahme bedeutet. Von der Stelle S an beginnt das Strecken oder Fließen des Körpers, weshalb man diese Grenze bei Zugbeanspruchung als die Streck- oder Fließgrenze, bei Druckbeanspruchung als Fließ- oder Quetschgrenze bezeichnet hat. Die zu der Fließgrenze gehörende Belastung ist dann OS_1, die zugehörige Verlängerung aber gleich OS_2.

Die Fig. 4 zeigt bei Zugbeanspruchung die Fortsetzung der Belastungskurve von der Fließgrenze S an. Diese Kurve läuft zunächst eine Strecke nahezu parallel und steigt hierauf langsam an bis zum Punkte B, an welcher Stelle die Höchstbelastung OB_1 bei einer Längenzunahme gleich OB_2 vorliegt; diese Belastung nennt man die Bruchbelastung, obgleich an dieser Stelle der Bruch noch nicht eintritt.

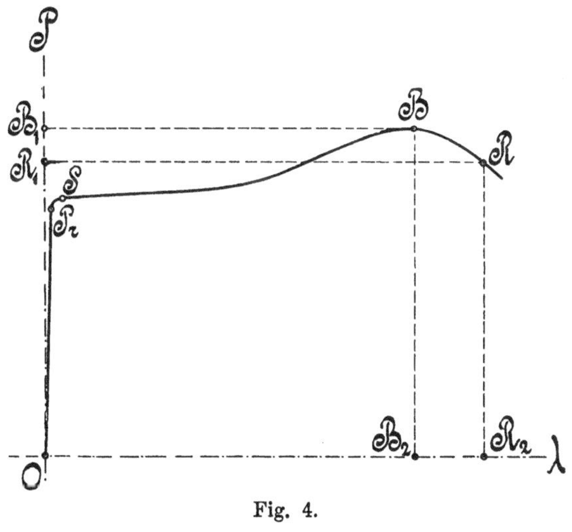

Der Bruch tritt vielmehr erst an der Stelle R ein und zwar bei einer geringeren Belastung OR_1, bei einer Längenänderung OR_2.

Fig. 4.

Die Fig. 5 zeigt bei Druckbeanspruchung den Verlauf der Belastungskurve an. Auch hierbei ist in gleicher Weise wie bei Zug eine

Proportionalitätsgrenze und Fließgrenze vorhanden. Eine weitere allgemeine Übereinstimmung liegt aber in der Form der Belastungskurve nicht mehr vor, denn der Verlauf derselben von der Fließ- oder Quetschgrenze Q an ist eine wesentlich andere als bei Zugbeanspruchung.

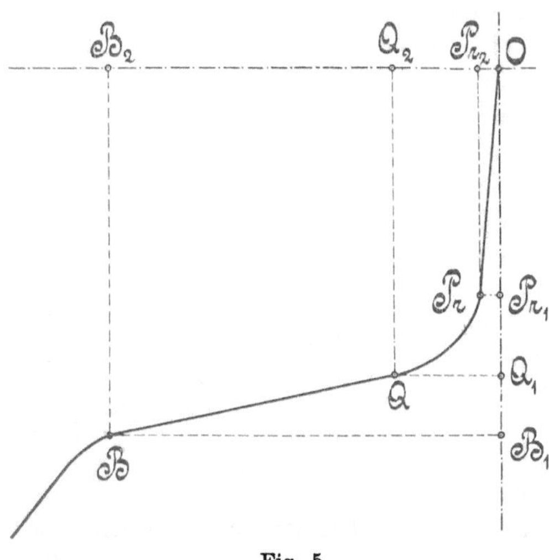

Fig. 5.

Die Bruchgrenze B für Druck ist nur bei spröden Stoffen, z. B. Gußeisen, Stein, Zement u. a., deutlich erkennbar, während zähe und verhältnismäßig weiche Körper, wie Blei, Kupfer, Flußeisen etc., nicht zum Bruche gebracht werden können, da sie sehr große Formveränderungen unter Druckbeanspruchung vertragen, ohne daß irgend ein Anzeichen von Bruch auftritt. Bei diesen Körpern kann man die Belastung sehr stark steigern, ohne einen Bruch zu erzeugen, wie das der von B aus dargestellte weitere Verlauf der Kurve andeutet.

Während also bei spröden Körpern der Gütemaßstab von der Bruchgrenze B abhängig gemacht wird, gilt bei zähen Körpern die für den Konstrukteur wichtige Quetschgrenze Q, bei der das Material anfängt, unter der Belastung in erheblichem Maße nachzugeben.

Bei der Zugbeanspruchung eines Körpers erklärt sich die geringere Belastung an der Bruchstelle daraus, daß, wie Fig. 6 zeigt, an der Belastungsstelle B der Körper eine Einschnürung erleidet, wodurch sich der Querschnitt wesentlich verringert.

Zur Bestimmung der Bruchfestigkeit oder Bruchspannung oder, was dasselbe ist, des Bruchmoduls müßte streng genommen der an der Bruchstelle verminderte Querschnitt f_1 in Rechnung gesetzt werden, der jedoch sehr schwer bestimmt werden kann. Mit Rücksicht darauf setzt man an dessen Stelle den genau bestimmbaren, ursprünglichen Querschnitt f ein, was nur im Interesse der größeren Festigkeit des Materials liegt.

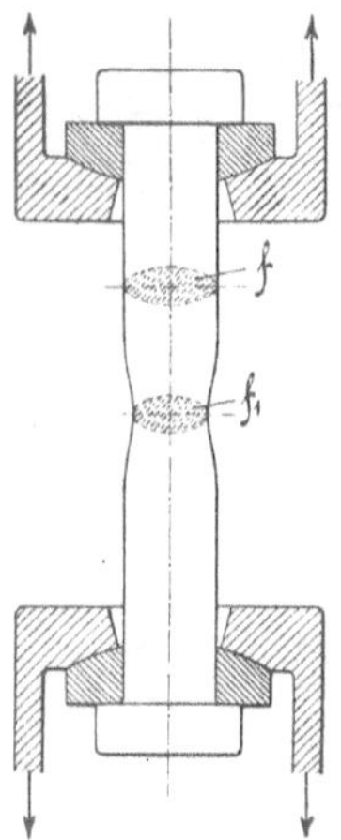

Fig. 6.

Die Querschnittsverminderung eines auf Zug beanspruchten Körpers drückt man am besten durch das Verhältnis aus:

$$\varphi = \frac{f_1}{f} \qquad \qquad 4$$

oder in Prozenten des ursprünglichen Querschnittes:

$$p = 100\left(1 - \frac{f_1}{f}\right) = 100\,\frac{f - f_1}{f} \qquad \qquad 5$$

Zweiter Abschnitt.

Zug und Druck.

§ 2. Die Zug- und Druckfestigkeit.

Ist ein Körper von beliebigem Querschnitte nach Fig. 7 oder 8 auf Zug oder Druck beansprucht und verteilt sich die Kraft P gleichmäßig über den ganzen Querschnitt, so ist ohne weiteres einzusehen, daß die Querschnittseinheit (d. i. 1 qmm oder 1 qcm) um soviel mal weniger belastet ist, als Einheiten auf den Querschnitt kommen.

Bezeichnet also s die im § 1, Abs. 2 angegebene Belastung der Querschnittseinheit bis zum Bruch und hat der Querschnitt des Körpers f Einheiten, so ergibt sich die Gesamtbelastung P_{Br}, die den Körper zum Bruch führen würde, aus

$$P_{Br} = f \cdot s,$$

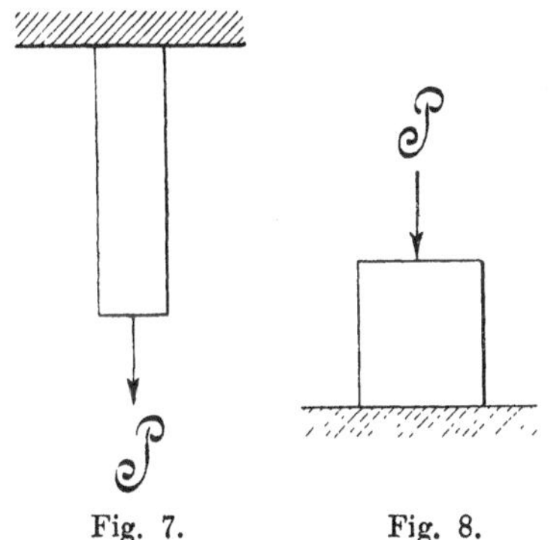

Fig. 7.   Fig. 8.

d. h. die Kraft P ist proportional dem Querschnitte f.

Bei der Elastizitätsgrenze würde eine Belastung P_E von

$$P_E = f \cdot \sigma$$

erforderlich sein, wenn σ den Tragmodul bezeichnet.

Da nun im angewandten Maschinenbau, so wie in anderen technischen Gebieten, kein Körper bis zum Bruch und auch nicht bis zur Traggrenze beansprucht werden darf, sondern eine mehr oder weniger grosse Sicherheit gegen beide Grenzen gewähren soll, so wird nur ein Teilbetrag der Spannung s, bezw. σ in Rechnung gezogen, der dann in der Praxis unter der zulässigen Spannung k verstanden wird.

Bezeichnet m den Sicherheitsgrad gegen Bruch und μ denselben gegen Elastizität, so ergibt sich die zulässige Materialspannung zu

$$k = \frac{s}{m} \text{ und } k = \frac{\sigma}{\mu} \quad\ldots\ldots\ldots\ldots \quad 6$$

Bezeichnet nun noch allgemein k_z die zulässige Spannung gegen Zug und k_d dieselbe Spannung gegen Druck, so schreibt sich die der Festigkeitsrechnung zugrunde gelegte Gleichung gegen Beanspruchungen

$$\text{auf Zug:} \quad P = f\,k_z \quad\ldots\ldots\ldots \quad 7$$
$$\text{auf Druck:} \quad P = f\,k_d \quad\ldots\ldots\ldots \quad 8$$

Die Spannungen k_z und k_d, die für die meisten Materialien verschieden sind, liegen gewöhnlich unterhalb der Propotionalitäts- und der Elastizitätsgrenze und sind

    1. für ruhende Belastung,

    2. für wechselnde Belastung zwischen 0 und einem maximum,

    3. für beliebig zwischen einem größten negativen und größten positiven Werte der Belastung, also zwischen — oder + max.,

erfahrungsgemäß so verschieden, daß die beim 3. Belastungsfalle zu wählende Spannung das $^1/_3$ fache, die beim 2. Falle zu verwendende Spannung das $^2/_3$ fache der im Fall 1 bei ruhender Belastung üblichen Spannung beträgt.

§ 3. Dehnungskoeffizient. Dehnung. Hookesches Gesetz. Elastizitätsmodul.

Wie in § 1 bereits gesagt, verlängert oder verkürzt sich ein Körper, sobald er auf Zug oder Druck beansprucht wird.

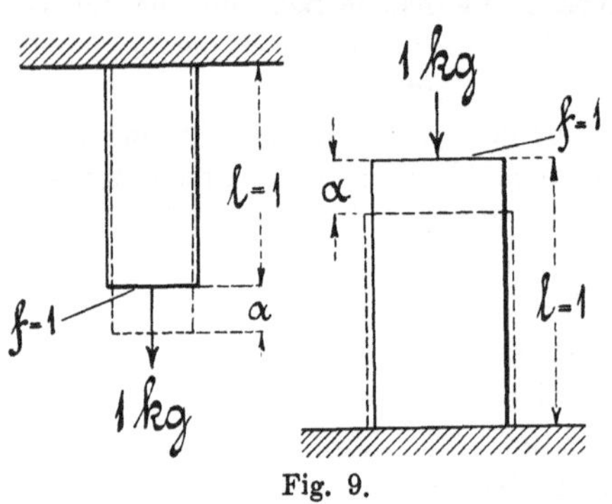

Fig. 9.

Wird nun, wie Fig. 9 zeigt, ein Körper von der Länge 1 (1 cm oder 1 mm) und vom Querschnitt 1 (1 qcm oder 1 qmm) mit 1 kg auf Zug oder Druck beansprucht, so verlängert oder verkürzt sich der Körper um die Strecke α.

Die für jedes Material durch Versuche festzustellende Erfahrungszahl α nennt man den Dehnungskoeffizienten. Er gibt also allgemein die Längenänderung eines Körpers von der Längen- und Querschnittseinheit, unter der Einwirkung der Krafteinheit, an.

Wird nun derselbe Körper, wie Fig. 10 zeigt, nicht nur mit 1 kg, sondern mit σ kg belastet, so verlängert oder verkürzt er sich unter Bezugnahme auf § 1, Abs. 4, um

$$\varepsilon = \alpha\sigma, \ \ldots \ 9$$

welche Längenänderung man als Dehnung bezeichnet. Unter dieser Gleichung versteht man das Hookesche Gesetz.

Besitzt, wie Fig. 11 zeigt, der vorbenannte mit σ kg belastete Körper eine beliebige Länge l (in cm oder mm gemessen), so ergibt sich unter der Annahme, daß die Dehnung ε an allen Stellen des

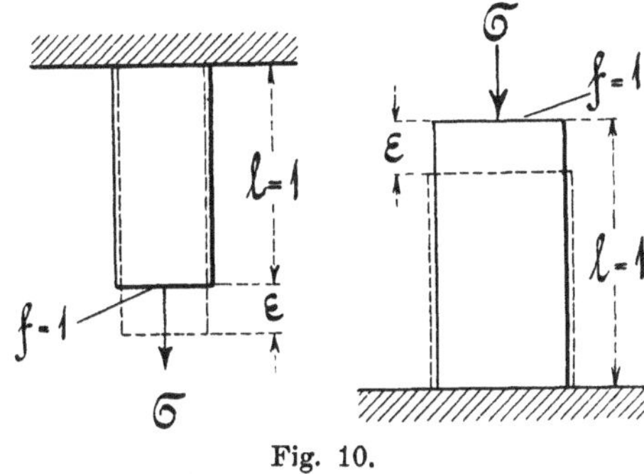

Fig. 10.

Körpers dieselbe ist, eine gesamte Längenänderung λ von

$$\lambda = \varepsilon\,\mathrm{l},$$

oder in Prozenten der ursprünglichen Länge l ausgedrückt, so wie es in der Praxis vielfach gebräuchlich ist, die Dehnung δ zu

$$\delta = 100\,\varepsilon = 100\,\frac{\lambda}{\mathrm{l}}$$
$$= 100\,\frac{\pm\,(\mathrm{l}_1 - \mathrm{l})}{\mathrm{l}}$$
$$\text{,,} = \pm\,100\left(\frac{\mathrm{l}_1}{\mathrm{l}} - 1\right) \quad . \quad 10$$

Setzt man in die Gleichung für λ den obigen Wert für ε und für σ den Wert aus § 2, nämlich $\sigma = \dfrac{P}{f}$ ein, so ergibt sich

$$\lambda = \varepsilon\mathrm{l} = \alpha\sigma\mathrm{l} = \alpha\,\frac{P}{f}\,\mathrm{l}$$
$$\text{,,} = \alpha\,\frac{P\mathrm{l}}{f} \quad . \quad . \quad . \quad . \quad 11$$

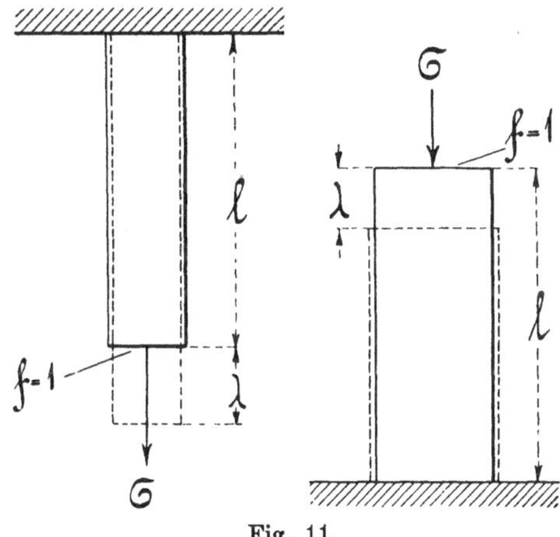

Fig. 11.

In dieser Gleichung bezeichnet f den Querschnitt eines mit der Kraft P auf Zug oder Druck beanspruchten Körpers, dessen Länge l beträgt.

Löst man die Gleichung 11 nach P auf und setzt $\lambda = \mathrm{l}$ und $f = 1$, so ergibt sich

$$P = \frac{\lambda f}{\alpha \mathrm{l}} = \frac{\mathrm{l} \cdot 1}{\alpha \mathrm{l}} = \frac{1}{\alpha} = E \ . \quad . \quad . \quad . \quad . \quad . \quad 12$$

Die Kraft E gibt den in der Technik allgemein bekannten Elastizitätsmodul an, unter dem man nach dem vorhergehenden diejenige Kraft versteht, bei der ein prismatischer, in seiner Längsrichtung beanspruchter Körper um seine ganze Länge ausgedehnt oder zusammengedrückt würde, falls das ohne Überschreitung der in § 1, Abs. 3 genannten Elastizitätsgrenze möglich wäre, was nun freilich bei den in der Technik verwendeten Materialien nicht der Fall ist.

So beträgt z. B. der Elastizitätsmodul für Schmiedeeisen rund 2 000 000 kg, d. h., es würden 2 000 000 kg notwendig sein, um einen schmiedeeisernen prismatischen Körper von 1 qcm Querschnitt um seine eigne Länge zu verlängern oder zu verkürzen. In Wirklichkeit würde aber schon bei ca. 1500 kg die Proportionalitätsgrenze, welche den im vorliegenden Paragraphen aufgestellten Gleichungen zugrunde liegt, überschritten und außerdem bei etwa 4000 kg der Körper zum Bruch geführt werden.

Für die Elastizitäts- und Festigkeitslehre ist es deshalb zweckmäßiger und vor allem anschaulicher, nur mit dem Begriff des Dehnungskoeffizienten zu rechnen.

§ 4. Längenänderung durch Wärme- und Spannungsänderung.

An dieser Stelle ist zunächst zu bemerken, daß der Abschnitt über Längenänderung durch Wärmeänderung eigentlich in das Gebiet der Wärmelehre gehört.

Da aber bei vielen Festigkeitsberechnungen auch die Temperatureinflüsse mitberücksichtigt werden müssen, so ist es zweckmäßig, den vorliegenden Abschnitt in der Festigkeitslehre mit aufzuführen.

a) Wird ein Körper erwärmt, so dehnt er sich aus, wird er dagegen abgekühlt, so findet eine Zusammenziehung statt.

Die Ausdehnung oder Zusammenziehung kann nun innerhalb gewisser Temperaturdifferenzen proportional der Temperaturzu- oder abnahme angesehen werden.

1. Wird z. B. ein stabförmiger Körper, wie Fig. 12 zeigt, von der Länge gleich 1 (in mm, cm oder m gemessen) und von der Temperatur t^0 Celsius, um 1^0 Celsius erwärmt, so dehnt sich hierbei der Stab um α aus; diese Aus

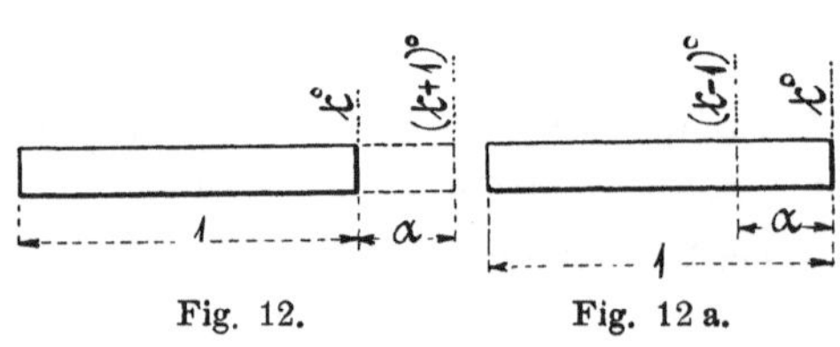

Fig. 12.   Fig. 12 a.

dehnung nennt man den linearen oder Längenausdehnungskoeffizienten.

Wird nach Fig. 13 die Temperatur t^0 des gleichen Stabes auf $t_1{}^0$ gesteigert, so beträgt die zugehörige Ausdehnung ε,

$$\varepsilon = \alpha\,(t_1 - t).$$

Da sich nun jede Stablängeneinheit um gleichviel ausdehnt, so wird sich, wie Fig. 14 zeigt, ein Stab von der Länge l auch l mal soviel ausdehnen.

Es ergibt sich somit die gesamte Ausdehnung

$$\lambda = \alpha\,(t_1 - t)\,\mathrm{l}.$$

Bei Abkühlung gilt dann nach den Fig. 12a, 13a und 14a, wenn t die höhere Anfangs- und t_1 die Endtemperatur bedeutet:

$$\lambda = \alpha\,(t - t_1)\,\mathrm{l}.$$

Bezeichnet man zuletzt noch die Zunahme der Temperatur als positiv, die Abnahme dagegen als negativ, so lassen sich die beiden letzten Gleichungen in folgende Gleichung vereinigen:

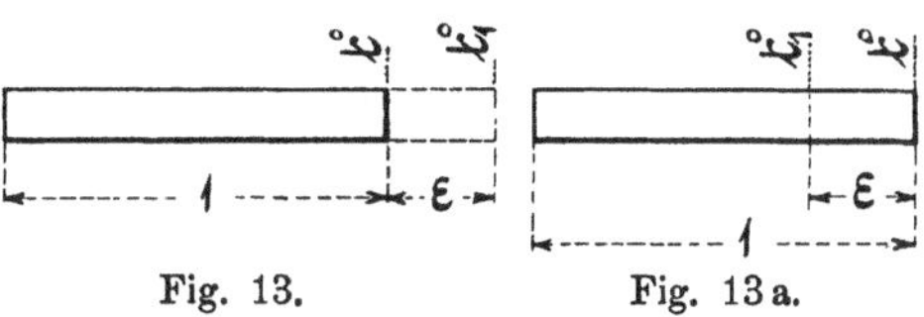

Fig. 13.   Fig. 13a.

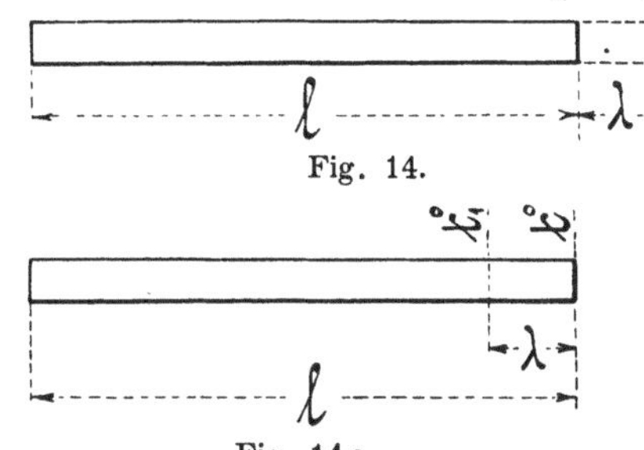

Fig. 14.

Fig. 14a.

$$\lambda = \pm\,\alpha\,(t_1 - t)\,\mathrm{l} \quad \ldots \ldots \ldots \quad 13$$

2. Handelt es sich dagegen um eine Flächen- oder Körperausdehnung, so läßt sich die letztgenannte Gleichung auch sofort anwenden, wenn man nur den Längenausdehnungskoeffizienten α mit dem zweimal so großen Flächen-, bezw. dreimal so großen Volumenausdehnungskoeffizienten und die Länge l des Körpers mit der Fläche f, bezw. dem Volumen V vertauscht.

b) Wird ein Körper nach Fig. 15 auf Zug oder Druck beansprucht und bedeutet σ die Anfangs-, σ_1 die Endspannung, ferner α den in § 4 genannten Dehnungskoeffizienten, so ergibt sich, wenn Zug als $+$, Druck als $-$ bezeichnet wird, die Verlängerung oder Verkürzung

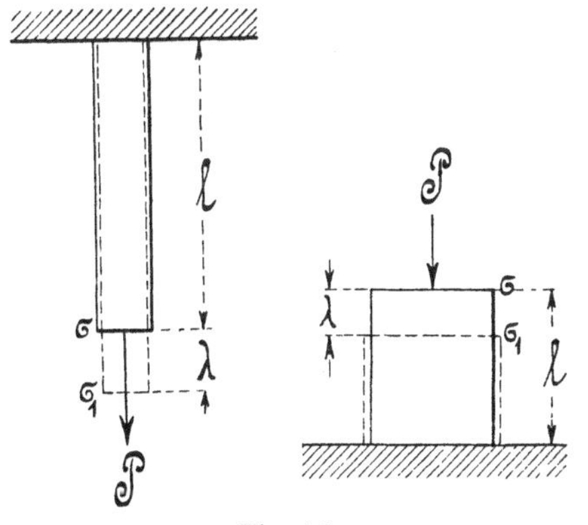

Fig. 15.

$$\lambda = \pm\,\alpha\,(\sigma_1 - \sigma)\,\mathrm{l} \quad \ldots \ldots \ldots \quad 14$$

§ 5. Erweiterung des Hookeschen Gesetzes.

Dem in § 3 genannten Hookeschen Gesetze „$\varepsilon = \alpha\sigma$" kommt, wie die Erfahrung gezeigt hat, keine allgemeine Gültigkeit zu, es hat somit nur für eine Minderzahl von Materialien, worunter aber die für den Maschinen- und Ingenieurbau besonders wichtigen Stoffe, Schmiedeeisen und Stahl, gehören.

Eine für weitere Materialien — darunter Gußeisen, Granit, Körper aus Zement, Zementmörtel, Beton; ferner Kupfer, Bronze, Messing u. a. — gültige Gleichung hat 1895 der Ingenieur Schüle in dem Gesetz

$$\varepsilon = \alpha \cdot \sigma^{m} \quad\quad \ldots \ldots \ldots \ldots \quad 15$$

gefunden.

Dieses Gesetz ist übrigens schon im Jahre 1729 von Bülffinger angegeben und 1822 in der Elastizitätslehre von Hodgkinson erwähnt worden.

Für m liegen folgende Versuchswerte von Bach vor:

für Gußeisen

    1. für Zug, wenn vorher nicht belastet   m = 1,083

            „   „   stark   „   m = 1,1

    2. für Druck, wenn vorher nicht belastet   m = 1,0685

                 wenn vorher noch nicht durch Druck belastet   m = 1,035

                „   „   stark durch Druck belastet   m = 1,052, 1,048

für Kupfer, für Zug   m = 1,098, 1,074,

 „   Bronze, „   „   m = 1,028

 „   Messing, für Zug   m = 1,085

 „   Leder,   „   „   m = 0,7

 „   Zementkörper, für Druck   m = 1,09

 „   Granit, 1. für Druck   m = 1,374

              2. „   Zug   m = 1,132, 1,109.

Die von Bach gemachten Versuche haben ergeben, daß in dem Gesetz „$\varepsilon = \alpha\sigma^{m}$" für den Fall, daß der Exponent m größer als 1 ist,

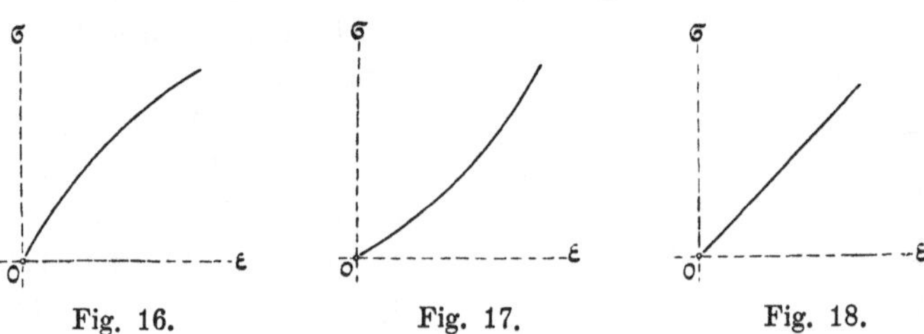

Fig. 16.   Fig. 17.   Fig. 18.

die Dehnungen ε rascher wachsen als die Spannungen σ, und für den Fall, daß m kleiner als 1 ist, die Dehnungen ε langsamer wachsen als die Spannungen σ.

Also, für m $>$ 1 wächst ε rascher als σ,

„ m $<$ 1   „ ε langsamer als σ,

„ m $=$ 1 ergibt sich das Hookesche Gesetz.

Dieses, graphisch aufgetragen, zeigt, daß, je größer die Abweichung des Exponenten m von der Einheit ist, um so mehr sich die Dehnungskurve „$\varepsilon = \alpha\sigma^{m}$" gegen die ε- oder σ-Achse wölbt, d. h., wenn m $>$ 1 ist, kehrt die Kurve der ε-Achse ihre hohle Seite zu (Fig. 16), wenn dagegen m $<$ 1 ist, so kehrt sie der σ-Achse ihre hohle Seite zu (Fig. 17), und wenn m $=$ 1 ist, so erhält man eine gerade Linie (Fig. 18).

§ 6. Gesamte, bleibende und federnde Längenänderungen. Maß der Vollkommenheit (Elastizitätsgrad).

a) In dem vorangegangenen Paragraphen ist ein Maß zur Bestimmung der Längenänderung eines auf Zug oder Druck beanspruchten Körpers für den Fall gegeben, daß die Belastung beständig wirkt. In der praktischen Technik gibt es nun aber auch Körper, die abwechselnd belastet und wieder entlastet werden.

Mit Bezug auf § 1, Abs. 3 erleidet ein Körper bei Belastung eine Formänderung, die bei Entlastung mehr oder weniger wieder verschwindet. Dem zufolge sind, wie Fig. 19 zeigt, drei Längenänderungen zu unterscheiden:

1. die gesamte Längenänderung λ,
2. „ bleibende „ λ_{b},
3. „ federnde „ λ_{f}.

Je größer die Belastung des Körpers ist, um so bedeutender ist auch die bleibende Längen- oder Formänderung. Letztere darf nun

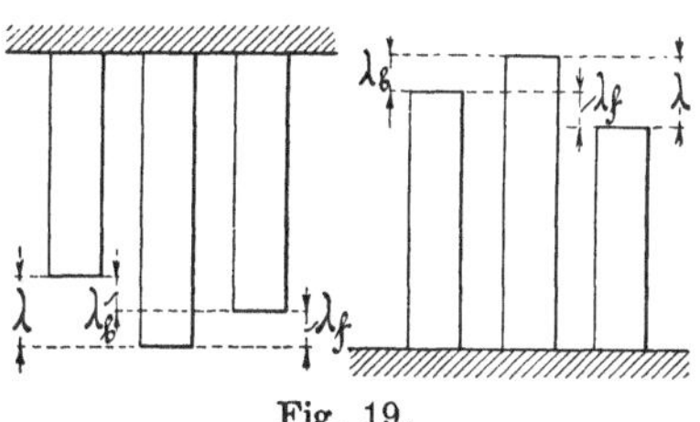

Fig. 19.

in der Regel bei Konstruktionsteilen entweder gar nicht oder nur in ganz geringem Grade auftreten, wie bereits aus dem Gesagten im § 1, Abs. 3 hervorgeht.

Für die ausführende Technik hat deshalb die federnde und somit auch die bleibende Längenänderung keine oder doch wenigstens geringe Bedeutung; dagegen ist diese Änderung für die Beurteilung des Materials von großer Wichtigkeit.

b) Ein Maß für die Vollkommenheit der Elastizität eines Körpers (Elastizitätsgrad) erhält man in dem Quotienten

$$\mu = \frac{\lambda_f}{\lambda}, \text{ d. h. } \frac{\text{federnde Dehnung}}{\text{gesamte Dehnung}} \quad \ldots \ldots 16$$

Für $\mu = 1$ ergibt sich die früher genannte Elastizitätsgrenze.

§ 7. Maß der Zusammenziehung. Kräfte senkrecht zur Stabachse. Gehinderte Zusammenziehung.

Wird ein auf Zug beanspruchter Körper, wie bereits im § 1, Abs. 1 gesagt und aus beistehender Fig. 20 ersichtlich ist, in der Achsenrichtung um ε ausgedehnt (siehe § 3), so erfährt er zu gleicher Zeit eine Querzusammenziehung ε_q, die einen Teil von ε darstellt. Bezeichnet m diesen Teil, so ergibt sich die Querzusammenziehung zu

$$\varepsilon_q = \frac{\varepsilon}{m}, \qquad \cdots \qquad 17$$

worin m eine erfahrungsmäßig zwischen 3 und 4 liegende Konstante ist.

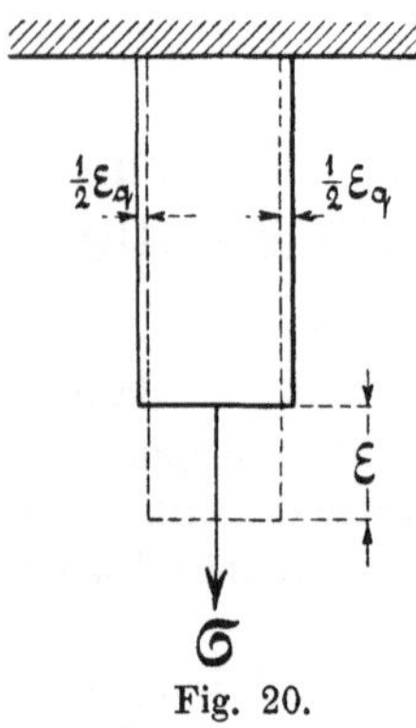

Fig. 20.

1. Wirkt nun, wie aus Fig. 21 ersichtlich ist, auf einen aus isotropem und Proportionalitätsgrenze besitzendem Material hergestellten Körper in einer bestimmten Richtung, z. B. in Richtung der x-Achse, eine Kraft P_x ziehend ein, so ergibt sich die in dieser Richtung auftretende Dehnung

$$\varepsilon_x = \alpha \sigma_x, \text{ woraus } \sigma_x = \frac{\varepsilon_x}{\alpha} \text{ folgt.}$$

Die hierbei auftretende Zusammenziehung in Richtung der y- und z-Achse beträgt dann je

$$\varepsilon_q = \frac{\varepsilon_x}{m},$$

und die Spannungen in der y- und z-Achse, also σ_y und σ_z, haben den Wert Null.

2. Wirkt dagegen auf einen Körper in Richtung der y-Achse eine Kraft P_y ziehend ein, so beträgt die in dieser Richtung auftretende Dehnung

$$\varepsilon_y = \alpha \sigma_y, \text{ woraus } \sigma_y = \frac{\varepsilon_y}{\alpha} \text{ sich ergibt.}$$

Die hierbei auftretende Zusammenziehung in Richtung der x- und y-Achse ist dann je

$$\varepsilon_q = \frac{\varepsilon_y}{m},$$

und die Spannungen in diesen Achsen-Richtungen, also σ_x und σ_z, sind gleich Null.

3. Wirkt dagegen auf einen Körper in Richtung der x-Achse eine Kraft P_z ziehend ein, so beträgt die in dieser Richtung eintretende Dehnung

$$\varepsilon_z = \alpha \sigma_z, \text{ woraus } \sigma_z = \frac{\varepsilon_z}{\alpha} \text{ folgt.}$$

Die hierbei auftretende Zusammenziehung in der Richtung der x- und y-Achse ergibt sich dann zu je

$$\varepsilon_q = \frac{\varepsilon_z}{m},$$

während die Spannungen in diesen Richtungen, σ_x und σ_y, gleich Null werden.

4. Wirken nun die genannten Kräfte P_x, P_y und P_z gleichzeitig auf ein und denselben Körper ein, so betragen die resul-

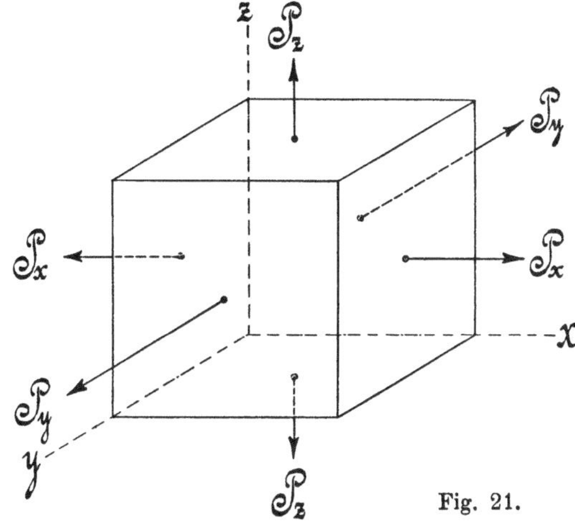

Fig. 21.

tierenden, in die x-, y- und z-Achse entfallenden Dehnungen ε_1, ε_2 und ε_3:

$$\text{in Richtung der x-Achse,} \quad \varepsilon_1 = \varepsilon_x - \frac{\varepsilon_y}{m} - \frac{\varepsilon_z}{m} = \varepsilon_x - \frac{\varepsilon_y + \varepsilon_z}{m},$$

$$\text{„ \quad „ \quad „ y- „} \quad \varepsilon_2 = \varepsilon_y - \frac{\varepsilon_x}{m} - \frac{\varepsilon_z}{m} = \varepsilon_y - \frac{\varepsilon_x + \varepsilon_z}{m},$$

$$\text{„ \quad „ \quad „ z- „} \quad \varepsilon_3 = \varepsilon_z - \frac{\varepsilon_x}{m} - \frac{\varepsilon_y}{m} = \varepsilon_z - \frac{\varepsilon_x + \varepsilon_y}{m}.$$

Da nun aber $\varepsilon_x = \alpha\sigma_x$, $\varepsilon_y = \alpha\sigma_y$ und $\varepsilon_z = \alpha\sigma_z$ ist, so folgt:

$$\left.\begin{aligned}
\varepsilon_1 &= \alpha\left(\sigma_x - \frac{\sigma_y + \sigma_z}{m}\right) \text{ oder } \frac{\varepsilon_1}{\alpha} = \sigma_x - \frac{\sigma_y + \sigma_z}{m}, \text{ woraus } \sigma_x = \frac{\varepsilon_1}{\alpha} + \frac{\sigma_y + \sigma_z}{m}, \\
\varepsilon_2 &= \alpha\left(\sigma_y - \frac{\sigma_x + \sigma_z}{m}\right) \quad „ \quad \frac{\varepsilon_2}{\alpha} = \sigma_y - \frac{\sigma_x + \sigma_z}{m}, \quad „ \quad \sigma_y = \frac{\varepsilon_2}{\alpha} + \frac{\sigma_x + \sigma_z}{m}, \\
\varepsilon_3 &= \alpha\left(\sigma_z - \frac{\sigma_x + \sigma_y}{m}\right) \quad „ \quad \frac{\varepsilon_3}{\alpha} = \sigma_z - \frac{\sigma_x + \sigma_y}{m}, \quad „ \quad \sigma_z = \frac{\varepsilon_3}{\alpha} + \frac{\sigma_x + \sigma_y}{m}.
\end{aligned}\right\} 18$$

Aus dem vorstehenden erklärt sich auch die Eigentümlichkeit, die bereits 1863 K i r k a l d y bei Zerreißversuchen mit mehreren aus einem Stücke angefertigten Rundeisenstäben gefunden hatte, daß die Festigkeit bei den nach Fig. 22, Fall 3, eingedrehten Stäben weit größer ist, als bei den nicht eingedrehten nach Fall 1 und 2.

Der unter dem 2. Fall angegebene Stab ist durch Abdrehen des Stabes sub 1 entstanden.

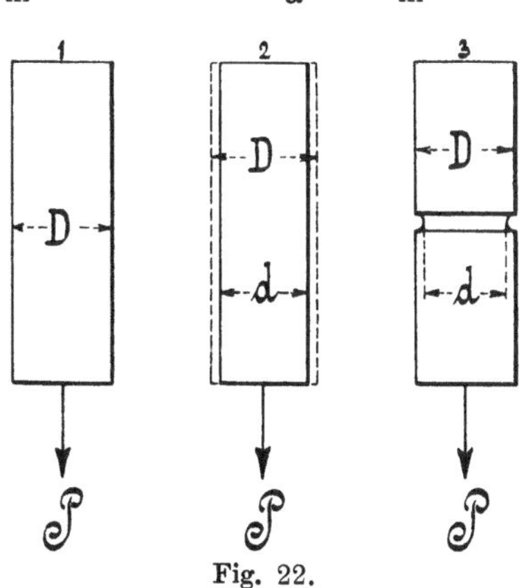

Fig. 22.

Versuchsergebnisse sind:

Härteste Sorte Walzeisen.

1. Versuch: Stab nach Fall 1 mit $D = 2,54$ cm,

$s_z = 4560$ kg pro qcm; $51,00\,^0/_0$ Querschnittsverminderung.

Stab nach Fall 2 mit $d = 1,85$ cm,

$s_z = 4920$ kg pro qcm; $49,23\,^0/_0$ „

Stab nach Fall 3 mit $d = 1,85$ cm,

$s_z = 6420$ kg pro qcm; $8,03\,^0/_0$ „

Geschmiedetes Walzeisen.

2. Versuch: Stab nach Fall 1 mit $D = 2,54$ cm,

$s_z = 5025$ kg pro qcm; $40,71\,^0/_0$ Querschnittsverminderung.

Stab nach Fall 2 mit $d = 1,78$ cm,

$s_z = 5020$ kg pro qcm; $36,02\,^0/_0$ „

Stab nach Fall 3 mit $d = 1,78$ cm,

$s_z = 6910$ kg pro qcm; $13,77\,^0/_0$ „

Walzeisen.

3. Versuch: Stab nach Fall 1 mit $D = 2,59$ cm,

$s_z = 4040$ kg pro qcm; $47,38\,^0/_0$ Querschnittsverminderung.

Stab nach Fall 2 mit $d = 1,80$ cm,

$s_z = 4360$ kg pro qcm; $46,91\,^0/_0$ „

Stab nach Fall 3 mit $d = 1,80$ cm,

$s_z = 4950$ kg pro qcm; $21,27\,^0/_0$ „

Die im vorliegenden Paragraphen genannten Gleichungen haben nun auch bei den auf Druck beanspruchten Körpern Geltung, denn hindert man die Querdehnung durch senkrecht zur Achse wirkende Kräfte, dann kann die Achsial-Belastung entsprechend vergrößert werden.

Ein Beispiel hierfür zeigen die Fig. 23 und 24. Während bei Fig. 23 der seitlichen Ausweichung der unter Druck stehenden Platte kein direktes Hindernis im Wege steht, verhindert die Spur bei Fig. 24 die Querdehnung fast vollständig.

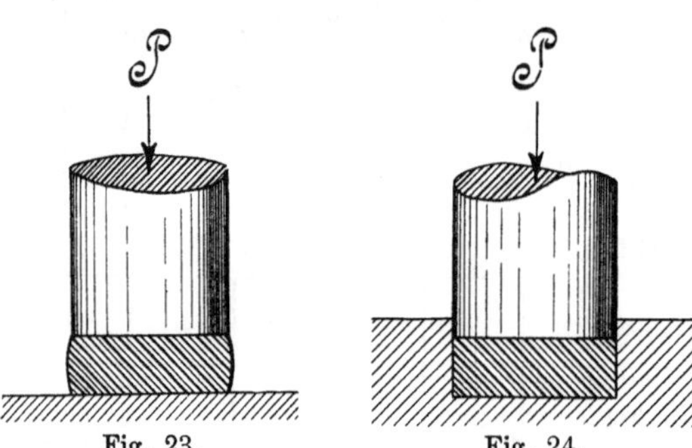

Fig. 23.   Fig. 24.

Eine allerdings unbeabsichtigte Hinderung findet auch bei Fig. 23 insofern statt, als die zwischen den Druckflächen auftretende Reibung die Querdehnung zu verhindern sucht, worauf die mittlere Ausbauchung der Platte zurückzuführen ist.

§ 8. Die Zugfestigkeit mit Berücksichtigung des Eigengewichtes.

Die in § 2 aufgestellten Gleichungen für Zug- und Druckfestigkeit nehmen keine Rücksicht auf das Eigengewicht des belasteten Körpers, was in der Praxis auch zumeist genügt.

Nur in den Fällen, wo sehr lange Körper, wie Ketten, Seile, Gestänge etc., auf Zug beansprucht werden, ist es notwendig, das Eigengewicht mit in Rechnung zu ziehen. (Siehe Fig. 25.)

Die unterste Querschnittsstelle wird, da sie außer der Belastung P kein Eigengewicht des Körpers zu tragen hat, einen kleineren Flächeninhalt erhalten können als beispielsweise der Querschnitt an der Aufhängestelle, woran das ganze Gewicht des Körpers hängt. Hieraus ist zu ersehen, daß die Querschnitte, entsprechend der Gewichtsverminderung, von einem größten an der Aufhängestelle gelegenen Werte bis zu einem am unteren Ende des Körpers befindlichen, kleinsten Werte abnehmen. Die auf diese Weise entstehende Körperform nennt man eine solche gleicher Zugfestigkeit, wie selbige in § 9 Erwähnung finden soll.

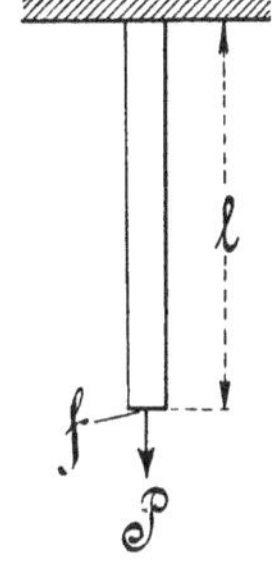

Fig. 25.

Für die Praxis kommt die theoretische Körperform nicht zur Verwendung, weil die Herstellung schwierig und viel zu kostspielig gegenüber der Materialersparnis ist. Wo aber eine Querschnittsverminderung verlangt wird, führt man an Stelle der theoretischen Form die aus § 9 ersichtliche stufenweise Querschnittsverminderung aus.

Bezeichnet nun P wieder die den Körper auf Zug beanspruchende Belastung, G sein Gewicht und f den am meisten belasteten Querschnitt, so ist die der Rechnung zugrunde liegende Gleichung

$$P + G = fk \quad \dots \dots \dots \dots \quad 19$$

Bedeutet nun noch γ das spezifische Gewicht des zur Verwendung kommenden Materials und l die Länge des Körpers, so bestimmt sich sein Gewicht zu

$$G = fl\gamma.$$

Diesen Wert eingesetzt, gibt

$$P + fl\gamma = fk,$$

woraus $\qquad\qquad P = fk - fl\gamma = f(k - l\gamma)$

oder $\qquad\qquad f = \dfrac{P}{k - l\gamma} \text{ folgt } \quad \dots \dots \dots \quad 20$

§ 9. Körper von gleicher Zugfestigkeit.

Soll ein mit P kg auf Zug beanspruchter Körper so hergestellt werden, daß an jeder Stelle des Körpers eine gleichgroße Materialbeanspruchung vorhanden ist, so spricht man — wie bereits in § 8 angedeutet — von einem Körper gleicher Festigkeit.

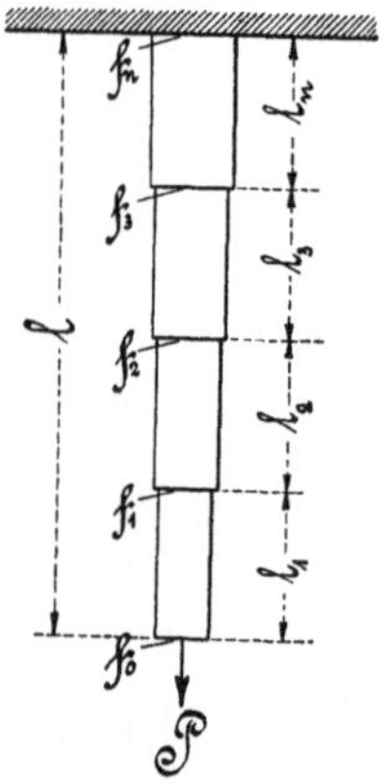

Da hierbei der Körper an jeder Stelle, entsprechend seinem daran hängenden Eigengewichte, einen anderen Querschnitt besitzt, so kommt es darauf an, eine Gleichung aufzustellen, mittelst der man in der Lage ist, jeden beliebig zu wählenden Querschnitt des Körpers bestimmen zu können.

Um diese Gleichung zu erreichen, denke man sich, wie aus Fig. 26 ersichtlich, den 1 Meter langen Körper in eine beliebige Anzahl verschieden langer Teile eingeteilt, die die Längen l_1, l_2, ... l_n mit den zugehörigen Maximalquerschnitten f_1, f_2, f_3, ... f_n haben. Die Gewichte dieser Teile seien mit G_1, G_2, G_3, ... G_n bezeichnet.

Fig. 26.

Nach den Ausführungen des § 8 ergibt sich dann für die einzelnen Querschnittsstellen f_1, f_2, f_3, . . . f_n:

1. $f_1 . k = P + G_1 = P + f_1 . l_1 . \gamma$

2. $f_2 . k = P + G_1 + G_2 = P + f_1 . l_1 . \gamma + f_2 . l_2 . \gamma$

3. $f_3 . k = P + G_1 + G_2 + G_3 = P + f_1 . l_1 . \gamma + f_2 . l_2 . \gamma + f_3 . l_3 . \gamma$

4. $f_4 . k = P + G_1 + G_2 + G_3 + G_4 = P + f_1 . l_1 . \gamma + f_2 . l_2 . \gamma + f_3 . l_3 . \gamma + f_4 . l_4 . \gamma$

$$\vdots \qquad\qquad \vdots \qquad\qquad \vdots$$

n. $f_n . k = P + G_1 + G_2 + G_3 + G_4 + ... + G_n = P + f_1 . l_1 . \gamma + f_2 . l_2 . \gamma + f_3 . l_3 . \gamma + f_4 . l_4 . \gamma + ... + f_n . l_n . \gamma$.

Aus Gleichung 1 ergibt sich nun:

$$f_1 (k - l_1 \gamma) = P,$$

woraus

$$f_1 = \frac{P}{k - l_1 \gamma} \text{ folgt.}$$

Diesen Wert in Gleichung 2 eingesetzt, gibt:

$$f_2 k = P + \frac{P}{k - l_1 \gamma} l_1 \gamma + f_2 l_2 \gamma,$$

woraus

$$f_2 (k - l_2 \gamma) = P \left(1 + \frac{l_1 \gamma}{k - l_1 \gamma} \right) = P \frac{k}{k - l_1 \gamma}$$

$$\text{oder } f_2 = P \frac{k}{(k - l_1 \gamma)(k - l_2 \gamma)} \text{ folgt.}$$

Setzt man diesen Wert in Gleichung 3 ein, so ergibt sich:

$$f_3\,k = P + \frac{P}{k - l_1\gamma}\,l_1\,\gamma + P\,\frac{k}{(k - l_1\gamma)(k - l_2\gamma)}\,l_2\gamma + f_3\,l_3\,\gamma,$$

woraus

$$f_3\,(k - l_3\gamma) = P\left(1 + \frac{l_1\,\gamma}{k - l_1\gamma} + \frac{k\,l_2\gamma}{(k - l_1\gamma)(k - l_2\gamma)}\right)$$

$$_{,,}\qquad = P\,\frac{(k - l_1\gamma)(k - l_2\gamma) + l_1\gamma(k - l_2\gamma) + k\,l_2\gamma}{(k - l_1\,\gamma)(k - l_2\gamma)}$$

$$_{,,}\qquad = P\,\frac{k^2}{(k - l_1\gamma)(k - l_2\gamma)}$$

$$\text{oder } f_3 = P\,\frac{k_2}{(k - l_1\gamma)(k - l_2\gamma)(k - l_3\gamma)} \text{ hervorgeht.}$$

Setzt man nun diesen Wert in Gleichung 4 ein und verfährt man so weiter, so ergibt sich in analoger Weise:

$$f_4 = P\,\frac{k^3}{(k - l_1\gamma)(k - l_2\gamma)(k - l_3\gamma)(k - l_4\gamma)}$$

$$f_5 = P\,\frac{k^4}{(k - l_1\gamma)(k - l_2\gamma)(k - l_3\gamma)(k - l_4\gamma)(k - l_5\gamma)}$$

$$\vdots \qquad\qquad \vdots$$

$$f_n = P\,\frac{k^{n-1}}{(k - l_1\gamma)(k - l_2\gamma)(k - l_3\gamma)(k - l_4\gamma)\ldots\ldots(k - l_n\gamma)}.$$

Multipliziert man nun den Zähler und Nenner dieser letzten allgemein gültigen Gleichung noch mit k, so ergibt sich

$$f_n = \frac{P}{k}\,\frac{k^n}{(k - l_1\,\gamma)(k - l_2\gamma)(k - l_3\gamma)(k - l_4\gamma)\ldots\ldots(k - l_n\gamma)}.$$

Werden nunmehr noch die Teile des Körpers gleich groß gemacht, also $l_1 = l_2 = l_3 = l_4 = \ldots\ldots = l_n = \dfrac{l}{n}$, so lautet die letzte Gleichung

$$f_n = \frac{P}{k}\,\frac{k^n}{\left(k - \dfrac{l}{n}\gamma\right)^n} = \frac{P}{k}\,\frac{1}{\left(1 - \dfrac{l}{n\,k}\gamma\right)^n}.$$

Da ferner nach einem algebraischen Satze:

$$\left(1 + \frac{l}{n\,k}\gamma\right)^n = e^{\frac{l}{k}\gamma} \quad\text{und}\quad \left(1 - \frac{l}{n\,k}\gamma\right)^n = e^{-\frac{l}{k}\gamma}$$

für $n = \infty$ ist, so ergibt sich der Maximalquerschnitt eines durch die Kraft P und sein Eigengewicht G belasteten Körpers zu

$$f_n = \frac{P}{k}\cdot e^{\frac{l}{k}\gamma}, \quad\ldots\ldots\ldots\ldots 21$$

worin e = 2,71828 . . . . . . die Basis des Logarithmus naturalis bezeichnet.

Diese Gleichung besagt, daß der Körper gleicher Zugfestigkeit, wie Fig. 27 zeigt, als Form der Begrenzungslinie eine logarithmische Linie hat.

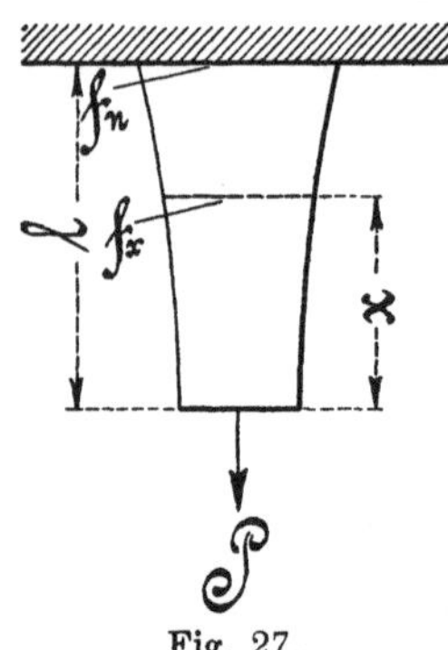

Für einen beliebigen, im Abstande x vom unteren Ende des Körpers aus gelegenen Querschnitt f hat man die Gleichung

$$f_x = \frac{P}{k} \cdot e^{\frac{x}{k}\gamma} \quad \ldots \ldots \quad 22$$

Für den Abstand $x = 0$, d. h. für die unterste Querschnittsstelle, nimmt diese allgemein gültige Gleichung wieder die Form der bereits im § 2 aufgeführten einfachen Zugfestigkeitsgleichung an, denn die Potenz $e^{\frac{x}{k}\gamma}$ erhält für $x = 0$ den Wert 1.

Fig. 27.

§ 10. Anwendung der Zug- und Druckfestigkeit auf Hohlzylinder und Hohlkugel.

Die Berechnung der Wandstärken von Röhren und Hohlkugeln ist abhängig von der Größe des Innendruckes p_i oder des Außendruckes p_a. Ist dieser Druck nicht allzu hoch, d. h. liegen geringe Wanddicken vor, so genügt zu deren Bestimmung die einfache Zug- oder Druckfestigkeit. Hierbei wird dann angenommen, daß sich die Materialspannung über den ganzen tragenden Querschnitt gleichmäßig verteilt, während dieses in Wirklichkeit nicht der Fall ist. Die Spannung nimmt z. B. bei Innendruck von innen nach aussen ab, und umgekehrt verkleinert sie sich bei Außendruck von außen nach innen. Die Spannungsdifferenz kann aber seines geringen Betrages wegen bei schwachen Wandungen vernachlässigt werden, wie dieses auch in folgender Entwickelung geschehen ist.

a) Rohre mit innerem Druck.

1. Das in Fig. 28 dargestellte Rohr kann uuter der Einwirkung des Druckes auf die beiden Stirnwände einen Querriß erleiden. Es muß deshalb der Rohrquerschnitt darauf hin, wie folgt, bestimmt werden.

Bezeichnet P_1 den gegen die Stirnwand ausgeübten Druck, p_i den Innendruck in Atmosphären, d_i den lichten Durchmesser des Rohres und δ_1 die Wandstärke desselben, so ergibt sich

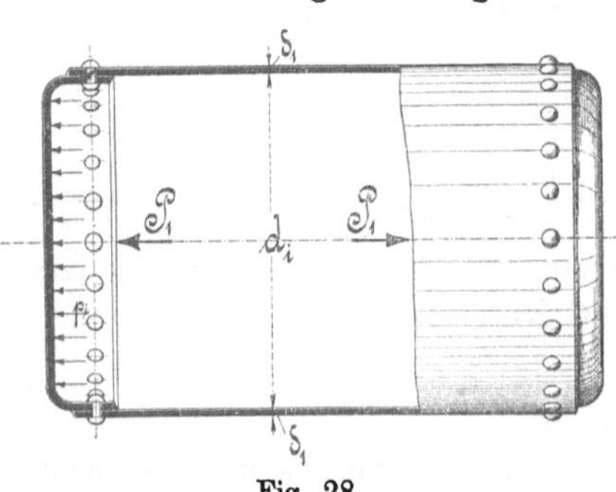

Fig. 28.

der Innendruck: $P_1 = f_i \cdot p_i = \dfrac{d_i{}^2\,\pi}{4} \cdot p_i$,

die Zugfestigkeit: $P_1 = f_i \cdot k_z = d_i\,\pi\,\delta_1 \cdot k_z$, sobald d_i der Einfachheit halber mit dem mittleren Durchmesser gleichgesetzt wird.

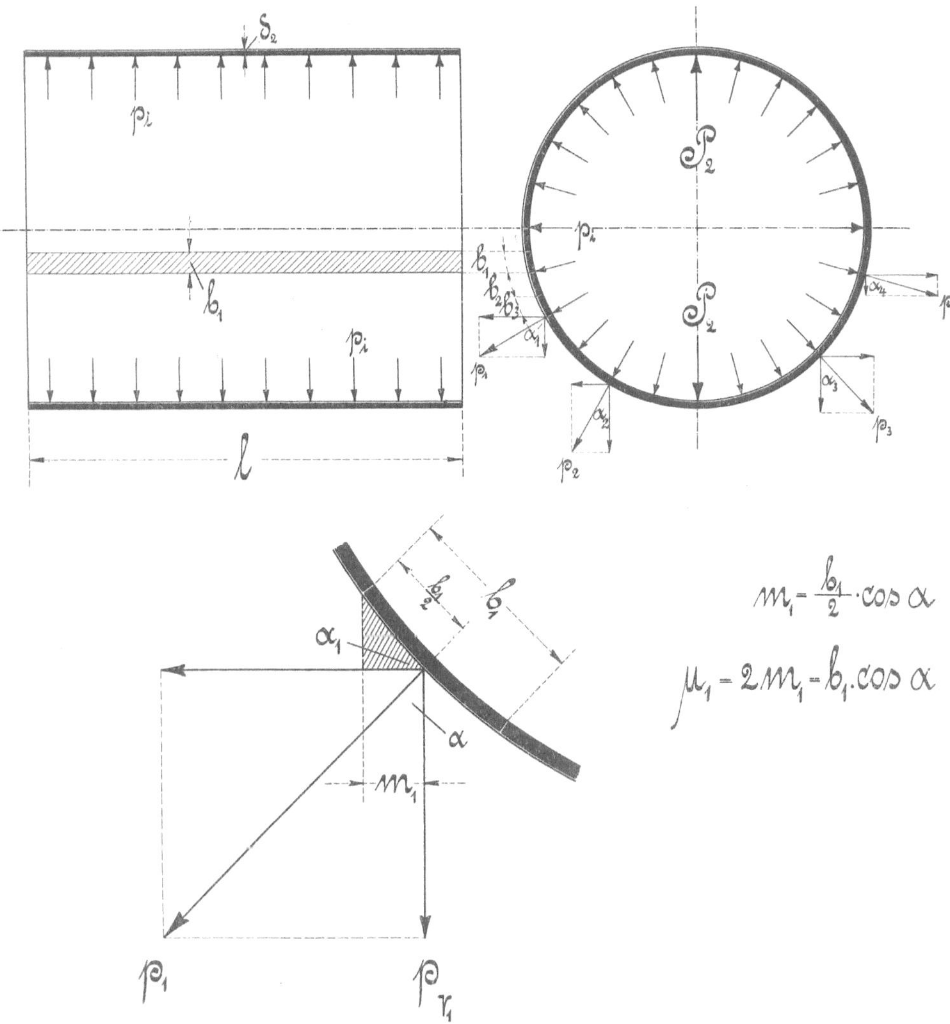

Fig. 29.

Aus den beiden Gleichungen folgt nun durch Gleichsetzen

$$\frac{d_i{}^2\,\pi}{4} \cdot p_i = d_i\,\pi\,\delta_1 \cdot k_z,$$

$$\text{woraus} \qquad d_i = \frac{4\,\delta_1\,k_z}{p_i}$$

$$\text{oder} \qquad \delta_1 = \frac{d_i\,p_i}{4\,k_z} = \frac{1}{4}\frac{p_i}{k_z}\,d_i \qquad\qquad \Bigg\} \qquad .\ \ .\ \ .\ \ .\ \ .\ \ .\ \ .\ \ 23$$

folgt.

2. Das Rohr kann, wie Fig. 29 zeigt, unter der Einwirkung des Druckes auf die Umwandung einen Längsriß erhalten.

Um eine Übersicht über die Höhe des die Rohrwandung beanspruchenden Druckes P_2 zu bekommen, denke man sich die Wandung in schmale Längsstreifen von der Breite b_1, b_2, b_3, etc. und der gemeinschaftlichen Länge l zerlegt, so werden dieselben infolge des radial gerichteten Innendruckes mit den Normaldrücken p_1, p_2, p_3, etc. beansprucht. Bedeutet nun p_i wieder den Atmosphärendruck, so ergeben sich die letzteren Drücke aus

$$p_1 = f_1 \cdot p_i = b_1\,l \cdot p_i,$$
$$p_2 = f_2 \cdot p_i = b_2\,l \cdot p_i,$$
$$p_3 = f_3 \cdot p_i = b_3\,l \cdot p_i,$$
$$\vdots \qquad \vdots \qquad \vdots$$

Zerlegt man nun diese Normaldrücke in Horizontal- und Vertikalkomponenten, so heben sich die ersteren gegenseitig auf, während die Summe der letzteren die die Rohrwandung beanspruchende Kraft ergibt.

Nach den in der Figur eingeschriebenen Beziehungen ergeben sich nun die Vertikalkomponenten zu:

$$p_{v1} = p_1 \cdot \cos \alpha_1 = b_1\,l\,p_i \cdot \cos \alpha_1,$$
$$p_{v2} = p_2 \cdot \cos \alpha_2 = b_2\,l\,p_i \cdot \cos \alpha_2,$$
$$p_{v3} = p_3 \cdot \cos \alpha_3 = b_3\,l\,p_i \cdot \cos \alpha_3,$$
$$\vdots \qquad \vdots \qquad \vdots$$

Der Gesamtdruck P_2 ergibt sich dann zu

$$P_2 = p_{v1} + p_{v2} + p_{v3} + \ \ldots \ldots \ = \Sigma\,p_v,$$
$$P_2 = b_1\,l\,p_i \cdot \cos \alpha_1 + b_2\,l\,p_i \cdot \cos \alpha_2 + b_3\,l\,p_i \cdot \cos \alpha_3 + \ldots = \Sigma(b\,l\,p_i \cdot \cos \alpha),$$
$$P_2 = l\,p_i\,(b_1 \cos \alpha_1 + b_2 \cos \alpha_2 + b_3 \cos \alpha_3 + \ \ldots \ldots) = l\,p_i\,\Sigma\,(b \cos \alpha),$$
$$P_2 = l\,p_i\,(\mu_1 + \mu_2 + \mu_3 + \ \ldots \ldots \ldots) = l\,p_i\,\Sigma\,\mu.$$

Da aber die $\Sigma\,\mu$ den lichten Durchmesser d_i des Rohres bildet, so ergibt sich

der Innendruck: $P_2 = d_i\,l \cdot p_i,$ 24
die Zugfestigkeit: $P_2 = f_2 \cdot k_z = 2\,l\,\delta_2 \cdot k_z.$
Beide Werte gleichgesetzt, liefert

$$d_i\,l\,p_i = 2\,l\,\delta_2\,k_z,$$

$$\text{woraus } d_i \quad = \frac{2\,\delta_2\,k_z}{p_i}.$$

$$\text{oder } \delta_2 \quad = \frac{1}{2}\frac{p_i}{k_z}\,d_i \qquad \Bigg\} \qquad .\ \ .\ \ .\ \ .\ \ .\ \ .\ \ 25$$

hervorgeht.

Der Vergleich der Wandstärken δ_1 und δ_2 läßt erkennen, daß das Rohr in der Längsrichtung eine doppelt so große Wandstärke erfordert als in der Querrichtung. Für praktische Rechnungen. hat man deshalb den größten Wert δ_2 zu benutzen, der dann mit Rücksicht auf die Herstellung, Abnutzung und die Wirkung des Eigengewichtes der Rohre noch um eine Erfahrungskonstante c vergrößert wird, die nach Weisbach beträgt:

$$c = 3 \text{ mm bei Schmiedeeisen,}$$
$$c = 9 \quad \text{„} \quad \text{„ Gußeisen,}$$
$$c = 4 \quad \text{„} \quad \text{„ Kupfer,}$$
$$c = 5 \quad \text{„} \quad \text{„ Blei,}$$
$$c = 4 \quad \text{„} \quad \text{„ Zink.}$$

3. Kommen Rohre in Anwendung, die einen hohen Innendruck, bezw. eine große Wandstärke haben, so kann man zu deren Bestimmung die folgenden mit Hilfe der höheren Analysis entwickelten Gleichungen von Bach benutzen:

$$\left. \begin{aligned} d_a &= d_i \sqrt{\frac{m\,k_z + (m-2)\,p_i}{m\,k_z - (m+1)\,p_i}} = d_i \sqrt{\frac{k_z + 0,4\,p_i}{k_z - 1,3\,p_i}}, \\ \delta &= \\ \tfrac{1}{2}(d_a - d_i) &= \tfrac{1}{2}\left(d_i \sqrt{\frac{k_z + 0,4\,p_i}{k_z - 1,3\,p_i}} - d_i\right) = \tfrac{1}{2}\left(\sqrt{\frac{k_z + 0,4\,p_i}{k_z - 1,3\,p_i}} - 1\right)d_i . \end{aligned} \right\} \; 26$$

In der letzten Gleichung bedeutet $m = \dfrac{10}{3}$ das bereits in § 8 genannte Verhältnis der Längsdehnung zur Querzusammenziehung. Der Druck p_i kann von etwa 10 Atm. angehend gedacht werden.

Im übrigen sind nur solche Verhältnisse möglich, wofür

$$p_i < \frac{k_z}{1,3} \text{ oder } \frac{p_i}{k_z} = 0,77.$$

Allgemein ist $\qquad p_i = < \dfrac{m+1}{m}\,k_z, \text{ bszw. } \dfrac{p_i}{k_z} < \dfrac{m+1}{m}.$

b) Spezialgleichungen für Dampfkessel und Zylinder.

Die im vorangegangenen Abschnitte a angegebenen Gleichungen können auch zur Bestimmung der Wandstärken bei Dampfkesseln und bei Dampfgebläse-, Pumpenzylindern etc. benutzt werden. Man hat hierbei mit Rücksicht auf die Herstellung und Abnutzung oder, wie es bei Zylindern der Fall ist, auf Nachbohrung erfahrungsmäßige Zuschläge zu geben, auf Grund deren sich in der Praxis verschiedene Rechnungsweisen herausgebildet haben. Zur Erläuterung mögen folgende Beispiele dienen.

1. Die Wandstärken neuer Dampfkessel müssen nach den Hamburger Normen von 1898 so bemessen werden, daß bei dem höchsten

Betriebsüberdrucke die Zugspannung des Bleches an der schwächsten Stelle nicht mehr als $\frac{1}{4,5}$ der Bruchspannung gegen Zug beträgt.

Bei Anwendung doppelt gelaschter Nähte darf die Zugspannung bis zu $\frac{1}{4}$ der Bruchspannung des Bleches betragen. In Preußen sind zurzeit· noch statt $\frac{1}{4,5}$ und $\frac{1}{4}$ durch den Ministerialerlaß vom 28. November 1897 $\frac{1}{5}$ und $\frac{1}{4,5}$ vorgeschrieben.

Die der Rechnung zugrunde gelegte Gleichung ist die vorher für einfache Zugfestigkeit aufgestellte Gleichung

$$\delta = \left(\frac{1}{2}\frac{p}{k}\,d\right) = \frac{1}{2}\frac{p \cdot m}{s \cdot \varphi}\,d\,, \quad \ldots \ldots \quad 27$$

woraus

$$p = \frac{2\,\delta\,s\,\varphi}{m\,d}\ \text{folgt.}$$

Hierin bedeutet

     p den größten Betriebsüberdruck in kg pro qcm,
     d den inneren Durchmesser des Kessels in cm,
     s die Bruchspannung des Materials gegen Zug in kg pro qcm,
     m = 4,5 bezw. 4 den Sicherheitsgrad gegen Bruch,
     φ das Verhältnis der Festigkeit der Nietnaht zu der des vollen Bleches.

Die Blechdicke darf jedoch nie geringer als 0,7 cm genommen werden. Auch ist zu erwägen, ob je nach den örtlichen Betriebseinflüssen ein Zuschlag von 0,1 bis 0,3 cm und mehr zu machen ist. Notwendig ist ein solcher, wenn die Rechnung eine Blechdicke unter 1 cm ergibt. Für das Festigkeitsverhältnis kann bei Dampfmänteln mit ein-, zwei- und dreireihiger Überlappungsnietung gesetzt werden

$$\varphi = 0,56,\ 0,70,\ 0,75.$$

Die Festigkeit gut geschweißter, als auch mittelst Überlappung geschweißter Nähte kann zu 0,7 der Festigkeit des vollen Bleches in Rechnung gesetzt werden.

2. Die Wandstärke kann man auch nach v. Reiche mit Hilfe der einfachen Festigkeitsgleichung berechnen, der Sicherheit halber hat man aber die zulässige Beanspruchung des Kesselbleches mit 500 kg pro qcm anzunehmen. Die Rechnung wird dann mit einer 2 Atm. größeren Dampfspannung durchgeführt, als die wirklich vorhandene größte Überdruckspannung beträgt.

Die hierauf bezügliche Gleichung lautet dann

$$\delta = \frac{1}{2}\cdot\frac{p+2}{k}\cdot d + c\,, \quad \ldots \ldots \quad 28$$

worin $c = 3$ mm als erfahrungsmäßiger Zuschlag für Schweiß- und weiches Flußeisen und Flußstahlblech zu gelten hat. Die Materialspannung für Flußstahlblech kann mit etwa 700 kg pro qcm zulässig angenommen werden.

3. Die Wandstärke von gußeisernen Dampfzylindern berechnet man nach v. Reiche auch nach der letztgenannten Gleichung, und zwar mit einer zulässigen Materialspannung von 130 kg pro qcm.

Der größte Dampfüberdruck wird bei liegenden Zylindern um 2 Atm., bei stehenden Zylindern, die eine geringere Abnutzung erfahren, um 1,5 Atm. innerhalb der Rechnung vergrößert.

Die Wandstärke wird dann mit Rücksicht auf die wiederholte Nachbohrung beim liegenden Zylinder um 15 mm, beim stehenden dagegen nur um 10 mm vergrößert.

4. Die Wandstärken der Dampf- und Pumpenzylinder kann man in gewöhnlichen Fällen auch nach den folgenden Erfahrungsgleichungen bestimmen:

Pumpenzylinder:

$$\delta = \frac{1}{50} d + 1 \ \text{cm}, \quad \text{wenn stehend gegossen}$$
$$\delta = \frac{1}{40} d + 1{,}2 \ \text{cm}, \quad \text{wenn liegend gegossen}$$

$$\left.\right\} \quad . \ . \ 29$$

Dampfzylinder:

$$\delta = \frac{1}{50} d + 1{,}3 \ \text{cm}, \quad \text{wenn stehend gegossen}$$
$$\delta = \frac{1}{40} d + 1{,}5 \ \text{cm}, \quad \text{wenn liegend gegossen}$$

$$\left.\right\} \quad . \ . \ 30$$

c) Rohre mit äußerem Druck.

1. Werden Rohre von außen auf Druck beansprucht und ist ein Flachdrücken oder Einbeulen der Wandung und bei großer Länge eine Knickung der Rohre nicht zu befürchten, so kann man sie bei verhältnismäßig geringen Wandstärken nach der bereits in Abschnitt a aufgestellten Gleichung berechnen. An Stelle der Zugbeanspruchung k_z tritt hier die durch den Außendruck p_a hervorgerufene Druckspannung k_d, der lichte Durchmesser d_i wird durch den Außendurchmesser d_a ersetzt. Die Gleichung hat dann die Form

$$\delta = \frac{1}{2} \frac{p_a}{k_d} d_a \quad . \ . \ , \ . \ . \ . \ . \ . \ . \ 31$$

2. Die Wandstärken der Dampfkesselflammrohre werden auch nach der von Bach entwickelten Gleichung

$$\delta = \frac{p\,d}{2000}\left(1 + \sqrt{1 + \frac{a}{p}\,\frac{l}{1+d}}\right) + c \quad . \quad . \quad . \quad . \; 32$$

bestimmt. Hierin bedeutet

d den inneren Durchmesser des Flammrohres in cm,

l die Länge des Rohres oder die größte Entfernung der wirksamen Versteifungen voneinander in cm, wobei als solche Versteifungen neben den Stirnplatten auch Winkeleisenringe mit einem Abstand derselben vom Flammrohre von etwa 25 bis 30 mm, ferner Flanschverbindungen der einzelnen Flammrohrschüsse mit zwischengelegten Flacheisenringen und Gallowayröhren darstellen,

δ die Blechdicke in cm, wobei δ stets $\geqq 0,7$ cm sein muß,

p den größten Betriebsüberdruck in kg pro qcm,

a $=$ 100 für liegende Rohre mit überlappter Längsnaht,

a $=$ 70 „ stehende „ „ „ „

a $=$ 80 „ liegende Rohre mit gelaschter oder geschweißter Längsnaht,

a $=$ 50 „ stehende Rohre mit gelaschter oder geschweißter Längsnaht,

c einen Zuschlag, der mit entsprechenden Abrundungen zu setzen ist:

    c $=$ 0,15 cm, je nachdem p $=$ 0 bis 5 Atm.,

    c $=$ 0,1 cm, „   „   p $=$ 6 Atm.,

    c $=$ 0,05 cm, „   „   p $=$ 7 Atm.,

    c $=$ 0   cm, „   „   p $\geqq$ 7 Atm.

3. Im übrigen kann man die Wandstärken der auf hohen Außendruck beanspruchten Rohre, sofern ein Einknicken derselben nicht zu erwarten ist, auch nach den folgenden Gleichungen von Bach bestimmen, die ähnlich den im Abschnitt a für hohen Innendruck aufgeführten Gleichungen lauten.

$$\left.\begin{aligned}
d_a &= d_i\sqrt{\frac{m\,k_d}{m\,k_d - (2\,m - 1)\,p_a}} = d_i\sqrt{\frac{k_d}{k_d - 1,7\,p_a}}, \\
\delta &= \frac{1}{2}(d_a - d_i) = \frac{1}{2}\left(d_i\sqrt{\frac{k_d}{k_d - 1,7\,p_a}} - d_i\right) \\
„ \quad &= \frac{1}{2}\left(\sqrt{\frac{k_d}{k_d - 1,7\,p_a}} - 1\right)d_i .
\end{aligned}\right\} \quad . \;\; 33$$

d) Hohlkugeln.

Auch hier hat man Innen- und Außendruck zu unterscheiden. Handelt es sich aber um geringe Wandstärken und ist bei Außendruck ein Einbeulen der Hohlkugel nicht zu befürchten, so kann man die Wandstärke

— da nur Querrisse möglich sind — bei Innen- als auch bei Außendruck genügend genau nach der im Abschnitt a, 1 dieses Paragraphen aufgestellten Gleichung

$$\delta = \frac{1}{4}\frac{p}{k}d \quad \cdot \quad \cdot \quad \cdot \quad \cdot \quad \cdot \quad \cdot \quad \cdot \quad 34$$

berechnen.

Bezeichnet daher

p_i den Innendruck in Atm.,

p_a den Außendruck in Atm.,

p_z die Zugspannung des Materials,

k_d „ Druckspannung des „

d_i den lichten Durchmesser der Hohlkugel,

d_a „ äußeren „ „ „

so ergibt sich, unter Beachtung des in Abschnit a, 2 angegebenen erfahrungsmäßigen Zuschlags c, die Wandstärke δ

1. bei Innendruck zu

$$\delta_1 = \frac{1}{4}\frac{p_i}{k_z}d_i + c, \quad \cdot \quad \cdot \quad \cdot \quad \cdot \quad \cdot \quad 35$$

2. bei Außendruck zu

$$\delta_2 = \frac{1}{4}\frac{p_a}{k_d}d_a + c \quad \cdot \quad \cdot \quad \cdot \quad \cdot \quad \cdot \quad 36$$

3. Bei verhältnismäßig großen Wandstärken kann man zu deren Bestimmung die folgenden, von Bach aufgestellten Gleichungen benutzen.

1. für Innendruck:

$$\left.\begin{aligned}
d_a &= d_i \sqrt[3]{\frac{2\,m\,k_z + 2\,(m-2)\,p_i}{2\,m\,k_z - (m+1)\,p_i}} = d_i \sqrt[3]{\frac{k_z + 0{,}4\,p_i}{k_z - 0{,}65\,p_i}}, \\
\delta &= \frac{1}{2}(d_a - d_i) = \frac{1}{2}\left(d_i \sqrt[3]{\frac{k_z + 0{,}4\,p_i}{k_z - 0{,}65\,p_i}} - d_i\right) \\
&\hphantom{=\frac{1}{2}} = \frac{1}{2}\left(\sqrt[3]{\frac{k_z + 0{,}4\,p_i}{k_z - 0{,}65\,p_i}} - 1\right)d_i.
\end{aligned}\right\} \quad 37$$

Möglich sind hierin nur solche Verhältnisse, wofür

$$p_i < \frac{k_z}{0{,}65} \quad \text{oder} \quad \frac{p_i}{k_z} < 1{,}54 \text{ ist.}$$

2. für Außendruck:

$$\left.\begin{aligned}
d_a &= d_i \sqrt[3]{\frac{2\,m\,k_d}{2\,m\,k_d - 3\,(m-1)\,p_a}} = d_i \sqrt[3]{\frac{k_d}{k_d - 1{,}05\,p_a}}, \\
\delta &= \frac{1}{2}(d_a - d_i) = \frac{1}{2}\left(d_i \sqrt[3]{\frac{k_d}{k_d - 1{,}05\,p_a}} - d_i\right) \\
&\hphantom{=\frac{1}{2}} = \frac{1}{2}\left(\sqrt[3]{\frac{k_d}{k_d - 1{,}05\,p_a}} - 1\right)d_i,
\end{aligned}\right\} \quad 38$$

worin nur solche Verhältnisse möglich sind, wenn

$$p_a < \frac{k_d}{1{,}05} \quad \text{oder} \quad \frac{p_a}{k_d} < 0{,}95 \text{ ist.}$$

Dritter Abschnitt.

Schub.

§ 11. Allgemeines über Schub- oder Scherfestigkeit.

1. Schiebung oder Gleitung.

Ist ein Körper, wie Fig. 30 zeigt, eingespannt und wird er an seinem freien Teile von der Seite, d. h. senkrecht zu seiner geometrischen Achse,

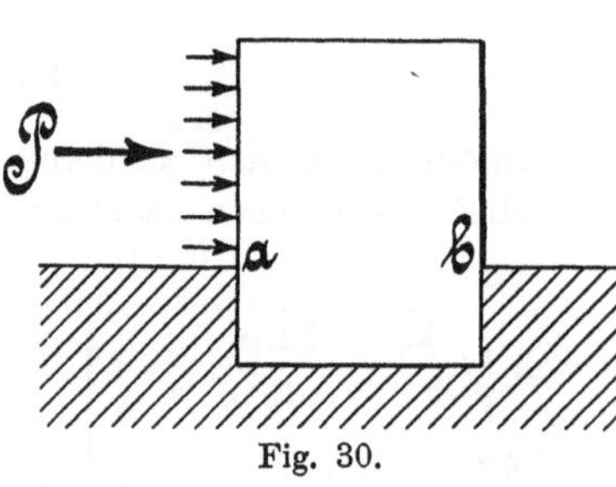
Fig. 30.

durch eine gleichmäßig verteilte Kraft P beansprucht, so wird er an der Befestigungsstelle a—b abgeschnitten, abgeschoben oder abgeschert. Bevor jedoch eine Abscherung eintritt, wird eine mehr oder weniger große gegenseitige Verschiebung der Querschnittselemente eintreten, die in ähnlicher Weise — wie bei Zug und Druck — eine Dehnung zur Folge haben wird.

Um nun einen Begriff von der Verschiebung zu erhalten, denke man sich in Fig. 31 einen Würfel an seiner untersten Fläche fest ein-

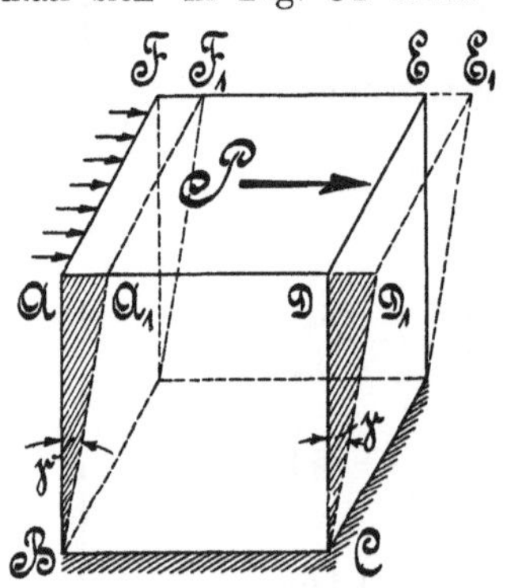
Fig. 31.

gespannt und mit einer in der oberen Fläche wirkenden, gleichmäßig verteilten Kraft P beansprucht, so wird sich die obere Fläche $ADEF$ nach $A_1 D_1 E_1 F_1$ verschieben, wobei der ursprünglich rechte Winkel ABC um den spitzen Winkel $ABA_1 = \sphericalangle \gamma$ verkleinert wird.

Diese Winkeländerung ist aber bestimmt durch

$$\operatorname{tg} \gamma = \frac{\overline{A\,A_1}}{\overline{A\,B}},$$

wofür unter der Voraussetzung, daß es sich nur um kleine Änderungen handelt,

$$\operatorname{tg}\gamma = \frac{\overline{A\,A_1}}{\overline{A\,B}} = \widehat{\gamma}$$

gesetzt werden kann, wobei γ im Bogenmaß zu messen ist.

Wird nun nach Fig. 32 die Würfelseite $\overline{A\,B} = 1$ gesetzt, so gibt der Quotient

$$\widehat{\gamma} = \frac{\overline{A\,A_1}}{\overline{A\,B}} = \frac{\overline{A\,A_1}}{1} = \overline{A\,A_1} \qquad . \quad 39$$

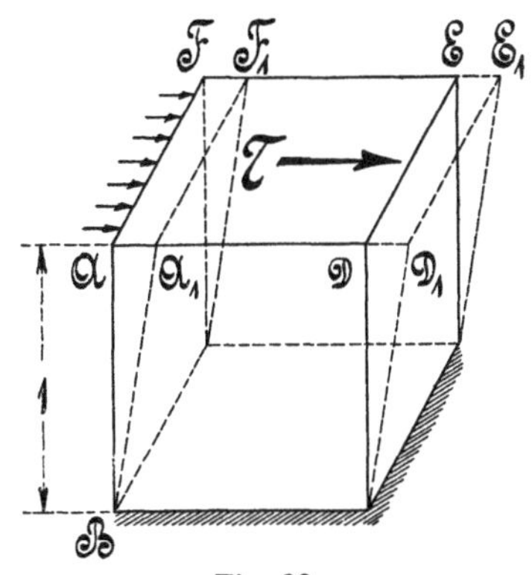

Fig. 32.

aber auch zugleich die Verschiebung an, welche die obere Fläche gegenüber der unteren, unter der vorher genannten Beanspruchung, erfährt. Aus diesem Grunde wird die Änderung $\widehat{\gamma}$ des ursprünglich rechten Winkels auch als spezifische Verschiebung oder kürzer als Schiebung oder Gleitung bezeichnet.

2. Schubspannung.

Der vorher (in Fig. 32) genannte und der Betrachtung unterzogene Würfel sei jetzt ein Bestandteil des in Fig. 33 dargestellten festen Körpers,

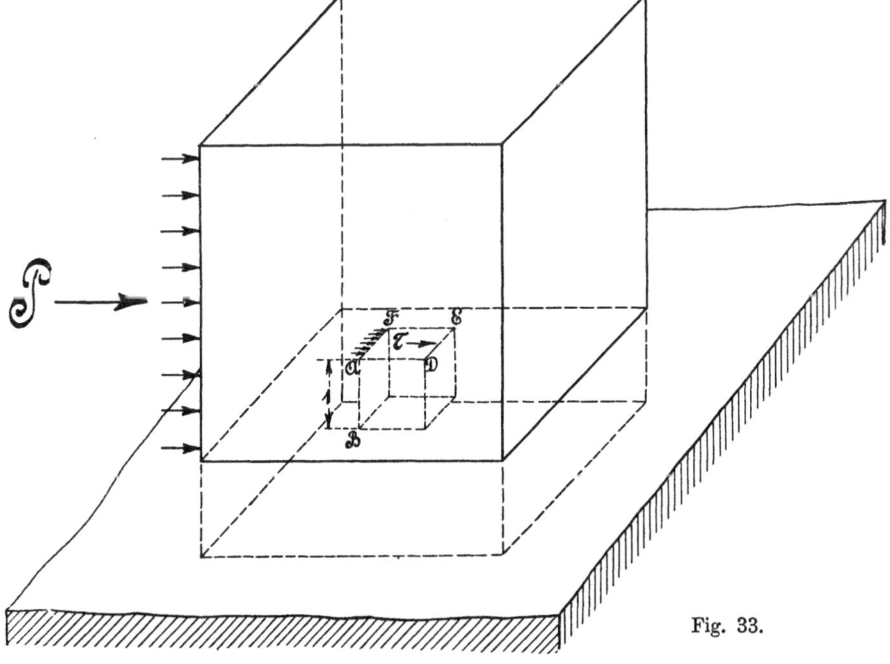

Fig. 33.

und es nehme dieser Würfel unter der oben in Fig. 30 vorausgesetzten Krafteinwirkung die bereits beschriebene Verschiebung an, so versteht man unter der Schubspannung diejenige Kraft, mit der sich die in der oberen Würfelfläche A D E F anschließenden Körperteile (Moleküle), infolge ihrer durch die Kohäsion bedingten inneren Festigkeit, der genannten Verschiebung bis zur Lage $A_1 D_1 E_1 F_1$ widersetzen, oder, mit anderen Worten gesagt, man versteht unter der Schubspannung eines Körpers diejenige Kraft in kg, die, in Richtung des Querschnittes angreifend, auf 1 qcm oder 1 qmm desselben einwirkt.

Die Schubspannung unterscheidet sich daher von der in § 1, Abs. 2 genannten Normalspannung dadurch, daß die erstere Kraftrichtung in die Querschnittsebene hineinfällt, während die letztere senkrecht zum Querschnitt gerichtet ist.

§ 12. Die Schub- oder Scherfestigkeit.

Wie im § 11, Abs. 1 bereits gesagt, liegt eine Inanspruchnahme eines Körpers auf Schub vor, sobald er von einer äußeren, gleichmäßig verteilten Kraft senkrecht zur Achsenrichtung beansprucht wird, die, wie hierselbst erweiternd hinzugefügt sein soll, durch eine gleichgroße Gegenkraft ersetzt werden kann, deren Richtung mit der gefährlichen Querschnittsrichtung zusammenfällt.

Erfüllt erscheint die letzte Voraussetzung beispielsweise nur in dem Augenblick, wo die in Fig. 34 dargestellten Scherblätter einer Metallschere gerade das zu schneidende Werkstück berühren. In der Praxis trifft jedoch auch dieses nicht zu, weil die Schnittflächen einer Schere niemals genau in eine Ebene fallen können, sondern in mehr oder weniger geringer Entfernung aneinander vorübergleiten. Dadurch ergibt

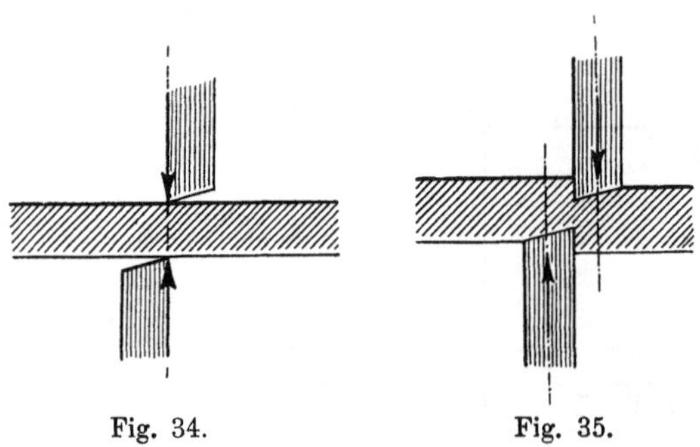

Fig. 34.   Fig. 35.

sich aber schon bei Beginn des Schneidens neben der Schubbeanspruchung auch noch eine Beanspruchung auf Biegung, die nun um so größer wird, je tiefer die beiden Scherblätter, s. Fig. 35, in das Material eindringen.

Aus vorstehendem ist daher genügend ersichtlich, daß praktisch niemals eine Schubinanspruchnahme allein auftreten kann, sondern daß sie stets von einer Biegungsanstrengung begleitet sein wird, die aber ihrer Geringfügigkeit wegen in den meisten Fällen vernachlässigt werden kann.

Daraus ergibt sich aber auch noch weiter die Tatsache, daß die im § 11, Abs. 2 definierte, im gefährlichen Querschnitte auftretende Schubspannung nicht in allen Querschnittseinheiten die gleiche sein wird, sondern verschiedene Werte haben muss.

In der Folge sei jedoch angenommen, daß die genannte Schubspannung — bei der in gleicher Weise, so wie es bei der in § 2 genannten Normalspannung der Fall war, eine Bruch-, Elastizitäts- und praktisch zulässige Spannung zu unterscheiden ist — für jede Querschnittseinheit denselben Wert habe. Bezeichnet man die konstant bleibende Spannung bis zur Bruchgrenze mit s_s, bis zur Elastizitätsgrenze mit τ und bis zur praktisch zulässigen Grenze mit k_s, so ergibt sich das der Schub- oder Scherfestigkeit zugrunde liegende Gesetz auf gleiche Art, wie bei der im § 2 aufgeführten Zug- und Druckfestigkeit, nämlich

$$\left.\begin{array}{l} P_{Br} = f \cdot s_s, \text{ bis zum Bruch,} \\ P_E = f \cdot \tau, \quad \text{„ zur Traggrenze,} \\ P = f \cdot k_s, \quad \text{„ zur praktisch zulässigen Grenze,} \end{array}\right\} 40$$

wobei wieder zwischen den Spannungen die Beziehungen bestehen

$$k_s = \frac{s_s}{m} \text{ und } k_s = \frac{\tau}{\mu}, \quad \ldots \ldots \ldots \quad 41$$

sofern m und μ die Sicherheitskoeffizienten bezeichnen. Für k_s gilt auch noch das im § 2 für k_z und k_d Gesagte.

§ 13. Fortsetzung des Paragraphen 11.

1. Schubkoeffizient. Schubelastizitätsmodul.

Wie im § 11, Abs. 1 gesagt, verschieben sich die Querschnitte eines Körpers gegenseitig, sobald er auf Schub beansprucht wird.

Wird nun, wie Fig. 36 zeigt, beispielsweise ein Würfel von der Kantenlänge 1 cm oder 1 mm mit 1 kg auf Abscherung beansprucht,

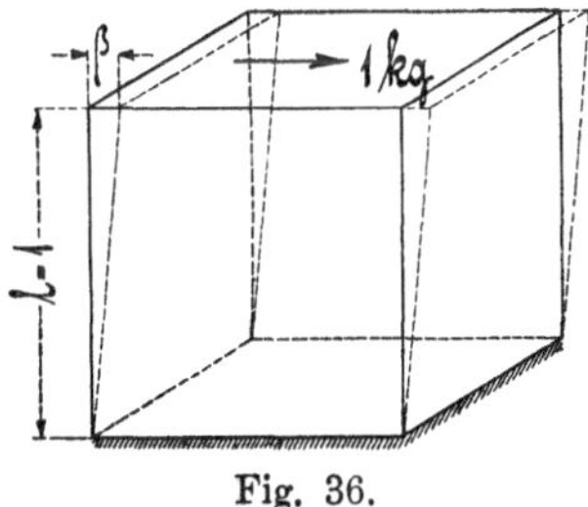

Fig. 36.

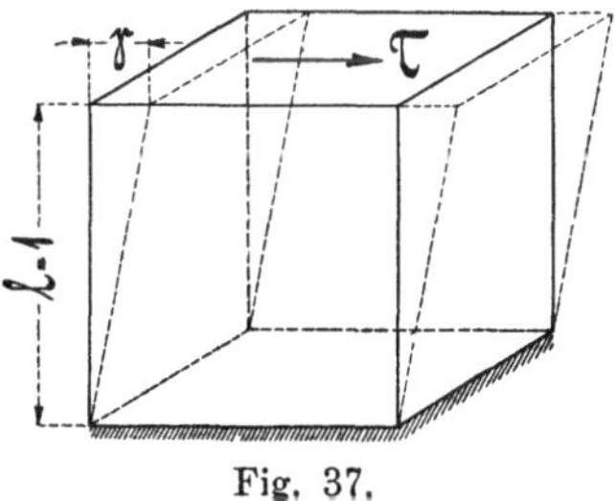

Fig. 37.

so verschiebt sich die obere Fläche gegenüber der unteren um die Strecke β, die man als den Schubkoeffizienten bezeichnet hat. Dieser Koeffizient stellt ebenso, wie der Dehnungskoeffizient bei Zug und Druck, eine für jedes Material durch Versuch zu ermittelnde Erfahrungszahl dar.

Wird nun derselbe Würfel, wie Fig. 37 zeigt, nicht nur mit 1 kg, sondern mit τ kg auf Abscherung beansprucht, so verschieben sich die im Abstande 1 voneinander entfernten Flächen um die Strecke γ, die nach § 11, Abs. 1 die Schiebung darstellt. Sie bildet nun in der Form

$$\widehat{\gamma} = \beta \cdot \tau \qquad \ldots \ldots \ldots \ldots \quad 42$$

eine mit dem im § 3 genannten Hookeschen Gesetz übereinstimmende Gleichung.

Besitzen die beiden mit τ kg beanspruchten Flächenelemente des vorbenannten Körpers einen Abstand von 1 cm oder 1 mm, so ergibt sich

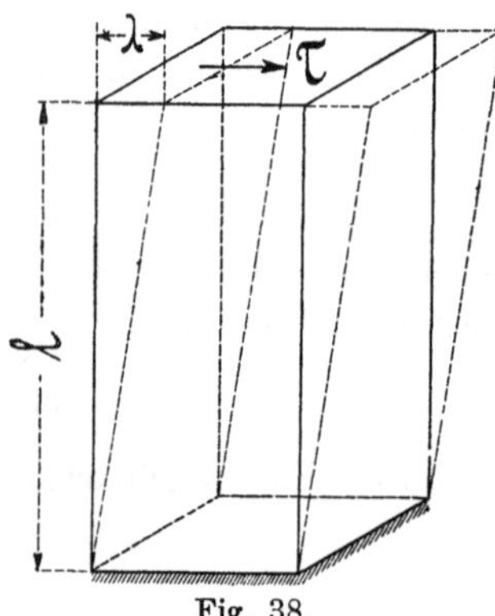

Fig. 38.

nach Fig. 38, unter der Annahme, daß die Schiebung $\widehat{\gamma}$ innerhalb eines gewissen Spannungsgebietes an allen Stellen des Körpers konstant ist, eine gesamte Verschiebung

$$\lambda = \widehat{\gamma} \cdot 1.$$

Setzt man in diese Gleichung den obigen Wert für $\widehat{\gamma}$ und für τ den Wert aus § 12, nämlich $\tau = \dfrac{P}{f}$ ein, so ergibt sich die Elastizitätsgleichung gegen Schub zu

$$\lambda = \widehat{\gamma} \cdot 1 = \beta\tau \cdot 1 = \beta\frac{P}{f} \cdot 1 = \beta\frac{Pl}{f}, \quad . \quad 43$$

worin f den Querschnitt eines mit der Kraft P auf Schub beanspruchten Körpers bezeichnet, dessen Länge 1 beträgt. Löst man die letztgenannte Gleichung nach P auf und setzt $\lambda = 1$ und $f = 1$, so ergibt sich

$$P = \frac{\lambda f}{\beta l} = \frac{1 \cdot 1}{\beta l} = \frac{1}{\beta} = G \quad . \quad . \quad . \quad . \quad . \quad 44$$

Die Kraft G bezeichnet den in der Technik allgemein bekannten Schubelastizitätsmodul.

Im übrigen sei hier noch auf die Übereinstimmung der vorstehenden Gleichungen mit den im § 3 für Zug und Druck genannten aufmerksam gemacht.

2. Paarweises Auftreten der Schubspannungen.

Infolge der im § 11, Abs. 1 auftretenden Schiebung, der, um das Gleichgewicht zu erhalten, eine entsprechende Gegenwirkung von seiten der Nachbarelemente zur Seite treten muß, tritt nunmehr die Frage auf, wie sich die bezüglichen Beanspruchungen auf die Nachbarelemente verteilen, bezw. unter welchen Bedingungen Gleichgewicht hergestellt wird.

Zu diesem Zwecke denken wir uns ein unendlich kleines Parallelepiped aus einem auf Schub beanspruchten Körper herausgeschnitten, das in der Fig. 39 zur Darstellung gebracht worden ist. Alle inneren Kräfte, welche auf die das Körperelement begrenzenden Schnittflächen wirken, können hierbei als äußere Kräfte aufgefaßt werden, die in Verbindung mit den auf die Masse wirkenden Kräften im Gleichgewicht stehen, so daß auch unter anderem das Gesamtmoment für eine beliebige Schwerpunktsachse, z. B. die Achse A — B, den Wert Null erhalten muß.

Da man nun die auf die 6 Begrenzungsebenen des Körperelementes entfallenden Kräfte sich in den einzelnen Schwerpunkten der Flächen wirkend vorstellen kann, so ist aus der Figur zur Genüge ersichtlich, daß

1. die senkrecht auf die 6 Begrenzungsflächen wirkenden Kräfte, die Normalspannungen entsprechen, nichts zu einem zur Schiebung des Körpers notwendig gehörenden Drehmomente beitragen, da sie entweder — wie bei den Flächen f_3 und f_4 — in die Achsenrichtung A — B fallen oder — wie bei den Flächen f_1 f_2 f_5 und f_6 — die Achse A — B schneiden und somit keinen Hebelarm, woran die fraglichen Kräfte angreifen könnten, ergeben.

2. Von den innerhalb der Flächenelemente gelegenen, d. h. in der Richtung derselben wirkenden Kräften kommen aber auch die Flächen f_3 und f_4 zur Momentenbildung nicht in Frage, weil diese Kräfte ebenfalls die Achse A — B schneiden.

3. Da nun aber auch der Schwerpunkt S des Körpers auf der Achse A — B liegt, so tragen auch die Massenkräfte nichts zur Bildung eines Momentes bei.

4. Für die Bildung des fraglichen Momentes kommen demnach nur noch die Kräfte in Frage, die in der Richtung der 4 Flächen f_1 f_2 und f_5 f_6 wirken. Zerlegt man nun aber diese Kräfte parallel und senkrecht zur Achse A — B, so tragen auch die parallel zur Achse A — B gerichteten Komponenten nach dem unter 1 Gesagten nichts zum Momente bei, so daß nur noch die aus der Figur zu ersehenden senkrecht zur Achse gerichteten Komponenten

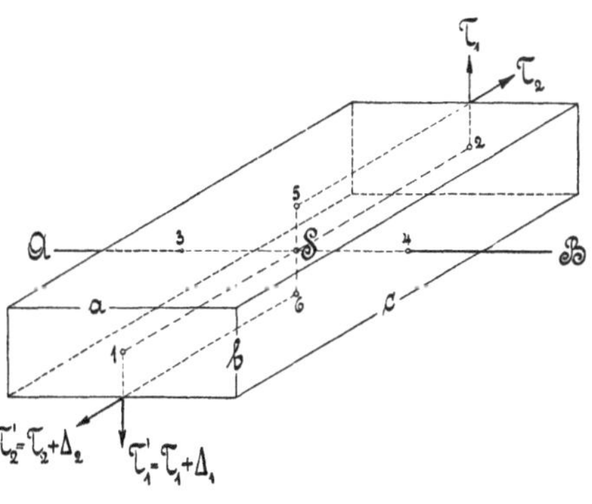

Fig. 39.

τ_1 und τ_2, bezw. τ_1' und τ_2' als wirkende Kräfte übrig bleiben. Diese Kräfte ergeben sich nach Fig. 39 zu

$$P_1 = f_2 \cdot \tau_1 = ab \cdot \tau_1,$$
$$P_2 = f_5 \cdot \tau_2 = ac \cdot \tau_2,$$

$$P_1' = f_1 \cdot \tau_1' = ab \cdot \tau_1' = ab\,(\tau_1 + \varDelta_1),$$
$$P_2' = f_6 \cdot \tau_2' = ac \cdot \tau_2' = ac\,(\tau_2 + \varDelta_2),$$

die, wie Fig. 40 zeigt, folgende Momente hervorrufen

$$M_1 = P_1\frac{c}{2}, \quad M_2 = P_2\frac{b}{2},$$

$$M_1' = P_1'\frac{c}{2}, \quad M_2' = P_2'\frac{b}{2}.$$

Da nun, um Gleichgewicht zu erhalten, die Summe dieser Momente, bezogen auf die Achse A—B, gleich Null sein muß, so ergibt sich die Gleichgewichtsbedingung

$$M_1 - M_2 + M_1' - M_2' = 0$$

oder $\quad P_1\dfrac{c}{2} - P_2\dfrac{b}{2} + P_1'\dfrac{c}{2} - P_2'\dfrac{b}{2} = 0$

$\quad$„$\quad ab\tau_1\dfrac{c}{2} - ac\tau_2\dfrac{b}{2} + ab\,(\tau_1 + \varDelta_1)\dfrac{c}{2} - ac\,(\tau_2 + \varDelta_2)\dfrac{b}{2} = 0$

$\quad$„$\quad abc\tau_1 - abc\tau_2 + abc\tau_1 + abc\varDelta_1 - abc\tau_2 - abc\varDelta_2 = 0$

$\quad$„$\quad\ \ \tau_1 - \ \ \tau_2 + \tau_1 + \varDelta_1 - \tau_2 - \varDelta_2 = 0$

$\quad$„$\quad 2\tau_1 - 2\tau_2 + \varDelta_1 - \varDelta_2 \qquad\quad = 0.$

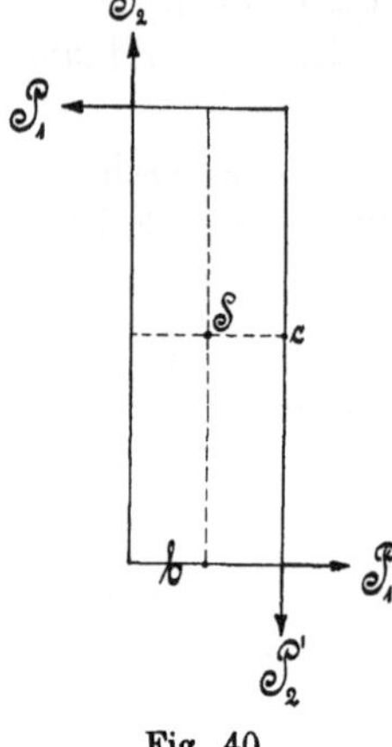

Vernachlässigt man nun noch die unendlich kleinen Kräfte $\varDelta_1$ und $\varDelta_2$, deren Differenz ja auch unendlich klein ist, so ergibt sich

$$2\tau_1 = 2\tau_2,$$

woraus $\quad \tau_1 = \tau_2 \quad . \ . \ . \ . \ .$ 45

folgt.

Dieses Resultat besagt, daß die Schubspannungen niemals einzeln, sondern immer paarweise so auftreten, daß sie senkrecht zueinander gerichtet und gleichgroß sind.

Hiernach läßt sich folgender **Lehrsatz** aussprechen:

Legt man innerhalb eines Körpers zwei einander senkrecht schneidende Ebenen, so sind die Schubspannungen für zwei Flächenelemente der beiden Ebenen, die zu einem Punkte ihrer Schnittgeraden gehören, senkrecht zu dieser, einander gleich und entweder beide nach der Schnittgeraden hin gerichtet oder beide von ihr abgewandt.

Fig. 40.

3. Schiebungen und Dehnungen.

Um einen Zusammenhang zwischen der Verschiebung der Fasern und der dadurch veranlaßten Dehnung zu erreichen, sei, unter Bezugnahme auf § 1, Abs. 3, zunächst darauf aufmerksam gemacht, daß auch bei Beanspruchungen auf Schub, in analoger Weise wie beim Zug und Druck, die Elastizitätsgrenze nicht überschritten werden darf.

Zur Veranschaulichung des genannten Zusammenhanges diene Fig. 41 In derselben sei ein dem auf Schub beanspruchten Körper zugehörendes Parallelepiped aus der ursprünglichen Lage ABCD in die Lage A_1BCD_1 verschoben worden. Hierbei hat die Diagonale l eine Verlängerung, bezw. Dehnung um die Strecke λ erfahren, so daß die neue Diagonale l_1 nach der Verschiebung

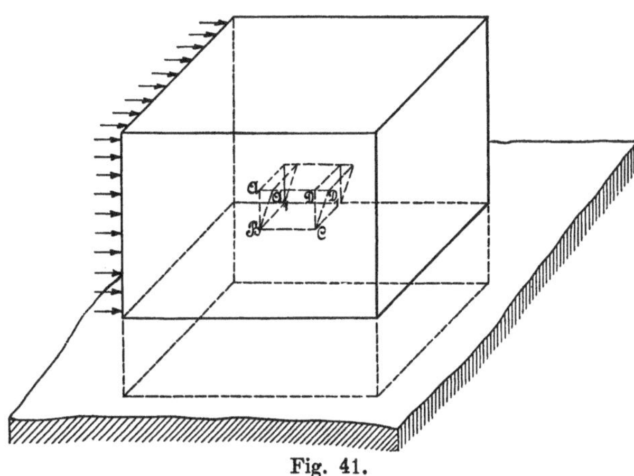

Fig. 41.

$$l_1 = 1 + \lambda$$

beträgt, woraus sich dann

$$\lambda = l_1 - 1$$

ergibt.

Die Strecke λ hat sich, wie Fig. 42 zeigt, konstruktiv so ergeben, daß mit der neuen Diagonale $l_1 = \overline{BD_1}$ von B aus ein Kreisbogen beschrieben worden ist, der die verlängerte ursprüngliche Diagonale $1 = \overline{BD}$ im Punkte F schneidet. Da nun die Strecke $\overline{FD_1}$ sehr klein ist, so kann das Dreieck DFD_1 als ein rechtwinkliges Dreieck angesehen werden, woraus dann folgt:

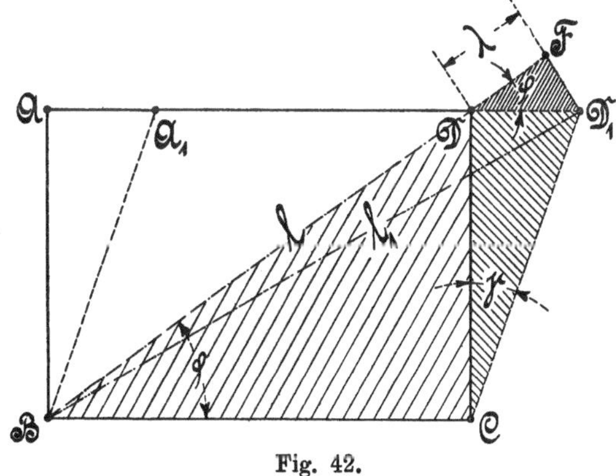

Fig. 42.

$$\lambda = \overline{DD_1} \cdot \cos \varphi.$$

Aus dem rechtwinkligen Dreiecke BCD ergibt sich ferner

$$1 = \frac{\overline{CD}}{\sin \varphi},$$

und nach § 3 die Beziehung

$$\lambda = \varepsilon l,$$

woraus $\qquad \varepsilon = \dfrac{\lambda}{l}$ folgt.

Setzt man in diese Gleichung die Werte für λ und l ein, so ergibt sich die Dehnung ε zu:

$$\varepsilon = \frac{\overline{DD_1} \cdot \cos \varphi}{\dfrac{\overline{CD}}{\sin \varphi}} = \frac{\overline{DD_1}}{\overline{CD}} \cdot \cos \varphi \cdot \sin \varphi{}^{*)}$$

$$\text{„} = \frac{\overline{DD_1}}{\overline{CD}} \cdot \frac{1}{2} \cdot \sin 2\varphi.$$

Weiter ergibt sich aus dem rechtwinkligen Dreiecke CDD_1 die Schiebung $\widehat{\gamma}$ nach § 11, Abs. 1 zu

$$\gamma = \frac{\overline{DD_1}}{\overline{CD}},$$

so daß dieser Wert, in die vorstehende Gleichung eingeführt,

$$\varepsilon = \gamma \cdot \frac{1}{2} \cdot \sin 2\varphi = \frac{1}{2}\gamma \sin 2\varphi$$

ergibt.

Die Dehnung ε erreicht nun für $\varphi = \dfrac{\pi}{4} = 45^0$, womit die quadratische Form des vorliegenden rechteckigen Körpers bedingt ist, seinen größten Wert

$$\varepsilon_{\mathrm{max}} = \frac{1}{2}\widehat{\gamma} \sin 2 \cdot 45^0 = \frac{1}{2}\widehat{\gamma} \cdot 1 = \frac{1}{2}\widehat{\gamma} \quad . \quad . \quad . \quad . \quad 46$$

Die zweite Diagonale $\overline{AC}$ des quadratischen Querschnittes erfährt hierbei gleichzeitig den kleinsten Dehnungswert, bezw. den größten Wert der Zusammendrückung in dem Ausdrucke

$$\varepsilon_{\mathrm{min}} = -\frac{1}{2}\widehat{\gamma} \sin \cdot 2 \cdot 45^0 = -\frac{1}{2}\widehat{\gamma} \quad . \quad . \quad . \quad . \quad . \quad 47$$

NB.   Die Gleichung „$\varepsilon_{\mathrm{max}} = \dfrac{1}{2}\widehat{\gamma}$, woraus „$\widehat{\gamma} \lessgtr 2\,\varepsilon_{\mathrm{max}}$ folgt", besagt, daß der zulässige Schiebungswert $\widehat{\gamma}$ höchstens doppelt so groß sein darf als die noch äußerst zulässige Dehnung $\varepsilon_{\mathrm{max}}$.

Führt man nun noch in die letzte Gleichung die zulässige Zugspannung nach dem in § 3 aufgeführten H o o k e schen Gesetze

---

$*)$ $\sin(\alpha + \beta) = \sin \alpha \cdot \cos \beta + \cos \alpha \cdot \sin \beta,$

$\quad \sin(\alpha + \alpha) = \sin \alpha \cdot \cos \alpha + \cos \alpha \cdot \sin \alpha,$

$\quad \sin 2\alpha = 2 \sin \alpha \cdot \cos \alpha,$

$\quad \sin \alpha \cdot \cos \alpha = \dfrac{1}{2} \cdot \sin 2\alpha.$

$$\varepsilon_{max} = \alpha k_z$$

und nach dem gleichen Gesetz aus § 13

$$\widehat{\gamma} = \beta k_s$$

die zulässige Schubspannung ein, so ergibt sich

$$\widehat{\gamma} \lessgtr 2\,\varepsilon_{max}$$

$$\text{oder } \beta \cdot k_s \lessgtr 2\,\alpha k_z,$$

$$\text{woraus } \quad k_s \lessgtr 2\,\frac{\alpha}{\beta} k_z \quad \ldots \ldots \ldots \quad 48$$

folgt.

Dieser letzte Ausdruck setzt allerdings voraus, daß das vorgelegte Material isotrop ist und daß die Dehnungs- und Schubkoeffizienten α und β als konstant angesehen werden können.

4. Beziehung zwischen Dehnungs- und Schubkoeffizienten.

Auf den in Fig. 43 dargestellten Würfel von der Seitenlänge $s = 1$ wirke eine Normalspannung σ ein; hierdurch wird der Würfel in das in Fig. 44 dargestellte Parallelepiped über- gehen, wobei, wie bereits in § 1, Abs. 1 und § 7 gesagt, sich die Körperseiten in der Kraftrichtung ausdehnen, senkrecht dagegen verkürzen.

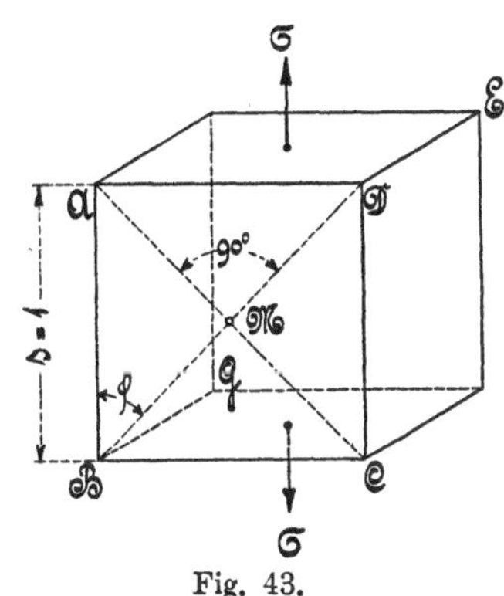

Fig. 43.

Die ursprüngliche Würfelseite $\overline{AB} = s$ wird hierbei um ε verlängert, so daß $\overline{A_1 B_1} = s + \varepsilon = 1 + \varepsilon$ beträgt; die an- dere Würfelseite $\overline{AD} = 1$ verkürzt sich hierbei um $\varepsilon_q = \dfrac{\varepsilon}{m}$, so daß die kürzer gewordene Seite $\overline{A_1 D_1} = s - \varepsilon_q = 1 - \dfrac{\varepsilon}{m}$ beträgt.

Beim Würfel schlossen die beiden Diagonalebenen AC und BD einen rechten Winkel ein, der sich unter der Krafteinwirkung σ um den Winkel γ geändert hat. Dieser Winkeländerung entspricht eine Verschie- bung, beispielsweise des Punktes A der Diagonalebene AC, gegenüber der anderen Diagonalebene BD von

$$\text{tg}\,\gamma = \widehat{\gamma} = \frac{\overline{FM}}{\overline{A_1 F}},$$

wobei $\overline{A_1 F}$ senkrecht $\overline{FM}$ gerichtet ist.

Die sämtlichen Fasern im Innern des Würfels sind also bis zur vollständigen Querkontraktion verschoben; die Verschiebungen der Fasern unter sich sind aber ganz verschieden.

Das mittlere Maß der Verschiebungen kann nun in die Diagonalebene $BDEG$ verlegt gedacht werden, die mit der Würfelseite den Winkel

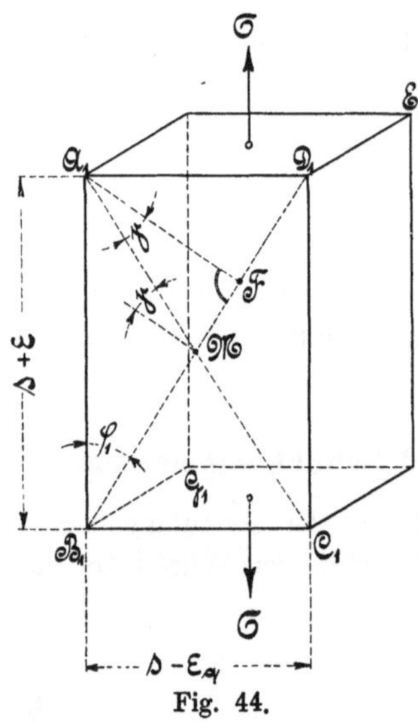

Fig. 44.

$$\varphi = 45^0 = \frac{\pi}{4} \text{ einschließt.}$$ Infolge der Ausdehnung aber ist dieser Winkel um $\frac{\gamma}{2}$ kleiner geworden, sofern man daran denkt, daß die Verschiebung $\widehat{\gamma}$ sich auf den Diagonalrichtungswinkel von 90^0 bezogen hat. Es hat deshalb der Winkel φ_1 den Wert

$$\varphi_1 = \varphi - \frac{\gamma}{2} = 45 - \frac{\gamma}{2} = \frac{\pi}{4} - \frac{\gamma}{2}.$$

Da nun nach Fig. 44

$$\textbf{1.}\ \operatorname{tg}\varphi_1 = \frac{\overline{A_1 D_1}}{\overline{A_1 B_1}}$$ oder, die obigen Werte eingesetzt,

$$\operatorname{tg}\left(\frac{\pi}{4} - \frac{\gamma}{2}\right) = \frac{1 - \dfrac{\varepsilon}{m}}{1 + \varepsilon}$$

und nach einem trigonometrischen Satze *)

$$\textbf{2.}\ \operatorname{tg}\left(\frac{\pi}{4} - \frac{\gamma}{2}\right) = \frac{\operatorname{tg}\dfrac{\pi}{4} - \operatorname{tg}\dfrac{\gamma}{2}}{1 + \operatorname{tg}\dfrac{\pi}{4}\cdot\operatorname{tg}\dfrac{\gamma}{2}} = \frac{1 - \operatorname{tg}\dfrac{\gamma}{2}}{1 + 1\cdot\operatorname{tg}\dfrac{\gamma}{2}} = \frac{1 - \dfrac{\widehat{\gamma}}{2}}{1 + \dfrac{\widehat{\gamma}}{2}}$$

ist, so folgt aus diesen beiden Gleichungen

$$\frac{1 - \dfrac{\widehat{\gamma}}{2}}{1 + \dfrac{\widehat{\gamma}}{2}} = \frac{1 - \dfrac{\varepsilon}{m}}{1 + \varepsilon},$$

---

*) $$\operatorname{tg}(\alpha - \beta) = \frac{\sin(\alpha - \beta)}{\cos(\alpha - \beta)} = \frac{\sin\alpha\cdot\cos\beta - \cos\alpha\cdot\sin\beta}{\cos\alpha\cdot\cos\beta + \sin\alpha\cdot\sin\beta}.$$

Zähler und Nenner mit „$\cos\alpha\cdot\cos\beta$" dividiert, gibt

$$\operatorname{tg}(\alpha - \beta) = \frac{\dfrac{\sin\alpha\cos\beta - \cos\alpha\sin\beta}{\cos\alpha\cos\beta}}{\dfrac{\cos\alpha\cos\beta + \sin\alpha\sin\beta}{\cos\alpha\cos\beta}}$$

$$„\quad = \frac{\dfrac{\sin\alpha\cos\beta}{\cos\alpha\cos\beta} - \dfrac{\cos\alpha\sin\beta}{\cos\alpha\cos\beta}}{\dfrac{\cos\alpha\cos\beta}{\cos\alpha\cos\beta} + \dfrac{\sin\alpha\sin\beta}{\cos\alpha\cos\beta}} = \frac{\operatorname{tg}\alpha - \operatorname{tg}\beta}{1 + \operatorname{tg}\alpha\cdot\operatorname{tg}\beta}.$$

woraus man
$$\left(1 - \frac{\widehat{\gamma}}{2}\right)(1 + \varepsilon) = \left(1 - \frac{\varepsilon}{m}\right)\left(1 + \frac{\widehat{\gamma}}{2}\right)$$

oder
$$1 + \varepsilon - \frac{\widehat{\gamma}}{2} - \frac{\widehat{\gamma}}{2} \cdot \varepsilon = 1 + \frac{\widehat{\gamma}}{2} - \frac{\varepsilon}{m} - \frac{\varepsilon}{m} \cdot \frac{\gamma}{2}$$

„
$$\varepsilon \quad - \frac{\widehat{\gamma}}{2} \cdot \varepsilon = 2 \cdot \frac{\widehat{\gamma}}{2} - \frac{\varepsilon}{m} - \frac{\varepsilon}{m} \cdot \frac{\widehat{\gamma}}{2}$$

erhält. Vernachlässigt man noch die durch die Produkte $\frac{\widehat{\gamma}}{2} \cdot \varepsilon$ und $\frac{\varepsilon}{m} \cdot \frac{\widehat{\gamma}}{2}$ dargestellten, unendlich kleinen Werte, so ergibt sich in dem Ausdrucke

$$\varepsilon = \widehat{\gamma} - \frac{\varepsilon}{m},$$

woraus $\quad \widehat{\gamma} = \varepsilon + \dfrac{\varepsilon}{m} = \dfrac{\varepsilon \cdot m + \varepsilon}{m} = \dfrac{m + 1}{m} \cdot \varepsilon \ \ldots \ \ldots \ 49$

folgt, eine Gleichung, die eine allgemeine Beziehung der Abhängigkeit zwischen einer Verschiebung und Dehnung darstellt.

Wird nun weiter, wie Fig. 45 zeigt, der oben genannte Würfel in der Diagonalebene BD auseinander geschnitten, so ist, im Interesse des Gleichgewichtszustandes, eine auf die Diagonalebene wirkende Normalspannung σ_0, desgleichen eine in der Richtung der Diagonale wirkende Schubspannung τ anzubringen, mit deren Hilfe sich die beiden Gleichgewichtsbedingungen

1. $\sigma_1 + \sigma_2 = \sigma$,
2. $\sigma_1 - \sigma_2 = 0$

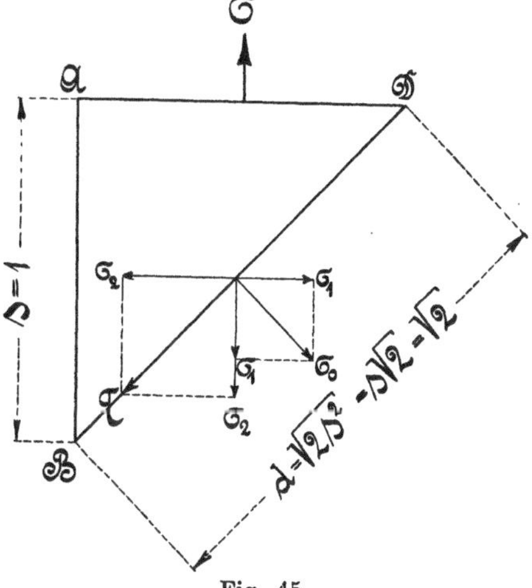

Fig. 45.

ergeben. Die Spannungen σ_1 und σ_2 entwickeln sich aus den gleichschenkligen Dreiecken zu

$$(f_0\sigma_0)^2 = (f_1\sigma_1)^2 + (f_1\sigma_1)^2 = 2(f_1\sigma_1)^2,$$

woraus
$$\sigma_1 = \sqrt{\frac{(f_0\sigma_0)^2}{2f_1^2}} = \frac{f_0\sigma_0}{f_1\sqrt{2}} = \frac{d \cdot 1 \cdot \sigma_0}{1^2 \cdot \sqrt{2}} = \frac{\sqrt{2} \cdot \sigma_0}{\sqrt{2}} = \sigma_0$$

und
$$(f_0\tau)^2 = (f_2\sigma_2)^2 + (f_2\sigma_2)^2 = 2(f_2\sigma_2)^2,$$

woraus
$$\sigma_2 = \sqrt{\frac{(f_0\tau)^2}{2f_2^2}} = \frac{f_0\tau}{f_2\sqrt{2}} = \frac{d \cdot 1 \cdot \tau}{1^2 \cdot \sqrt{2}} = \frac{\sqrt{2} \cdot \tau}{\sqrt{2}} = \tau \quad \text{folgt.}$$

Setzt man die Werte in die Gleichgewichtsbedingungen ein, so erhält man eine Beziehung zwischen der Schub- und Normalspannung, nämlich

$$1. \quad \sigma_0 + \tau = \sigma,$$
$$2. \quad \sigma_0 - \tau = 0,$$

woraus $\quad\quad\quad\quad 2\sigma_0 \quad\quad = \sigma$

und $\quad\quad\quad\quad\quad \sigma_0 \quad\quad = \dfrac{\sigma}{2}$ folgt.

Da nun $\quad\quad\quad\quad\quad \sigma_0 \quad\quad = \tau$ ist,

so ist auch $\quad\quad\quad\quad \tau \quad\quad = \dfrac{\sigma}{2}.$

Dieses Spannungsverhältnis in die im § 3 und § 13, Abs. 1 aufgeführten Elastizitätsgleichungen

$$\varepsilon = \alpha\sigma, \text{ bezw. } \widehat{\gamma} = \beta\tau \text{ eingeführt, gibt}$$

$$\frac{\widehat{\gamma}}{\beta} = \tau = \frac{\sigma}{2} = \frac{1}{2} \cdot \frac{\varepsilon}{\alpha}.$$

Setzt man in diesem Ausdrucke noch den Wert für $\widehat{\gamma}$ aus der Gleichung 49 ein, so erhält man in der folgenden Gleichung eine Beziehung zwischen dem Schub- und Dehnungskoeffizienten, nämlich

$$\frac{\dfrac{m+1}{m} \cdot \varepsilon}{\beta} = \frac{1}{2} \cdot \frac{\varepsilon}{\alpha}, \text{ woraus sich } \frac{m+1}{m} \cdot 2\alpha = \beta$$

oder $\quad\quad\quad\quad \beta = 2\,\dfrac{m+1}{m}\,\alpha \quad . \quad . \quad . \quad . \quad . \quad . \quad . \quad 50$

ergibt.

Da nun die Konstante m nach § 7 eine erfahrungsmäßig zwischen 3 und 4 liegende Zahl bedeutet, so bestimmt sich der S c h u b k o e f - f i z i e n t β zu

$$\beta = 2\,\frac{3+1}{3}\,\alpha \text{ bis } 2\,\frac{4+1}{4}\,\alpha$$
$$\text{\textquotedblright} = 2\,\frac{4}{3}\,\alpha \text{ bis } 2\,\frac{5}{4}\,\alpha$$
$$\text{\textquotedblright} = \frac{8}{3}\,\alpha \text{ \textquotedblright } \frac{5}{2}\,\alpha \left.\rule{0pt}{28pt}\right\} \quad . \quad . \quad . \quad . \quad . \quad . \quad . \quad 51$$
$$\text{\textquotedblright} = 2{,}67\,\alpha \text{ \textquotedblright } 2{,}5\,\alpha$$

und der D e h n u n g s k o e f f i z i e n t α zu

$$\alpha = \frac{3}{8}\,\beta \text{ bis } \frac{2}{5}\,\beta \left.\rule{0pt}{28pt}\right\} \quad . \quad . \quad . \quad . \quad . \quad 52$$
$$\text{\textquotedblright} = 0{,}375\,\beta \text{ bis } 0{,}4\,\beta.$$

Bestimmt man außerdem noch aus der letzten Gleichung das Verhältnis $\dfrac{\alpha}{\beta}$ und führt es in die im Absatz 3 des vorliegenden Paragraphen entwickelte Gleichung 48 ein, so erhält man

$$\frac{\alpha}{\beta} = \frac{m}{2\,(m+1)}$$

und $\qquad k_s \lesseqgtr 2\,\dfrac{\alpha}{\beta}\,k_z \lesseqgtr 2\,\dfrac{m}{2\,(m+1)}\,k_z \lesseqgtr \dfrac{m}{m+1}\,k_z,$ 53

woraus für $m = 3$ bis 4

$$k_s \lesseqgtr \frac{3}{3+1}\,k_z \text{ bis } \frac{4}{4+1}\,k_z$$

$$\left.\begin{array}{l} \text{,,} \lesseqgtr \dfrac{3}{4}\,k_z \text{ bis } \dfrac{4}{5}\,k_z \\[2ex] \text{,,} \lesseqgtr 0{,}75\,k_z \text{ bis } 0{,}8\,k_z \end{array}\right\} \quad \text{. . . . . . . 54}$$

folgt. Dieses Verhältnis ist nun der im § 12 genannten Schubfestigkeitsrechnung zugrunde zu legen. Am meisten verwendet man bei praktischen Rechnungen

$$k_s = 0{,}8\,k_z \quad \text{. . . . . 55}$$

Vierter Abschnitt.

Biegung.

§ 14. Die Biegungsfestigkeit.

1. Vorgang beim Biegen. Bestimmung des Grundgesetzes. Trägheits- und Widerstandsmoment.

Wird nach Fig. 46 ein prismatischer Körper, z. B. ein Balken oder dergleichen, mit dem einen Ende fest eingespannt, während das andere Ende durch eine Kraft P belastet ist, so wird der Balken, wie Fig. 47 zeigt, eine Biegung erfahren, wobei die oberen Fasern des Balkens eine Verlängerung, die unteren Fasern dagegen eine Verkürzung erleiden.

Den Verlängerungen entsprechen Zug-, den Verkürzungen Druckspannungen, die in den äußeren Fasern am größten sind, woselbst auch die größten Dehnungen auftreten. Nach dem inneren Teile des Balkens zu nehmen die Dehnungen immer mehr ab, bis schließlich eine Faserschicht NN kommt, die weder verlängert noch verkürzt, sondern nur gebogen ist. Diese Schicht nennt man die neutrale Faserschicht, in der weder Zug- noch Druckspannung herrscht.

Jeder durch den Körper gelegte Querschnitt schneidet die neutrale Faserschicht in einer Linie NN, welche die neutrale Achse des Querschnittes genannt wird.

Ein in der Längsrichtung des Balkens und zwar in Richtung der Biegungsebene ausgeführter Schnitt schneidet die neutrale Faserschicht NN in einer Linie, die als elastische Linie bezeichnet wird. Die Gestalt dieser Linie ist für das Maß der Durchbiegung des Balkens bestimmend.

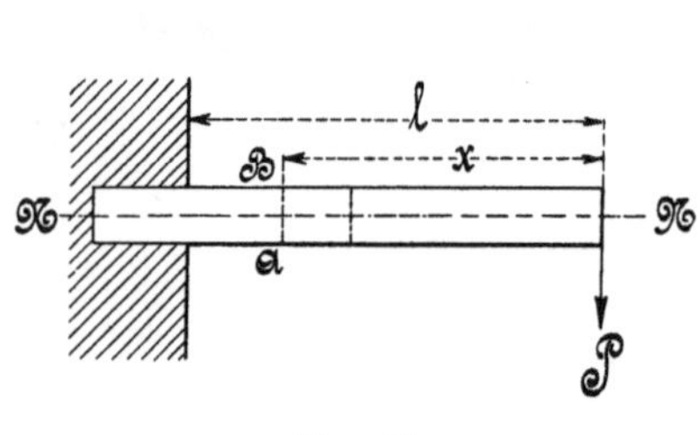

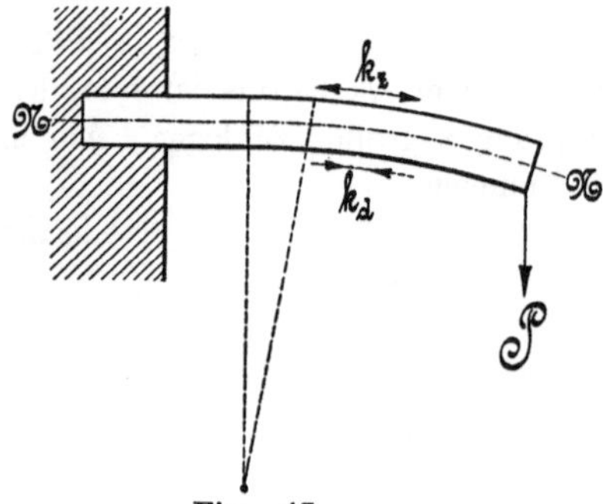

Fig. 46.

Fig. 47.

Für die weitere Betrachtung sei nach Fig. 46 für einen beliebigen, im Abstande x vom freien Ende des Balkens aus gelegenen Querschnitt $A\,B$

$$M_x = P\,x$$

das sogenannte biegende oder äußere Moment, dem, sofern der Balken nicht zerstört werden soll, die im besagten Querschnitte auftretenden Momente der Zug- und Druckspannungen genügend Widerstand leisten müssen.

Werden nun die letzten Momente — die mit m_1, m_2, m_3, ... für Zug, mit m_I, m_{II}, m_{III} etc. für Druck bezeichnet sein mögen — innere Momente genannt, so ergibt sich die Gleichgewichtsbedingung zwischen dem äußeren Momente $M_x = P\,x$ und den inneren Momenten zu

$$M_x = m_1 + m_2 + m_3 + \ldots\ldots + m_I + m_{II} + m_{III} + \ldots\ldots$$

$$,, \;= \overset{n}{\underset{1}{\Sigma}}m + \overset{[n]}{\underset{I}{\Sigma}}m .$$

Für die aus Fig. 48 ersichtlichen Faserschichten f_1, f_2, f_3 etc. auf der Zugseite und f_I, f_{II}, f_{III} etc. auf der Druckseite, in denen die Zugspannungen k_1, k_2, k_3 etc., bezw. Druckspannungen k_I, k_{II}, k_{III} etc. auftreten, ergeben sich die zugehörigen Momente

1. für Zug:

$$m_1 = p_1 \cdot \eta_1 = f_1\, k_1 \cdot \eta_1$$
$$m_2 = p_2 \cdot \eta_2 = f_2\, k_2 \cdot \eta_2$$
$$m_3 = p_3 \cdot \eta_3 = f_3\, k_3 \cdot \eta_3$$
$$\vdots$$
$$m_n = p_n \cdot \eta_n = f_n\, k_n \cdot \eta_u$$

$$\overset{n}{\underset{1}{\Sigma}}\,m = f_1\, k_1\, \eta_1 + f_2\, k_2\, \eta_2 + {}$$
$$+ f_3\, k_3\, \eta_3 + \ldots \ldots$$

2. für Druck:

$$m_I = p_I \cdot \eta_I = f_I\, k_I \cdot \eta_I$$
$$m_{II} = p_{II} \cdot \eta_{II} = f_{II}\, k_{II} \cdot \eta_{II}$$
$$m_{III} = p_{III} \cdot \eta_{III} = f_{III}\, k_{III} \cdot \eta_{III}$$
$$\vdots$$
$$m_{[n]} = p_{[n]} \cdot \eta_{[n]} = f_{[n]}\, k_{[n]} \cdot \eta_{[n]}$$

$$\overset{[n]}{\underset{I}{\Sigma}}\,m = f_I\, k_I\, \eta_I + f_{II}\, k_{II}\, \eta_{II} + {}$$
$$+ f_{III}\, k_{III}\, \eta_{III} + \ldots \ldots$$

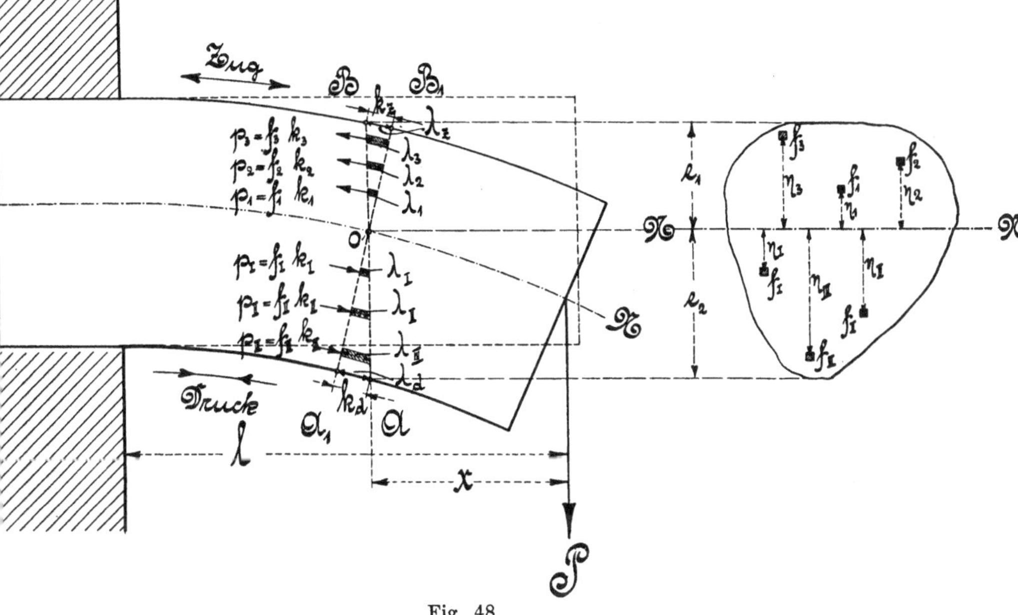

Fig. 48.

Werden diese Werte in die oben genannte Gleichgewichtsbedingung eingesetzt, so ergibt sich

$$M_x = f_1\, k_1\, \eta_1 + f_2\, k_2\, \eta_2 + f_3\, k_3\, \eta_3 + \ldots \ldots + {}$$
$$+ f_I\, k_I\, \eta_I + f_{II}\, k_{II}\, \eta_{II} + f_{III}\, k_{III}\, \eta_{III} + \ldots \ldots$$

Da nun weiter nach § 3 Proportionalität zwischen Dehnung ε, bezw. Verlängerung oder Verkürzung λ, und Spannung besteht, ferner die aus Fig. 48 ersichtlichen Formänderungsdreiecke ähnlich sind, so folgt, bei Bezeichnung der in der oberen Faser herrschenden zulässigen größten Zugspannung mit k_z und der in der untersten Faser auftretenden Druckspannung k_d, auf der Zugseite: 1. $\lambda_1 : \lambda_z = k_1 : k_z \mid \lambda_2 : \lambda_z = k_2 : k_z \mid \lambda_3 : \lambda_z = k_3 : k_z$ etc.

2. $\lambda_1 : \lambda_z = \eta_1 : e_1 \mid \lambda_2 : \lambda_z = \eta_2 : e_1 \mid \lambda_3 : \lambda_z = \eta_3 : e_1$,,,

woraus man $\quad k_1 : k_z = \eta_1 : e_1 \quad k_2 : k_z = \eta_2 : e_1 \quad k_3 : k_z = \eta_3 : e_1$,,

oder $\quad k_1 = \dfrac{k_z \cdot \eta_1}{e_1} \qquad k_2 = \dfrac{k_z \cdot \eta_2}{e_1} \qquad k_3 = \dfrac{k_z \cdot \eta_3}{e_1}$,,

erhält.

Auf der Druckseite ergibt sich in gleicher Weise

$$k_I = \frac{k_d \cdot \eta_I}{e_2}, \quad k_{II} = \frac{k_d \cdot \eta_{II}}{e_2}, \quad k_{III} = \frac{k_d \cdot \eta_{III}}{e_2} \text{ etc.}$$

Die Spannungswerte, in die Gleichung für M_x eingeführt, geben

$$M_x = f_1 \frac{k_z \eta_1}{e_1} \eta_1 + f_2 \frac{k_z \eta_2}{e_1} \eta_2 + f_3 \frac{k_z \eta_3}{e_1} \eta_3 + \cdots +$$

$$+ f_I \frac{k_d \eta_I}{e_2} \eta_I + f_{II} \frac{k_d \eta_{II}}{e_2} \eta_{II} + f_{III} \frac{k_d \eta_{III}}{e_2} \eta_{III} + \cdots$$

$$\text{,,} = \frac{k_z}{e_1} (f_1 \eta_1{}^2 + f_2 \eta_2{}^2 + f_3 \eta_3{}^2 + \cdots) +$$

$$+ \frac{k_d}{e_2} (f_I \eta_I{}^2 + f_{II} \eta_{II}{}^2 + f_{III} \eta_{III}{}^2 + \cdots)$$

$$\text{,,} = \frac{k_z}{e_1} \overset{n}{\underset{1}{\Sigma}} f \eta^2 + \frac{k_d}{e_2} \overset{[n]}{\underset{1}{\Sigma}} f \eta^2 .$$

Der Ausdruck $\Sigma f \eta^2$, d. h. die Summe aller Produkte aus den Faserquerschnitten und den Quadraten ihrer Abstände von der neutralen Achse, wird das Trägheitsmoment des Querschnittes genannt, das in der Folge mit Θ bezeichnet werden soll.

Mit dieser Bezeichnung lautet dann die **allgemeine**, d. h. für jedes Material gültige **Biegungsgleichung**:

$$M_x = \frac{k_z}{e_1} \Theta_1 + \frac{k_d}{e_2} \Theta_2 \quad \ldots \ldots \ldots \quad 56$$

Kann nun die zulässige Zug- oder Druckspannung — so wie es bei den zumeist aus Schmiedeeisen oder Stahl hergestellten Maschinen- und Eisen-Konstruktionsteilen annähernd der Fall ist — als gleichgroß angesehen werden und wird hierbei immer mit der ungünstigsten Spannung gerechnet, die stets die Zugspannung sein wird, so folgt, wenn k_b diese Spannung bezeichnet,

$$M_x = k_b \left(\frac{\Theta_1}{e_1} + \frac{\Theta_2}{e_2} \right) = k_b (W_1 + W_2), \quad \ldots \ldots \quad 57$$

worin W_1 das sogenannte Widerstandsmoment des Querschnittes auf der Zugseite, W_2 das Widerstandsmoment auf der Druckseite bedeutet.

Bezeichnet nun noch „$W = W_1 + W_2$“ das Widerstandsmoment des ganzen Querschnittes, bezogen auf die neutrale Achse NN, so ergibt sich die das **Grundgesetz der Biegungsfestigkeit** darstellende Gleichung

$$M_x = k_b \cdot W = k_b \frac{\Theta}{e}, \quad \ldots \ldots \ldots \quad 58$$

worin e die Entfernung der äußersten, am meisten beanspruchten Faser darstellt.

In Worten lautet das **Grundgesetz**:

Für jeden Querschnitt eines gebogenen Körpers besteht zwischen den äußeren und inneren Kräften Gleichgewicht, wenn die algebraische Summe der Momente aller äußeren Kräfte, bezogen auf die neutrale Achse des Querschnittes, gleich ist dem Produkte aus der größten Spannung und dem Widerstandsmomente des Querschnittes.

Das Trägheitsmoment und somit auch das Widerstandsmoment läßt sich für alle mathematisch bestimmten Querschnitte ermitteln.

Das Grundgesetz dient

1. in der Form: $M = W k$, zur Ermittelung der Tragkraft eines gegebenen Körpers,

2. in der Form: $W = \dfrac{M}{k}$, zur Ermittelung der Dimensionen eines Körpers für eine gegebene Belastung und

3. in der Form: $k = \dfrac{M}{W}$, zur Bestimmung der größten in einem gegebenen Körper auftretenden zulässigen Spannung, bei Bekanntsein der Belastung.

NB. Im allgemeinen fällt der Wert W verschieden aus, je nachdem man das Trägheitsmoment Θ durch den Abstand e_1 der am meisten gezogenen Faser oder durch den Abstand e_2 der am meisten gedrückten Faser teilt.

Demzufolge hat man auch von jedem Querschnitte zwei Widerstandsmomente zu unterscheiden, bei deren Benutzung dann auch die zulässige Zug- oder Druckspannung einzusetzen ist. Der kleinste auf diese Weise erhaltene Wert zwischen „$\dfrac{\Theta}{e_1} k_z = W_1 k_z$ und $\dfrac{\Theta}{e_2} k_d = W_2 k_d$" ist bei hierauf bezüglichen Rechnungen zu verwenden.

2. Lage der neutralen Achse.

Damit die vorher genannten Abstände e_1 und e_2 bei jedem Querschnitte bestimmt werden können, ist die Kenntnis der genauen Lage der neutralen Achse nötig. Diese Achse wird sich nun bei der Biegung offenbar ganz von selbst so legen, daß die Summe aller Zugkräfte auf der einen Seite gleich der Summe aller Druckkräfte auf der anderen Seite ist oder, mit bezug auf die Fig. 48 und 49, daß die algebraische Summe der auf den Querschnitt A B wirkenden Kräfte gleich Null wird.

$$\text{Also} \quad \overset{n}{\underset{1}{\Sigma}}\,p - \overset{[n]}{\underset{1}{\Sigma}}\,p = 0 \quad \text{oder kürzer}$$

$$\Sigma p = 0.$$

Da nun aber nach Fig. 48 eine beliebige Faserkraft, z. B. p_1, den Wert $f_1 k_1$ hat, und andererseits $k_1 = \dfrac{k\,\eta_1}{e}$ war, so ergibt sich die Summe der Faserkräfte zu

$$\Sigma p = \Sigma f k = \Sigma f \frac{k\,\eta}{e} = \frac{k}{e}\,\Sigma f \eta = 0 \,.$$

Da ferner der Wert $\dfrac{k}{e}$ — weil vom Material und Querschnitt abhängig — niemals Null sein kann, so muß

$$\Sigma f \eta = 0$$

sein, d. h. die Summe der statischen Momente in bezug auf die neutrale Achse muß gleich Null sein, was aber die Bedingung dafür ist, daß die neutrale Achse — weil der Querschnitt, darauf bezogen, im Gleichgewicht sein soll — durch den Schwerpunkt des Querschnittes hindurch geht.

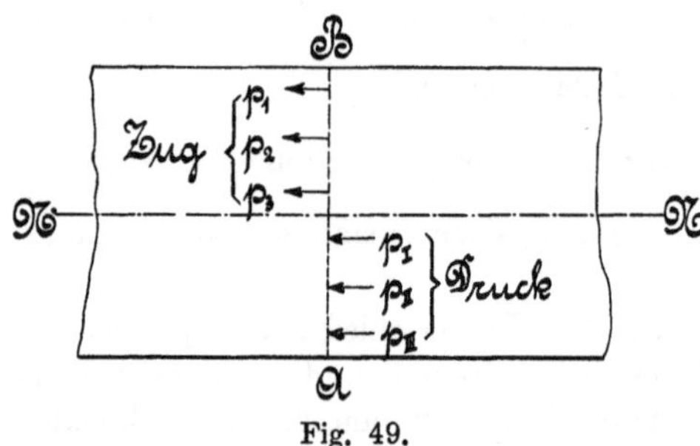

Fig. 49.

Hieraus ist zur Genüge ersichtlich, daß das Material auf die Lage der neutralen Achse keinen Einfluß hat, sie also nur ganz allein von der Form des Querschnittes und der Art der Belastung abhängt. Teilt z. B., wie in der vorstehenden Betrachtung angenommen worden ist, die Kraftebene einen Querschnitt symmetrisch, so steht die neutrale Achse senkrecht zur Kraftebene.

3. Durchbiegung des auf Biegung beanspruchten Körpers. Krümmungshalbmesser. Elastische Linie.

Zur Beurteilung des Materials und zur Kontrolle der sub 1 zu berechnenden Dimensionen ist es von besonderer Wichtigkeit zu wissen, welche Krümmung oder Durchbiegung ein durch äußere Krafteinwirkung auf Biegung beanspruchter Balken erfährt, um danach die Dehnung, bezw. die Verlängerung oder Verkürzung der oben genannten Fasern beurteilen zu können, damit die Elastizität nicht überschritten wird.

Bezeichnet in Fig. 50, l_1 den Abstand der beiden im unbelasteten Zustande parallel angenommenen Querschnitte AB und $A_1 B_1$, so wird sich infolge der Belastung des Körpers der Querschnitt $A_1 B_1$ aus der parallelen in die geneigte Richtung $A^1 B^1$ einstellen und mit der Richtung AB den Winkel φ einschließen. Während sich hierbei die oberen Fasern ver-

längert, die unteren dagegen verkürzt haben, hat die in der neutralen Faser liegende Strecke l_1 keinerlei Längenänderung erfahren, sondern ist nur gebogen worden. Der dem Bogenstücke l_1 — das ein Stück der sogenannten elastischen Linie darstellt — zugehörige Krümmungshalbmesser ϱ wird dann in folgender Weise bestimmt.

Nach § 3 besteht das Gesetz

$$\lambda = \varepsilon l = \alpha \sigma l,$$

welches, den hier ·vorliegenden Verhältnissen entsprechend,

$$\lambda = \alpha k_b l_1$$

geschrieben werden kann.

Da nun die aus Fig. 50 ersichtlichen Formänderungsdreiecke auf der Zug- und Druckseite ähnlich sind, so kann man an Stelle λ_z und λ_d kurzweg λ setzen, womit sich dann die allgemeine Beziehung

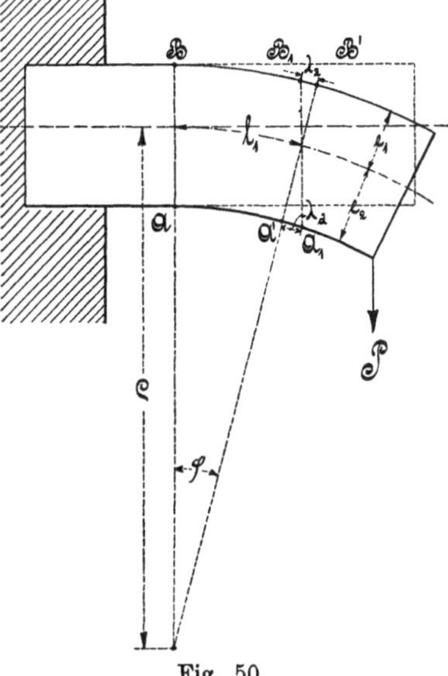

Fig. 50.

$$\lambda : e = l_1 : \varrho$$

oder

$$\lambda = \frac{e l_1}{\varrho} \text{ ergibt.}$$

Diesen Wert oben eingesetzt, liefert

$$\frac{e l_1}{\varrho} = \alpha k_b l_1,$$

woraus

$$\varrho = \frac{e l_1}{\alpha k_b l_1} = \frac{e}{\alpha k_b} \quad \ldots \ldots \quad 59$$

folgt. Die sub 1 aufgestellte Biegungsgleichung „$M_b = \dfrac{\Theta}{e} k_b$" bestimmt eine Materialspannung von

$$k_b = \frac{M_b \cdot e}{\Theta}, \text{ die, in vorstehende Krümmungs-}$$

halbmessergleichung eingesetzt, den genannten Halbmesser zu

$$\varrho = \frac{e}{\dfrac{\alpha M_b e}{\Theta}} = \frac{\Theta}{\alpha M_b} \quad \ldots \ldots \ldots \quad 60$$

oder die Krümmung

$$\frac{1}{\varrho} = \frac{\alpha\, M_b}{\Theta} \qquad \ldots \ldots \ldots \ldots \quad 61$$

ergibt. Diese beiden Gleichungen besagen, daß der Krümmungshalbmesser mit dem biegenden, von der Lage des Querschnittes abhängigen Momente veränderlich ist, weshalb die elastische Linie auch keine Kreislinie sein kann.

Die Momente verändern sich nach parabolischem Gesetze, woraus zu schließen ist, daß auch der vom Moment abhängige Krümmungsradius und damit auch die elastische Linie selbst in das Gebiet der parabolischen Kurven gehört.

4. Gleichung der elastischen Linie.

a) *Allgemeiner Fall.*

Wie aus der Fig. 51 ersichtlich ist, besteht zwischen der Länge x des Balkens und der zugehörigen Durchbiegung y eine Abhängigkeit, die durch die Gleichung

$$y = f(x)$$

ausgedrückt werden kann.

Für den Krümmungshalbmesser ϱ einer beliebigen Kurve besteht in der höheren Analysis die Differentialgleichung

$$\varrho = \pm \frac{\sqrt{\left[1 + \left(\frac{d_y}{d_x}\right)^2\right]^3}}{\frac{d^2 y}{d_x{}^2}} \qquad \ldots \ldots \ldots \quad 62$$

Bei praktischen Bestimmungen der elastischen Linie vernachlässigt man in der Regel den unendlich kleinen Wert $\left(\frac{d_y}{d_x}\right)^2$, so daß die genügend genaue Annäherungsgleichung lautet

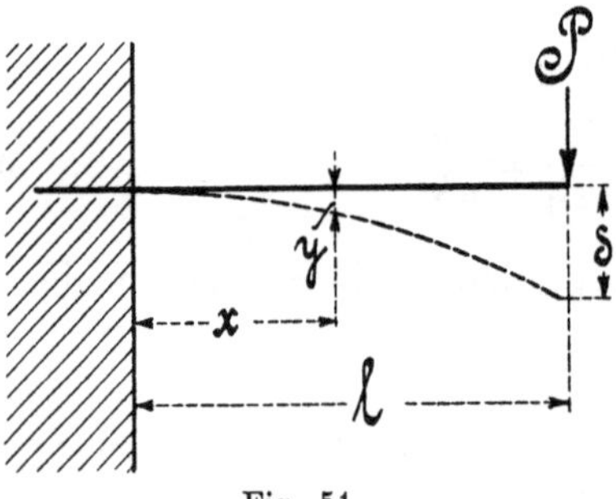

$$\varrho = \pm \frac{1}{\frac{d^2 y}{d_x{}^2}},$$

woraus die Krümmung $\dfrac{1}{\varrho} = \pm \dfrac{d^2 y}{d_x{}^2}$ sich ergibt.

Setzt man in der letzten Gleichung den vorher sub 3 angegebenen Wert der Krümmung „$\dfrac{1}{\varrho} = \dfrac{\alpha\, M_b}{\Theta}$“ ein, so ist

Fig. 51.

$$\pm \frac{d^2y}{d_x^2} = \frac{\alpha\, M_b}{\Theta},$$

$$\text{woraus } M_b = \pm \frac{\Theta}{\alpha}\, \frac{d^2y}{d_x^2} \text{ folgt.} \left.\vphantom{\begin{array}{c}a\\b\end{array}}\right\} \quad \ldots \ldots 63$$

NB. Diese bereits der höheren Analysis angehörende Gleichung, die hier nur der Vollständigkeit wegen mit aufgeführt worden ist, bildet die Basis zur Entwickelung der Gleichungen der „Elastischen Linien", die bei den einzelnen im § 23 behandelten Belastungsfällen der bequemen Übersicht halber zugefügt worden sind.

b) Besonderer Fall.

1. Freiträger.

Besitzt nach Fig. 52 ein auf Biegung beanspruchter Körper (Balken, Träger etc.), wie im § 24 genauer erläutert werden wird, eine konstante, d. h. gleichbleibende Spannung k_b, so heißt der Körper „Träger gleicher Festigkeit".

Hat ferner dieser Körper, wie es in § 24, Abschnitt 1b der Fall ist, eine gleichbleibende Höhe h, so ist auch der sub 1 genannte Faserabstand e als Teilbetrag der Höhe konstant.

Für einen derartigen Körper ist nach der sub 3 entwickelten Gleichung 59 „$\varrho = \dfrac{\Theta}{\alpha . k_b}$" auch der Krümmungshalbmesser ϱ konstant, d. h. die zugehörige elastische Linie ist ein Kreisbogen vom Radius ϱ. Die Durchbiegung δ

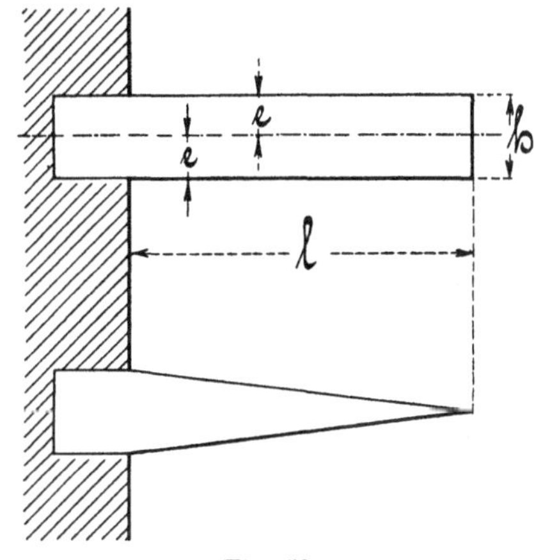

Fig. 52.

eines solchen Körpers läßt sich dann in folgender einfachen Weise bestimmen.

Nach Fig. 53 ist l die mittlere Proportionale zwischen δ und $(2\varrho - \delta)$, daher ist

$$l^2 = \delta\,(2\varrho - \delta) = 2\varrho\delta - \delta^2.$$

Da die Durchbiegung δ eine kleine Größe ist, so ist der Wert δ^2 gegenüber $2\varrho\delta$ verschwindend klein und kann deshalb vernachlässigt werden.

Die Gleichung lautet dann

$$l^2 = 2\varrho\delta,$$

woraus sich

$$\delta = \frac{l^2}{2\varrho}$$

bestimmt. Für ϱ den vorher genannten Wert eingesetzt, gibt

$$\delta = \frac{l^2}{2\,\dfrac{e}{\alpha\,k_b}} = \frac{l^2\,\alpha\,k_b}{2\,e};$$

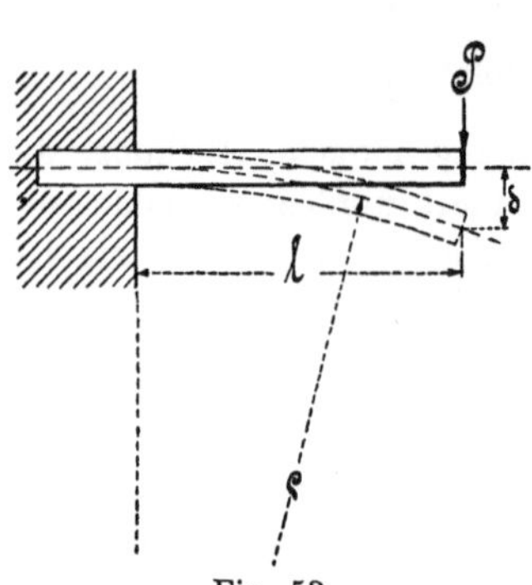

Fig. 53.

hierin für k_b den Wert aus der sub 1 genannten Biegungsgleichung 58 eingeführt, liefert

$$\delta = \frac{l^2\,\alpha\,\dfrac{M_b}{W}}{2\,e} = \frac{l^2\,\alpha\,M_b}{2\,e\,W}$$

$$ = \frac{l^2\,\alpha\,M_b}{2\,e\,\dfrac{\Theta}{e}} = \frac{l^2\,\alpha\,M_b}{2\,\Theta} \quad \ldots \ldots \quad 64$$

2. Für einen Träger auf zwei Stützen, der in der Mitte, wie Fig. 54 zeigt, belastet ist und der außerdem die beim Freiträger gestellten Voraussetzungen „e und k_b konstant" erfüllt,

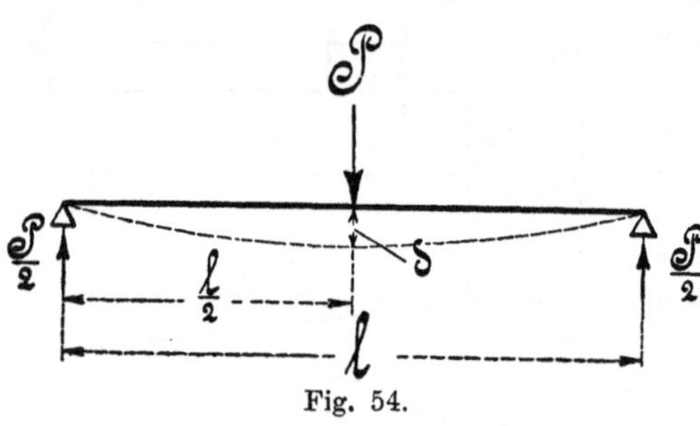

Fig. 54.

ergibt sich die größte, in der Mitte auftretende Durchbiegung δ ebenso, als wenn der Träger aus zwei Freiträgern von je der Länge $\dfrac{l}{2}$ hergestellt worden sei.

Wird demnach in der Gleichung 64 anstatt l die Länge $\dfrac{l}{2}$ eingesetzt, so ist

$$\delta = \frac{\left(\dfrac{l}{2}\right)^2\,\alpha\,M_b}{2\,\Theta} = \frac{l^2\,\alpha\,M_b}{8\,\Theta} \quad \ldots \ldots \ldots \quad 65$$

Für weitere Trägerarten siehe § 23.

§ 15. Allgemeine Bestimmung der äquatorialen, reduzierten und polaren Trägheits- und Widerstandsmomente ebener Flächen.

1. Das äquatoriale Trägheitsmoment.

Wie im § 14, sub 1 bereits gesagt worden ist, versteht man unter dem Trägheitsmomente einer Fläche, bezogen auf die durch den Schwerpunkt der Fläche gehende neutrale Achse NN,

„die Summe aller Produkte aus den Faserquerschnitten und den Quadraten ihrer Abstände von der neutralen, stets durch den Schwerpunkt gehenden Achse“.

Wird in der Fig. 55 das Trägheitsmoment mit Θ bezeichnet, so ist

$$\Theta = \Sigma f \eta^2 .. \quad . \quad . \quad 66$$

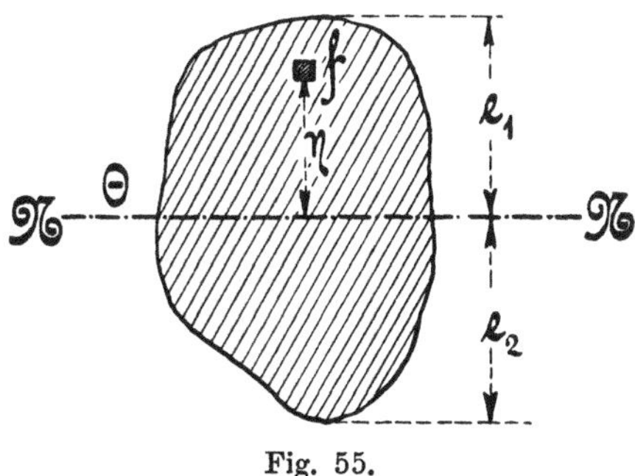
Fig. 55.

2. Das reduzierte Trägheitsmoment.

In vielen Fällen ist es notwendig, nicht allein das sub 1 genannte äquatoriale Trägheitsmoment zu wissen, sondern das Trägheitsmoment einer Fläche auch in bezug auf eine beliebige, innerhalb oder außerhalb derselben gelegene, zur Schwerpunktsachse (neutralen Achse) parallel laufende Achse zu kennen.

Soll also das Trägheitsmoment Θ_1 der in Fig. 56 angegebenen, im Abstande a von der neutralen Achse angenommenen Achse bestimmt werden, so gilt auch hier die sub 1 ausgesprochene Definition.

Da nun ein beliebiges Flächenelement f von der fraglichen Achse den Abstand „$a + \eta$“ besitzt, so ist das gesuchte Trägheitsmoment

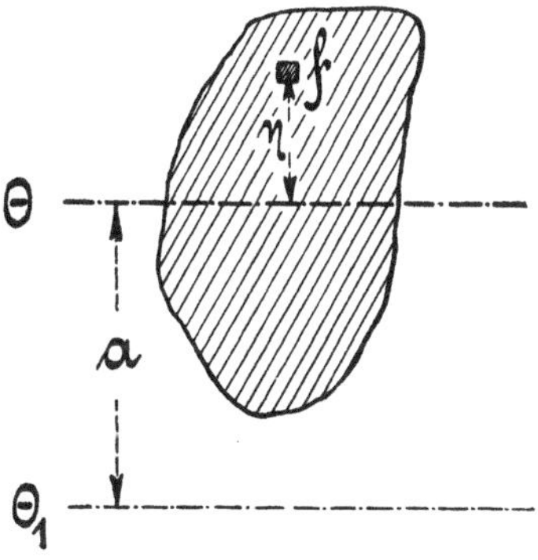

$$\Theta_1 = \Sigma f (a + \eta)^2$$

oder entwickelt,

$$\Theta_1 = \Sigma f (a^2 + 2a\eta + \eta^2) = \Sigma (f a^2 + 2a f\eta + f\eta^2)$$
$$\text{„} = a^2 \Sigma f + 2a \Sigma f\eta + \Sigma f\eta^2 .$$

Fig. 56.

Hierin ist

$\Sigma f = F$, der Inhalt des vorliegenden Querschnittes,

$\Sigma f\eta = 0$, das statische Moment des Querschnittes in bezug auf die Schwerpunktsachse,

$\Sigma f\eta^2 = \Theta$, das auf die neutrale Achse bezogene Trägheitsmoment.

Diese Werte, in die vorstehende Gleichung eingesetzt, geben

$$\Theta_1 = a^2 F + 0 + \Theta = \Theta + F a^2, \quad . \quad . \quad . \quad . \quad . \quad 67$$

d. h. das Trägheitsmoment einer Fläche in bezug auf eine beliebige Achse ist gleich dem Trägheitsmomente, bezogen auf die zu dieser Achse parallel gerichtete Schwerpunktsachse, vermehrt um das Produkt aus dem Querschnitte und dem quadratischen Abstande beider Achsen.

3. Das äquatoriale Trägheitsmoment einer zusammengesetzten Fläche, bezogen auf die Schwerpunktsachse derselben.

a) Wie Fig. 57 zeigt, läßt sich jede beliebig zusammengesetzte Fläche in solche Flächenteile zerlegen, von denen die auf die zugehörigen Schwerpunktsachsen bezogenen Trägheitsmomente bekannt sind.

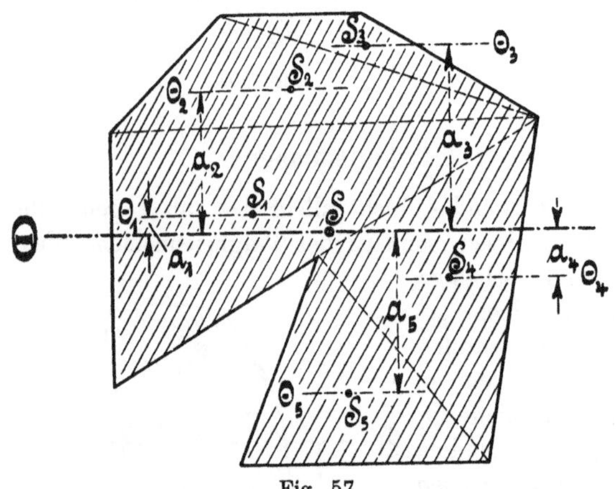

Fig. 57.

Werden diese Flächenteile mit F_1, F_2, F_3 etc. und die zugehörigen Trägheitsmomente mit Θ_1, Θ_2, Θ_3 etc. bezeichnet; haben ferner die Flächenschwerpunktsachsen von der Schwerpunktsachse der ganzen Fläche die Abstände a_1, a_2, a_3 etc., so ergibt sich das äquatoriale Trägheitsmoment Θ der ganzen Fläche mit Hilfe des vorher sub 2 genannten reduzierten Trägheitsmomentes zu

$$\Theta = (\Theta_1 + F_1 \cdot a_1{}^2) + (\Theta_2 + F_2 \cdot a_2{}^2) + (\Theta_3 + F_3 \cdot a_3{}^2) + \ldots\ldots$$

$$\text{„} = \sum_1^n (\Theta + F \cdot a^2), \ldots\ldots\ldots\ldots\ldots\quad 68$$

d. h. das Trägheitsmoment einer beliebig zusammengesetzten Fläche in bezug auf ihre Schwerpunktsachse ist gleich der Summe der reduzierten Trägheitsmomente der einzelnen Flächenteile.

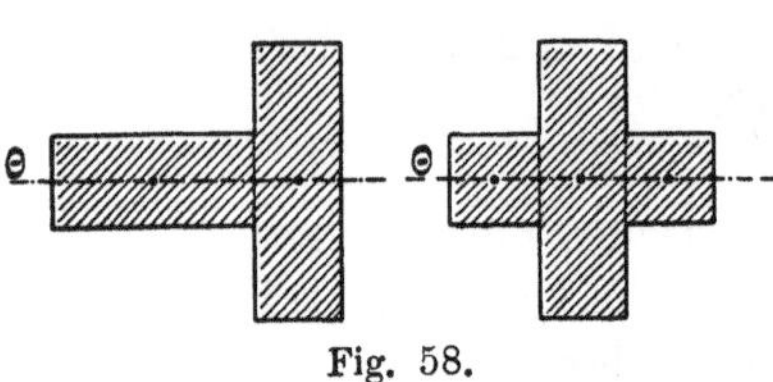

Fig. 58.

b) Liegen, wie Fig. 58 zeigt, die einzelnen Flächenteile so, daß ihre Schwerpunkte sämtlich in die Schwerpunktsachse der ganzen Fläche fallen, also daß die in letzter Gleichung genannten Achsenabstände

$$a_1 = a_2 = a_3 = a_4 = \ldots\ldots = 0$$

werden, so folgt

$$\Theta = \Theta_1 + \Theta_2 + \Theta_3 + \Theta_4 + \ldots\ldots = \sum_1^n \Theta, \ldots\ldots\quad 69$$

d. h. das äquatoriale Trägheitsmoment der ganzen Fläche ist gleich der algebraischen Summe der Trägheitsmomente der einzelnen Flächenteile.

4. Das polare Trägheitsmoment.

Wird das Trägheitsmoment einer Fläche nicht, wie es vorher der Fall war, auf eine in der Fläche liegende Schwerpunktsachse, sondern, wie Fig. 59 zeigt, auf die durch den Schwerpunkt gehende und senkrecht zur Fläche gerichtete Achse bezogen, so erhält man das sogenannte polare Trägheitsmoment

$$\Theta_p = \Sigma f r^2.$$

Da nun aber $r^2 = x^2 + y^2$ ist, so folgt auch

$$\Theta_p = \Sigma f (x^2 + y^2) = \Sigma f x^2 + \Sigma f y^2$$
$$\text{„} = \Theta_x + \Theta_y, \quad \ldots \ldots \quad 70$$

d. h. das polare Trägheitsmoment einer Fläche ist gleich der Summe zweier äquatorialen Trägheitsmomente in bezug auf zwei senkrecht zueinander stehende Schwerpunktsachsen.

In gleicher Weise, wie es beim äquatorialen Trägheitsmomente ein

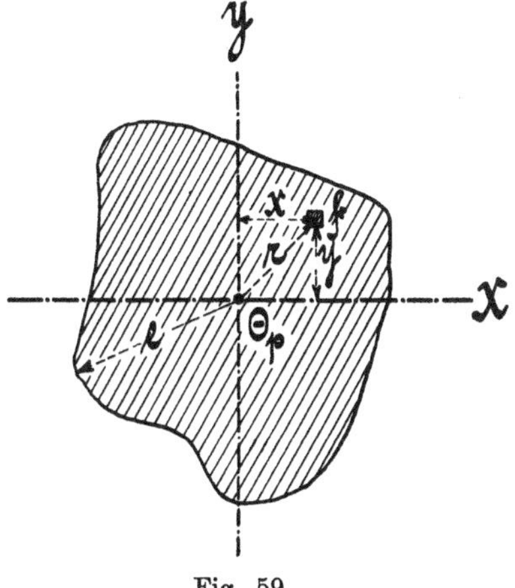

Fig. 59.

äquatoriales Widerstandsmoment gibt, steht hier beim polaren Trägheitsmomente auch ein polares Widerstandsmoment zur Seite, das, dem früheren Ausdrucke „$W = \dfrac{\Theta}{e}$“ entsprechend,

$$W_p = \frac{\Theta_p}{e}$$

lautet, worin e den größten Abstand des Umfanges vom Schwerpunkte bedeutet.

§ 16. Trägheits- und Widerstandsmomentbestimmung einiger in der Praxis häufig angewandten einfachen Querschnitte.

1. Das Trägheits- und Widerstandsmoment des Parallelogrammes.

a) Bezogen auf eine durch die Grundlinie gehende Achse A B.

Das Parallelogramm denke man sich, wie Fig. 60 zeigt, in unendlich viele Flächenelemente von gleicher Höhe δ zerlegt, so ergibt sich nach § 15, Abs. 1 das gesuchte Trägheitsmoment Θ_g zu

$$\Theta_g = \Sigma f \, \eta^2$$
$$\text{„} = f_1 \eta_1{}^2 + f^2 \eta_2{}^2 + f_3 \eta_3{}^2 + f_4 \eta_4{}^2 + \ldots + f_n \eta_n{}^2,$$

da aber $\qquad f_1 = f_2 = f_3 = f_4 = \ldots = f_n$

angenommen worden ist, so ist

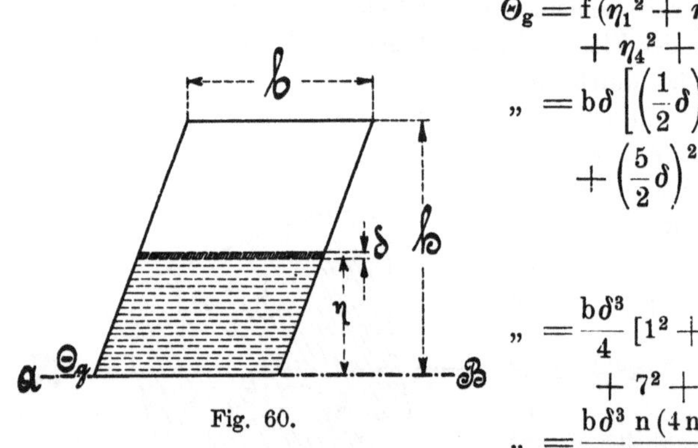

Fig. 60.

$$\Theta_g = f\left(\eta_1{}^2 + \eta_2{}^2 + \eta_3{}^2 + \eta_4{}^2 + \ldots + \eta_n{}^2\right)$$

$$\text{„} = b\delta\left[\left(\tfrac{1}{2}\delta\right)^2 + \left(\tfrac{3}{2}\delta\right)^2 + \left(\tfrac{5}{2}\delta\right)^2 + \left(\tfrac{7}{2}\delta\right)^2 + \ldots + \left(\tfrac{2n-1}{2}\delta\right)^2\right]$$

$$\text{„} = \frac{b\delta^3}{4}\left[1^2 + 3^2 + 5^2 + 7^2 + \ldots + (2n-1)^2\right]$$

$$\text{„} = \frac{b\delta^3}{4}\frac{n(4n^2-1)}{3}, \; *)$$

worin n die Anzahl der Flächenelemente bedeutet.

Wird nun die Zahl n unendlich groß angenommen, so kann in dem Klammerwerte der Subtrahend 1 vernachlässigt werden.

---

*) Die Summe der vorliegenden arithmethischen Reihe 2. Ordnung,

nämlich	1^2	3^2	5^2	7^2	9^2	11^2	13^2	15^2 . . . .
oder	1	9	25	49	81	121	169	225 . . . .
1. Differenz		8	16	24	32	40	48	56 . . . .
2. „			8	8	8	8	8	8 . . . .

entwickelt sich in folgender Weise:

Setzt man in das allgemeine Summenglied der Reihe 2. Ordnung
$$a n^3 + b n^2 + c n$$
der Reihe nach $n = 1$, $n = 2$ und $n = 3$, so ergibt sich für

$n = 1$	$a + b + c = 1$	-2	-3
$n = 2$	$8a + 4b + 2c = 1+9 = 10$		
$n = 3$	$27a + 9b + 3c = 1+9+25 = 35$		

Aus Gleichung 1 u. 2 folgt:	$6a + 2b = 8$	-3	4
„ „ 1 u. 3 „	$24a + 6b = 32$		-1

$$6a = 8$$
$$a = \frac{8}{6} = \frac{4}{3};$$
$$2b = 0$$
$$b = \frac{0}{2} = 0;$$

Aus Gleichung 1 folgt:
$$c = 1 - a - b = 1 - \frac{4}{3} - 0$$
$$c = \frac{3-4}{3} = -\frac{1}{3}.$$

Die letzte Gleichung lautet dann unter weiterer Berücksichtigung der aus Fig. 60 zu ersehenden Beziehung „h = n δ"

$$\Theta_g = \frac{b\delta^3}{4}\frac{n\,4\,n^2}{3} = \frac{b\delta^3 n^3}{3} = \frac{b\,(\delta n)^3}{3} = \frac{bh^3}{3}.$$

b) Bezogen auf die zur Grundlinie AB parallel gerichtete und durch den Schwerpunkt des Parallelogrammes gehende Achse.

Wird nach Fig. 61 das auf die Schwerpunktsachse bezogene Trägheitsmoment mit Θ bezeichnet, so ergibt sich dasselbe nach § 15, Abs. 2 zu

$$\Theta_1 = \Theta + F a^2,$$

woraus

$$\Theta = \Theta_1 - F a^2 = \frac{bh^3}{3} - bh\left(\frac{h}{2}\right)^2$$

$$„ = \frac{bh^3}{3} - \frac{bh^3}{4} = \frac{bh^3}{12}.$$

Das hierzu gehörige Widerstandsmoment ist dann

$$W = \frac{\Theta}{e} = \frac{\dfrac{bh^3}{12}}{\dfrac{h}{2}} = \frac{bh^3 2}{12h} = \frac{bh^2}{6}.$$

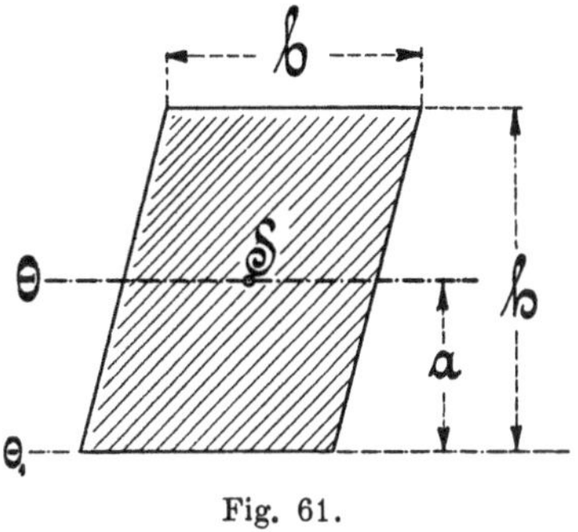

Fig. 61.

Mit Hilfe dieser Resultate — die für jedes Parallelogramm Geltung haben — lassen sich nun mit Leichtigkeit folgende Trägheits-, bezw. Widerstandsmomente berechnen.

2. Das Trägheits- und Widerstandsmoment des Dreieckes.

a) Bezogen auf die in halber Höhe und parallel zur Grundlinie gerichtete Achse AB.

Da die vorgelegte Achse AB mit der Schwerpunktsachse des zugehörigen Parallelogrammes (d. h. desjenigen von gleicher Grundlinie und Höhe) ubereinstimmt und die Dreiecksfläche die Hälfte des Parallelogrammes beträgt, so ist auch das Trägheitsmoment der Dreiecksfläche, be-

---

Diese gefundenen Werte in das Summenglied eingeführt, gibt die gesuchte Summe der vorgelegten arithmetischen Reihe zu

$$a n^3 + b n^2 + c n = \frac{4}{3} n^3 + 0 n^2 + \left(-\frac{1}{3}\right) n$$

$$„\quad„\quad„ = \frac{4}{3} n^3 \qquad - \frac{1}{3} n$$

$$„\quad„\quad„ = \frac{4 n^3 - n}{3} = \frac{n\,(4 n^2 - 1)}{3},$$

worin n die Anzahl der Glieder darstellt.

zogen auf die genannte Achse AB — siehe Fig. 62 —, gleich der Hälfte des auf dieselbe Achse des Parallelogrammes bezogenen Trägheitsmomentes.

Es ist somit unter Bezugnahme auf § 16, Abs. 1[b] das gesuchte Trägheitsmoment

$$\Theta_m = 0{,}5 \cdot \frac{bh^3}{12} = \frac{bh^3}{24}.$$

b) Bezogen auf die Schwerpunktsachse NN des Dreieckes.

Nach § 15, Abs. 2 lautet mit bezug auf Fig. 63 das gesuchte Trägheitsmoment

$$\Theta_1 = \Theta + Fa^2, \text{ woraus}$$

$$\Theta = \Theta_1 - Fa^2 = \frac{bh^3}{24} - \frac{bh}{2}\left(\frac{2}{3}h - \frac{h}{2}\right)^2 = \frac{bh^3}{24} - \frac{bh}{2}\left(\frac{4h - 3h}{6}\right)^2$$

$$= \frac{bh^3}{24} - \frac{bh}{2}\left(\frac{h}{6}\right)^2 = \frac{3bh^3 - bh^3}{3 \cdot 24} = \frac{2bh^3}{72} = \frac{bh^3}{36}.$$

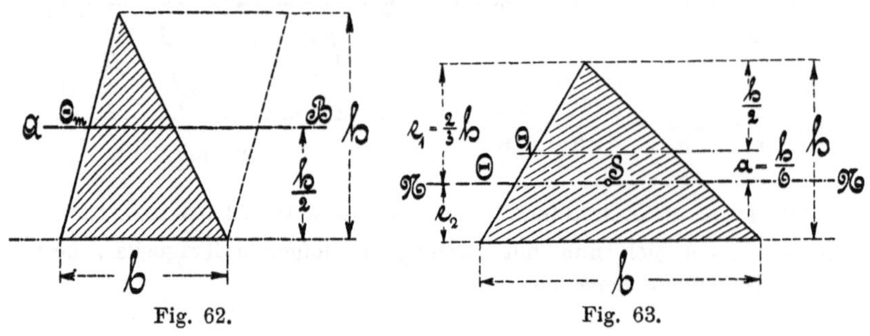

Fig. 62.   Fig. 63.

Die hierzu gehörigen Widerstandsmomente ergeben sich dann zu

$$W_1 = \frac{\Theta}{e_1} = \frac{\dfrac{bh^3}{36}}{\dfrac{2h}{3}} = \frac{bh^3}{36}\frac{3}{2h} = \frac{bh^2}{24}$$

und

$$W_2 = \frac{\Theta}{e_2} = \frac{\dfrac{bh^3}{36}}{\dfrac{h}{3}} = \frac{bh^3}{36}\frac{3}{h} = \frac{bh^3}{12}.$$

c) Bezogen auf die durch die Grundlinie gehende Achse des Dreieckes.

Auch dieses Trägheitsmoment wird mit Hilfe des in § 15, Abs. 2 entwickelten reduzierten Trägheitsmomentes nach Fig. 64 gewonnen.

$$\Theta_g = \Theta + Fa^2 = \frac{bh^3}{36} + \frac{bh}{2}\left(\frac{h}{3}\right)^2 = \frac{bh^3 + 2bh^2}{36} = \frac{3bh^3}{36} = \frac{bh^3}{12}.$$

d) Bezogen auf die durch die Spitze gehende Achse des Dreieckes.
In gleicher Weise erhält man nach Fig. 65 das Trägheitsmoment

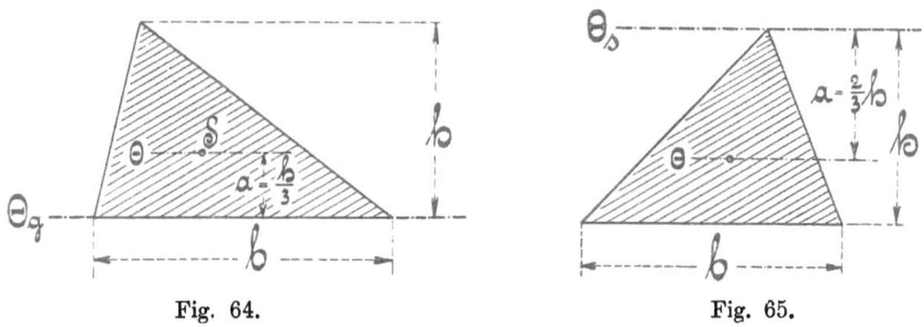

Fig. 64.   Fig. 65.

$$\Theta_s = \Theta + F a^2 = \frac{bh^3}{36} + \frac{bh}{2}\left(\frac{2h}{3}\right)^2 = \frac{bh^3}{36} + \frac{bh}{2}\frac{4h^2}{9} = \frac{bh^3 + 8bh^3}{36}$$

$$\text{\textquotedblright} \qquad = \frac{9bh^3}{36} = \frac{bh^3}{4}.$$

3. Das Trägheits- und Widerstandsmoment der Kreisfläche.

Wie im vorliegenden § 16, Abs. 2^d entwickelt, beträgt das Trägheitsmoment eines Dreieckes, bezogen auf die durch die Spitze parallel zur

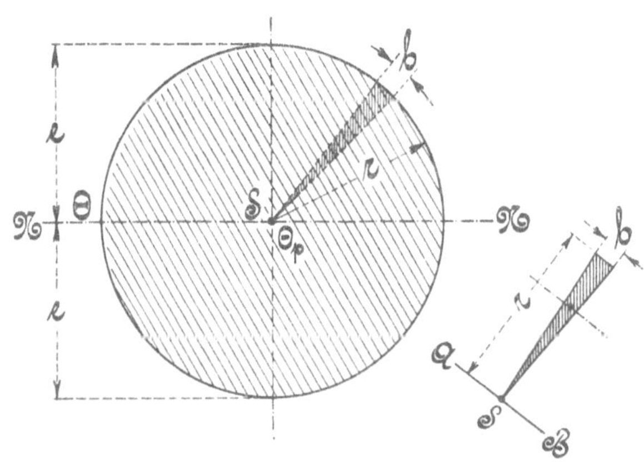

Fig. 66.

Grundlinie gehende Achse,

$$\Theta_s = \frac{bh^3}{4}.$$

Denkt man sich nun die Kreisfläche in Fig. 66 in unendlich viele Dreiecke zerlegt, so besitzt ein jedes solches Dreieck, wie Fig. 66^a zeigt, ein Trägheitsmoment von $\dfrac{b r^3}{4}$; hierbei ist allerdings vorausgesetzt, daß die durch die Spitze gehende Achse AB parallel zur Grundlinie b gerichtet ist. Diese Voraussetzung ist nun aber fast vollständig in bezug auf die durch den Schwerpunkt gehende polare Achse erfüllt, sobald, wie hier angenommen ist, die Dreiecke unendlich schmal sind, d. h. eine unendlich kleine Grundlinie b haben.

Es bestimmt sich mithin nach § 15, Abs. 4 zunächst das polare Trägheitsmoment Θ_p der vorgelegten Kreisfläche zu

$$\Theta_p = \Sigma f r^2 = \Sigma \frac{b r^3}{4} = \frac{r^3}{4} \Sigma b .$$

Da nun $\Sigma b = 2 r \pi$ ist, so ergibt sich

$$\Theta_p = \frac{r^3}{4} 2 r \pi = \frac{2 r^4 \pi}{4} = \frac{r^4 \pi}{2} = \frac{\left(\dfrac{d}{2}\right)^4 \pi}{2} = \frac{d^4 \pi}{32}.$$

Das gesuchte äquatoriale Trägheitsmoment Θ, bezogen auf die neutrale Schwerpunktsachse NN, wird dann nach § 15, Abs. 4 erhalten zu

$$\Theta_p = \Theta_x + \Theta_y$$

oder, da beim Kreis $\Theta_x = \Theta_y = \Theta$ ist,

$$\Theta_p = 2 \Theta,$$

woraus

$$\Theta = \frac{\Theta_p}{2} = \frac{\dfrac{r^4 \pi}{2}}{2} = \frac{r^4 \pi}{4} = \frac{\dfrac{d^4 \pi}{32}}{2} = \frac{d^4 \pi}{64}$$

folgt.

Das Widerstandsmoment findet sich dann aus

$$W = \frac{\Theta}{e} = \frac{\dfrac{r^4 \pi}{4}}{r} = \frac{r^3 \pi}{4} = \frac{\dfrac{d^4 \pi}{64}}{\dfrac{d}{2}} = \frac{d^3 \pi}{32}.$$

4. Das Trägheits- und Widerstandsmoment des elliptischen Querschnittes.

Sind die beiden Halbachsen einer Ellipse gegeben, so findet man einen beliebigen Kurvenpunkt P der Ellipse, indem man, wie Fig. 67 zeigt, mit den beiden Halbachsen als Radien Kreise vom Mittelpunkte S der Ellipse aus beschreibt und hierauf einen beliebigen Strahl SB zieht, dessen Schnittpunkt A und B mit den beiden Kurven durch Vertikal- und Horizontalprojektion den Kurvenpunkt P liefern.

Aus dieser Konstruktion ergibt sich dann:

$$\triangle CBS \backsim \triangle PBA, \quad \text{woraus } \overline{CB} : \overline{CP} = \overline{SB} : \overline{SA} \text{ folgt;}$$

da nun $\qquad \overline{SB} : \overline{SA} = a : b$ ist,

so ist auch $\qquad \overline{CB} : \overline{CP} = a : b$,

woraus dann $\qquad \overline{CP} \qquad = \dfrac{b}{a} . \overline{CB}$ folgt.

In gleicher Weise findet sich auch aus der Ähnlichkeit der beiden Dreiecke $B_1 CS$ und $B_1 P_1 A_1$

$$\overline{CP_1} = \frac{b}{a} . \overline{B_1 C}.$$

Denkt man sich nun im Abstande η von der neutralen Achse ein sowohl für den großen Kreis als auch für die Ellipse gemeinschaftliches

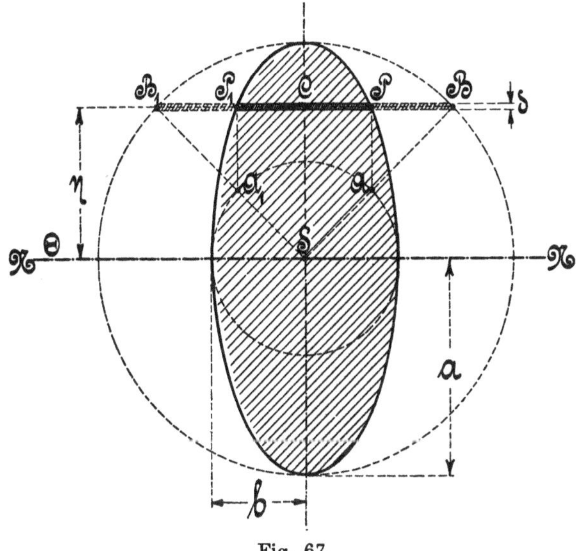

Fig. 67.

Flächenelement, das die Dicke δ besitzt, so ergibt sich das gesuchte Trägheitsmoment der Ellipse zu

$$\Theta = \Sigma (f_{\text{Ell}} . \eta^2) = \Sigma (\overline{P_1 P} \delta . \eta^2).$$

Da nun $\overline{P_1 P} = \overline{CP_1} + \overline{CP} = \dfrac{b}{a} . \overline{B_1 C} + \dfrac{b}{a} \overline{CB}$,

bezw. $\qquad , \quad = \dfrac{b}{a} (\overline{B_1 C} + \overline{CB}) = \dfrac{b}{a} . \overline{B_1 B}$ ist,

so folgt weiter

$$\Theta = \Sigma (\overline{P_1 P} \delta . \eta^2) = \Sigma \left(\frac{b}{a} \overline{B_1 B} \delta . \eta^2 \right) = \frac{b}{a} \Sigma (\overline{B_1 B} \delta . \eta^2)$$

$$, \quad = \frac{b}{a} \Sigma f_{\text{Kr}} . \eta^2) = \frac{b}{a} \Theta_{\text{Kr}},$$

worin $\Theta_{\mathrm{Kr.}}$ das Trägheitsmoment der vorher bestimmten Kreisfläche darstellt. Diesen Wert eingesetzt, gibt dann

$$\Theta = \frac{b}{a}\,\frac{a^4\pi}{4} = \frac{a^3 b\pi}{4}.$$

Bezeichnet in Fig. 68 D und d den großen und den kleinen Durchmesser, R und r die zugehörigen Radien der Ellipse, so hat man das fragliche Trägheitsmoment Θ in gleicher Schreibweise wie beim Kreis, nur daß bei der Ellipse die Abmessung in der Richtung der neutralen Achse ein Maß vom 1. Grade, dagegen in senkrechter Richtung zur neutralen Achse ein Maß vom 3. Grade darstellt.

Das Trägheitsmoment Θ des elliptischen Querschnittes beträgt also

$$\Theta = \frac{a^3 b\pi}{4} = \frac{R^3 r\pi}{4} = \frac{\left(\dfrac{D}{2}\right)^3 \dfrac{d}{2}\,\pi}{4} = \frac{D^3 d\pi}{64},$$

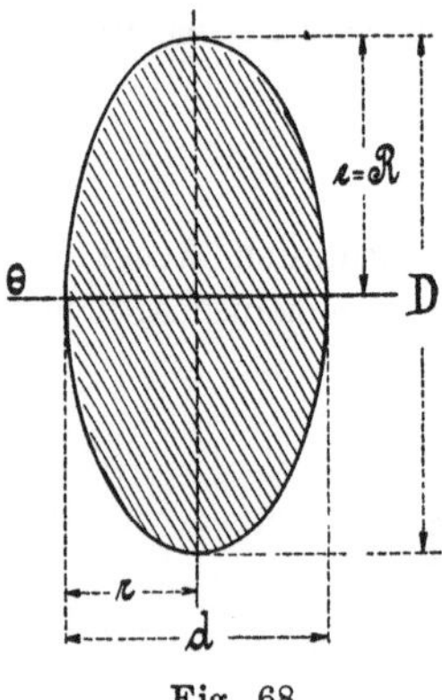
Fig. 68.

das Widerstandsmoment

$$W = \frac{\Theta}{e} = \frac{\dfrac{R^3 r\pi}{4}}{R} = \frac{R^2 r\pi}{4} = \frac{\dfrac{D^3 d\pi}{64}}{\dfrac{D}{2}} = \frac{D^2 d\pi}{32}.$$

§ 17. Trägheits- und Widerstandsmomentbestimmung zusammengesetzter Querschnitte, bezogen auf die als Symmetrieachse dienende Schwerpunktsachse.

1. Für das Quadrat.

a) Bezogen auf die parallel zu den Seiten laufende Schwerpunktsachse.

Dieses Trägheitsmoment wird mit bezug auf Fig. 69 sofort nach dem im § 16, Abs. 1[b] für das allgemeine Parallelogramm Gesagten gefunden zu

$$\Theta = \frac{a\,a^3}{12} = \frac{a^4}{12}.$$

Das Widerstandsmoment ist dann

$$W = \frac{\Theta}{e} = \frac{\dfrac{a^4}{12}}{\dfrac{a}{2}} = \frac{a^3}{6}.$$

b) Bezogen auf die durch die Diagonale gehende Schwerpunktsachse.

Da sich die in Fig. 70 dargestellte Fläche aus zwei gleichen, über der Diagonale als gemeinschaftliche Basis liegenden, gleichschenkligen Dreiecken zusammensetzt, so ist das gesuchte Trägheitsmoment die Summe

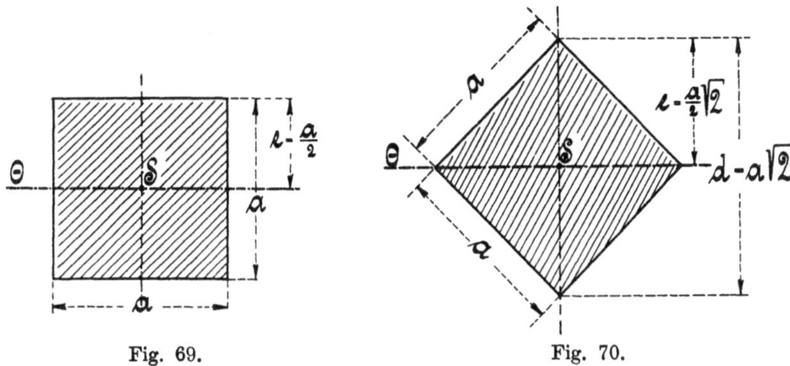

Fig. 69.   Fig. 70.

der Trägheitsmomente der einzelnen Dreiecke, bezogen auf die durch die gemeinschaftliche Grundlinie der Dreiecke gehende Achse.

Es ergibt sich also das gesuchte Trägheitsmoment Θ, unter Bezugnahme auf § 16, Abs. 2^c, zu

$$\Theta = \frac{2\,d\,e^3}{12} = \frac{2\,a\sqrt{2}\left(\frac{a\sqrt{2}}{2}\right)^3}{12} = \frac{2\,a\sqrt{2}\,a^3\sqrt{2}^3}{12\cdot 8} = \frac{\sqrt{2}^4 a^4}{6\cdot 8}$$

$$\text{,,} = \frac{4\,a^4}{6\cdot 8} = \frac{a^4}{12}.$$

Das Widerstandsmoment beträgt dann

$$W = \frac{\Theta}{e} = \frac{\dfrac{a^4}{12}}{\dfrac{a\sqrt{2}}{2}} = \frac{a^4}{12}\frac{2}{a\sqrt{2}} = \frac{a^3}{6}\frac{\sqrt{2}}{2} = \frac{\sqrt{2}}{12}\,a^3 = 0{,}1179\,a^3.$$

NB. Schneidet man die obere und untere Ecke wagerecht ab, so wird das Widerstandsmoment W größer; verkürzt man beiderseitig die Diagonale d um ¹/₁₈ ihrer Länge, so ergibt sich als größter Wert

$$W_{max} = 0{,}1242\,a^3.$$

(S. Z. d. V. d. Ing. 1899 S. 1108.)

2. Für den geteilten rechteckigen Querschnitt.

Da die in Fig. 71 dargestellte Fläche als Differenz des ganzen vollen Rechteckes mit dem Trägheitsmomente Θ_1 und des hohlen Rechteckes mit dem Trägheitsmomente Θ_2 aufgefaßt werden kann, so ergibt sich das gesuchte Trägheitsmoment Θ, unter Hinweis auf § 15, Abs. 3[b], zu

$$\Theta = \Theta_1 - \Theta_2 = \frac{bH^3}{12} - \frac{bh^3}{12} = \frac{b}{12}(H^3 - h^3);$$

das Widerstandsmoment beträgt dann

$$W = \frac{\Theta}{e} = \frac{\frac{b}{12}(H^3 - h^3)}{\frac{H}{2}}$$

$$„ = \frac{b(H^3 - h^3)}{12 \cdot \frac{H}{2}} = \frac{b}{6}\frac{H^3 - h^3}{H}.$$

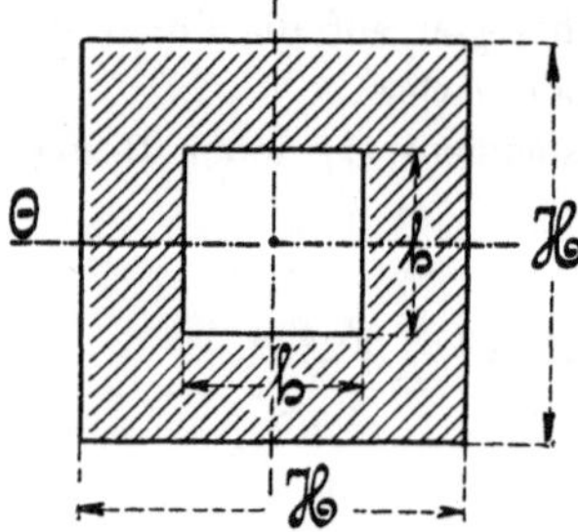
Fig. 71.

3. Für das hohle Quadrat.

a) Bezogen auf die parallel zu den Seiten laufende Schwerpunktsachse.

Die in Fig. 72 angegebene Fläche kann ebenso wie vorher als Differenz aus ganzer und hohler Fläche mit den zugehörigen Trägheitsmomenten Θ_1 und Θ_2 angesehen werden.

Es wird deshalb das gesuchte Trägheitsmoment Θ wieder nach § 15, Abs. 3[b] bestimmt zu

$$\Theta = \Theta_1 - \Theta_2 = \frac{H^4}{12} - \frac{h^4}{12} = \frac{1}{12}(H^4 - h^4)$$

und das Widerstandsmoment zu

$$W = \frac{\Theta}{e} = \frac{\frac{1}{12}(H^4 - h^4)}{\frac{H}{2}}$$

$$„ = \frac{1}{6}\frac{H^4 - h^4}{H}.$$

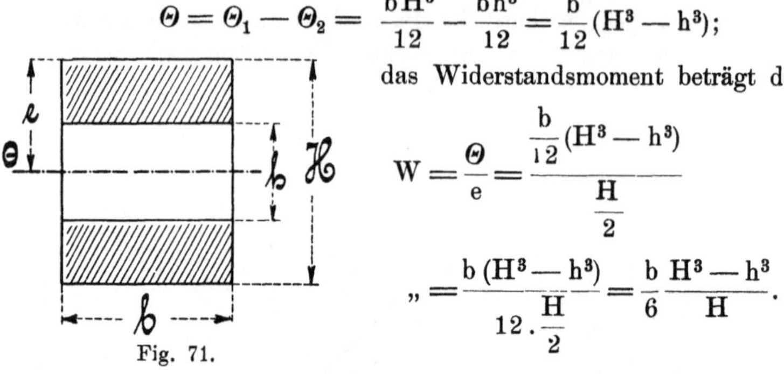
Fig. 72.

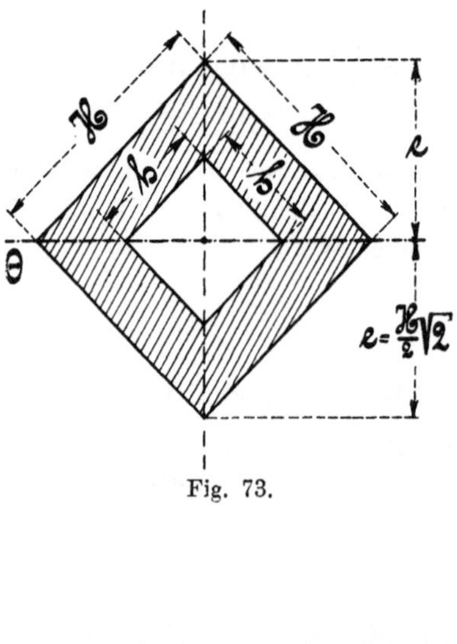

b) Bezogen auf die durch die Diagonale gehende Schwerpunktsachse.

Auch die in Fig. 73 angegebene Fläche kann mit Bezugnahme auf den vorliegenden § 17, Abs. 1[b] als Differenz aus ganzer und hohler

Fig. 73.

Fläche mit den zugehörigen Trägheitsmomenten Θ_1 und Θ_2 angesehen werden.

Das gesuchte Trägheitsmoment ist somit

$$\Theta = \Theta_1 - \Theta_2 = \frac{H^4}{12} - \frac{h^4}{12} = \frac{1}{12}(H^4 - h^4)$$

und das Widerstandsmoment

$$W = \frac{\Theta}{e} = \frac{\frac{1}{12}(H^4 - h^4)}{\frac{H}{2}\sqrt{2}} = \frac{1\,(H^4 - h^4)\sqrt{2}}{12\ \frac{H}{2}\sqrt{2}\,\sqrt{2}} = \frac{\sqrt{2}}{12}\frac{H^4 - h^4}{H}$$

$$\text{„} = 0{,}1179\,\frac{H^4 - h^4}{H}.$$

4. Für die beistehenden, ausgesparten rechteckigen Querschnitte von gleichen Abmessungen.

Auch die in Fig. 74 angegebenen Querschnitte kann man, wie vorher gesagt, als Differenz aus ganzer und hohler Fläche mit den Trägheitsmomenten Θ_1 und Θ_2 ansehen.

§ 16, Abs. 1[b] ergibt dann das gesuchte Trägheitsmoment

$$\Theta = \Theta_1 - \Theta_2$$

$$\text{„} = \frac{BH^3}{12} - \frac{bh^3}{12}$$

$$\text{„} = \frac{1}{12}(BH^3 - bh^3)$$

und das Widerstandsmoment

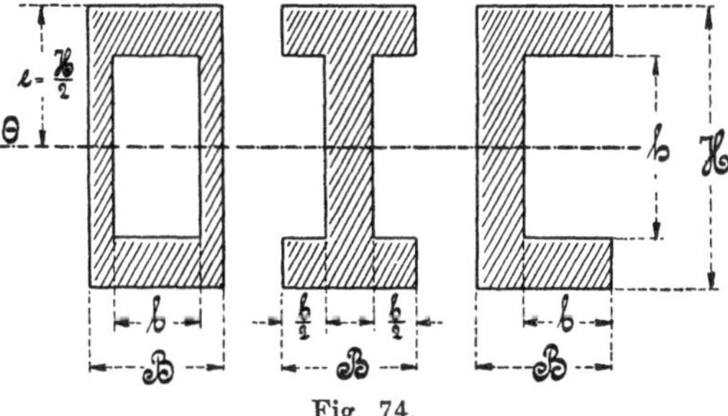

Fig. 74.

$$W = \frac{\Theta}{e} = \frac{\frac{1}{12}(BH^3 - bh^3)}{\frac{H}{2}}$$

$$\text{„} = \frac{1}{6}\frac{BH^3 - bh^3}{H}.$$

5. Für die beistehenden, doppelt ausgesparten Querschnitte von gleichen Abmessungen.

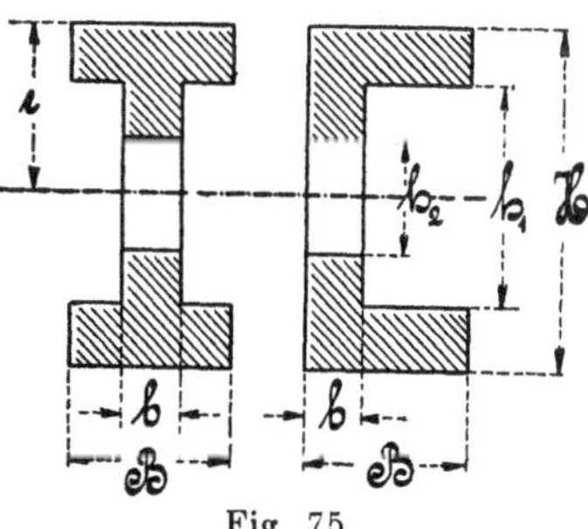

Fig. 75.

Das Trägheitsmoment Θ für die in Fig. 75 dargestellten Flächen ergibt sich auch als Differenz der Trägheitsmomente aus voller Fläche und Lochfläche.

Es beträgt somit

$$\Theta = \frac{\mathrm{B\,H^3}}{12} - \frac{\mathrm{B\,h_1^3}}{12} + \frac{\mathrm{b\,h_1^3}}{12} - \frac{\mathrm{b\,h_2^3}}{12} = \frac{1}{12}\left\{\mathrm{B\,(H^3 - h_1^3) + b\,(h_1^3 - h_2^3)}\right\}$$

und das Widerstandsmoment

$$\mathrm{W} = \frac{\Theta}{e} = \frac{1}{6}\,\frac{\mathrm{B\,(H^3 - h_1^3) + b\,(h_1^3 - h_2^3)}}{\mathrm{H}}.$$

6. Für die beistehenden Querschnitte von gleichen Abmessungen.

Das Trägheitsmoment für die in Fig. 76 dargestellten Flächen ergibt sich am einfachsten als Summe der Trägheitsmomente aus den einzelnen Rechteckflächen, wie folgende Darstellung zeigt.

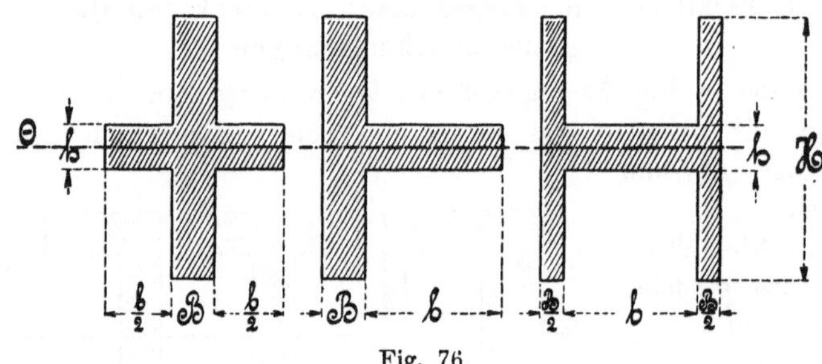

Fig. 76.

$$\Theta = \frac{\mathrm{B\,H^3}}{12} + \frac{\mathrm{b\,h^3}}{12} = \frac{1}{12}\,(\mathrm{B\,H^3 - b\,h^3})$$

und das Widerstandsmoment

$$\mathrm{W} = \frac{\Theta}{e} = \frac{1}{6}\,\frac{\mathrm{B\,H^3 + b\,h^3}}{\mathrm{H}}.$$

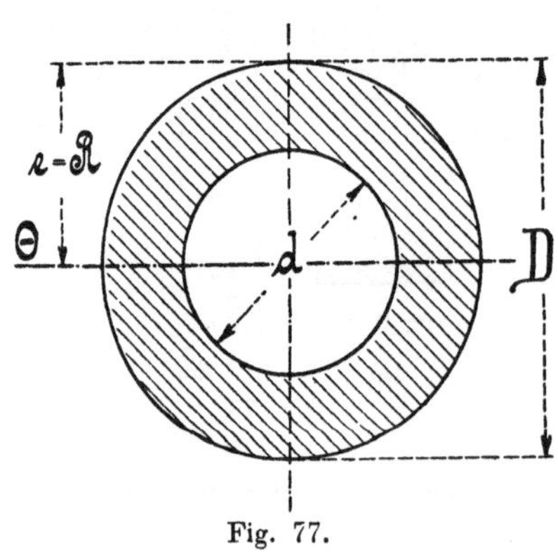

Fig. 77.

7. Für die Kreisringfläche.

Da die in Fig. 77 angegebene Ringfläche aus der Differenz der vollen und der ausgesparten Kreisfläche besteht, so ergibt sich das Trägheitsmoment

$$\Theta = \frac{\mathrm{D^4}\,\pi}{64} - \frac{\mathrm{d^4}\,\pi}{64} = \frac{\pi}{64}\,(\mathrm{D^4 - d^4})$$

$$\text{„} = \frac{\pi}{64}\,[(2\,\mathrm{R})^4 - (2\,\mathrm{r})^4] = \frac{\pi}{4}\,(\mathrm{R^4 - r^4})$$

und das Widerstandsmoment aus

$$W = \frac{\Theta}{e} = \frac{\frac{\pi}{64}(D^4 - d^4)}{\frac{D}{2}} = \frac{\pi}{32}\frac{D^4 - d^4}{D} = \frac{\pi}{32}\frac{(2R)^4 - (2r)^4}{2R} = \frac{\pi}{4}\frac{R^4 - r^4}{R}.$$

8. Für die elliptische Ringfläche.

Das Trägheitsmoment Θ der in Fig. 78 angegebenen Ringfläche ergibt sich ebenfalls als Differenz aus voller Fläche und Lochfläche zu

$$\Theta = \frac{a^3 b \pi}{4} - \frac{a_1^3 b_1 \pi}{4}$$

$$\text{\textquotedbl} = \frac{\pi}{4}(a^3 b - a_1^3 b_1)$$

$$\text{\textquotedbl} = \frac{\pi}{4}(R^3 r - R_1^3 r_1),$$

$$\text{oder} \quad \text{\textquotedbl} = \frac{D^3 d \pi}{64} - \frac{D_1^3 d_1 \pi}{64}$$

$$\text{\textquotedbl} = \frac{\pi}{64}(D^3 d - D_1^3 d_1).$$

Das Widerstandsmoment folgt dann aus

$$W = \frac{\Theta}{e} = \frac{\pi}{4}\frac{a^3 b - a_1^3 b_1}{a}$$

$$\text{\textquotedbl} = \frac{\pi}{4}\frac{R^3 r - R_1^3 r_1}{R}$$

$$\text{oder} \quad \text{\textquotedbl} = \frac{\pi}{32}\frac{D^3 d - D_1^3 d_1}{D}.$$

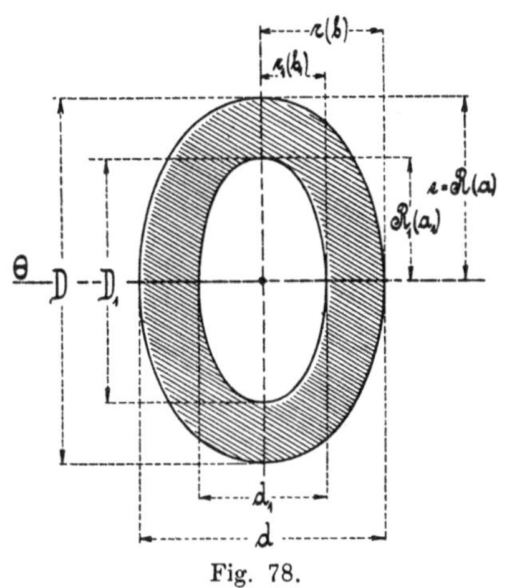

Fig. 78.

9. Für die beistehende Fläche.

Da auch die in Fig. 79 angegebene Fläche aus der vollen Quadratfläche, abzüglich der runden, ausgesparten Fläche gebildet wird, so entwickelt sich das gesamte Trägheitsmoment zu

$$\Theta = \frac{a^4}{12} - \frac{d^4 \pi}{64} = \frac{1}{4}\left(\frac{a^4}{3} - \frac{d^4 \pi}{16}\right)$$

$$\text{\textquotedbl} = \frac{1}{12}\left(a^4 - \frac{3\pi d^4}{16}\right),$$

und das Widerstandsmoment zu

$$W = \frac{\Theta}{e} = \frac{1}{6a}\left(a^4 - \frac{3\pi d^4}{16}\right).$$

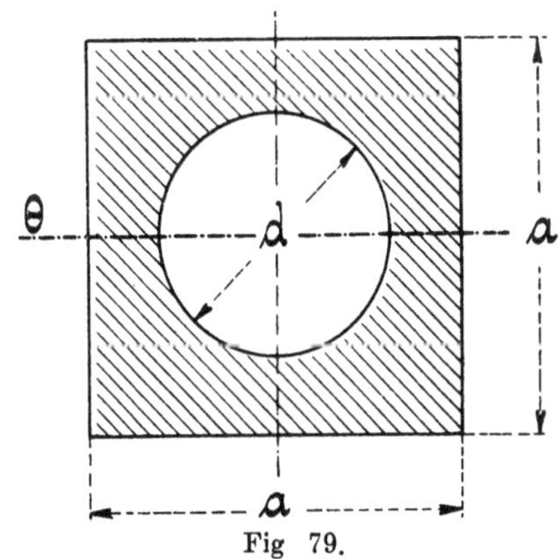

Fig 79.

10. Für den sternförmigen Querschnitt.

Das für die Fig. 80 in Frage kommende Trägheitsmoment Θ ergibt sich aus der Summe der Trägheitsmomente der vollen Kreisfläche, der beiden horizontalen und vertikalen Rechteckflächen zu

$$\Theta = \frac{d^4 \pi}{64} + \frac{(h-d)\,b^3}{12} + \frac{b\,(h^3-d^3)}{12}$$

$$\text{„} = \frac{1}{12}\left[\frac{3\pi}{16}\,d^4 + (h-d)\,b^3 + b\,(h^3-d^3)\right].$$

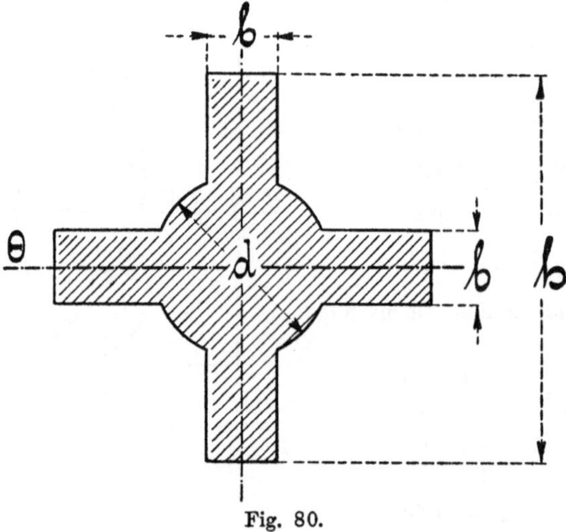

Fig. 80.

Das Widerstandsmoment beträgt dann

$$W = \frac{\Theta}{e} = \frac{1}{6h}\left[\frac{3\pi}{16}\,d^4 + (h-d)\,b^3 + b\,(h^3-d^3)\right].$$

11. Für den Wellenquerschnitt eines Trägerwellbleches.

Wie die Fig. 81 erkennen läßt, wird sowohl an der Fläche als auch an dem Trägheitsmomente derselben nichts geändert, wenn man die beiden unteren Viertelkreisringflächen — wie punktiert angedeutet ist — nach innen zu einem halben Ringstücke verlegt. Dann bildet aber eine Welle eine geschlossene Ringfigur, deren Trägheitsmoment Θ aus der Differenz der Trägheitsmomente Θ_1 und Θ_2 der vollen und der Lochfläche sich, wie folgt, bestimmen läßt.

$\Theta = \Theta_1 - \Theta_2$, worin die Trägheitsmomente Θ_1 und Θ_2 sich nach § 15, Abs. 3ª, unter weiterer Benutzung des im § 18, Abs. 3 entwickelten Trägheitsmomentes für die Halbkreisfläche, in folgender Weise ergeben:

$$\Theta_1 = \frac{B(2a)^3}{12} + 2\left[\left(\frac{\pi}{128} - \frac{1}{18\pi}\right)B^4 + \frac{B^2\pi}{4.2}\left(a + \frac{2\,B}{3\pi}\right)^2\right]$$

$$\text{„} = \frac{B\,8a^3}{12} + \left(\frac{2\pi}{128} - \frac{2}{18\pi}\right)B^4 + \frac{2\,B^2\pi}{4.2}\left(a^2 + \frac{4\,B^2}{9\pi^2} + 2a\,\frac{2\,B}{3\pi}\right)$$

$$\text{„} = \frac{2}{3}Ba^3 + \left(\frac{\pi}{64} - \frac{1}{9\pi}\right)B^4 + \frac{a^2\pi}{4}\cdot B^2 + \frac{1}{9\pi}B^4 + \frac{a}{3}B^3.$$

$$\Theta_2 = \frac{b(2a)^3}{12} + 2\left[\left(\frac{\pi}{128} - \frac{1}{18\pi}\right)b^4 + \frac{b^2\pi}{4.2}\left(a + \frac{2\,b}{3\pi}\right)^2\right]$$

$$\text{„} = \frac{b\,8a^3}{12} + \left(\frac{2\pi}{128} - \frac{2}{18\pi}\right)b^4 + \frac{2\,b^2\pi}{4.2}\left(a^2 + \frac{4\,b^2}{9\pi^2} + 2a\,\frac{2\,b}{3\pi}\right)$$

$$\text{„} = \frac{2\,ba^3}{3} + \left(\frac{\pi}{64} - \frac{1}{9\pi}\right)b^4 + \frac{a^2\pi}{4}b^2 + \frac{1}{9\pi}b^4 + \frac{a}{3}b^3.$$

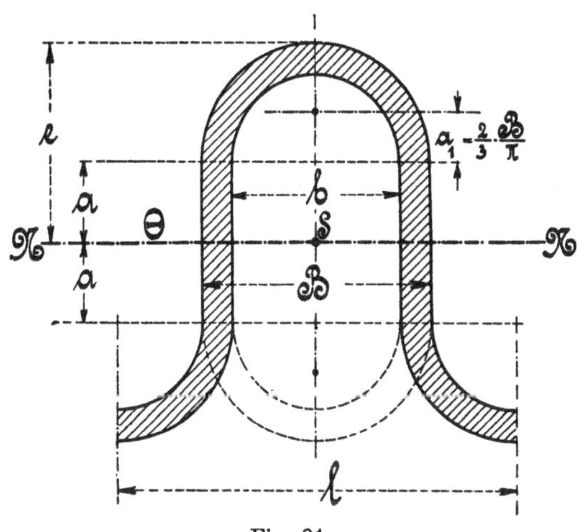

Fig. 81.

Diese Werte, oben eingesetzt, geben das gesuchte Trägheitsmoment

$$\Theta = \left[\frac{2}{3}Ba^3 + \left(\frac{\pi}{64} - \frac{1}{9\pi}\right)B^4 + \frac{a^2\pi}{4}B^2 + \frac{1}{9\pi}B^4 + \frac{a}{3}B^3\right] - \left[\frac{2}{3}ba^3 + \right.$$

$$\left. + \left(\frac{\pi}{64} - \frac{1}{9\pi}\right)b^4 + \frac{a^2\pi}{4}b^2 + \frac{1}{9\pi}b^4 + \frac{a}{3}b^3\right]$$

$$\text{„} = \frac{2}{3}a^3(B - b) + \left(\frac{\pi}{64} - \frac{1}{9\pi}\right)(B^4 - b^4) + \frac{a^2\pi}{4}(B^2 + b^2) +$$

$$+ \frac{1}{9\pi}(B^4 - b^4) + \frac{a}{3}(B^3 - b^3)$$

$$\text{„} = \frac{\pi}{64}(B^4 - b^4) + \frac{1}{3}a(B^3 - b^3) + \frac{\pi}{4}a^2(B^2 + b^2) + \frac{2}{3}a^3(B - b).$$

Das Widerstandsmoment folgt dann aus

$$W = \frac{\Theta}{e} = \frac{\Theta}{a + \dfrac{B}{2}} = \frac{\Theta}{\dfrac{2a + B}{2}} = \frac{2\Theta}{2a + B}.$$

12. Für die beistehende Halbkreisfläche.

Da nach § 16, Abs. 3 das Trägheitsmoment einer ganzen Kreisfläche den Wert $\dfrac{d^4\pi}{64}$ hat, so ergibt sich dasselbe für die in Fig. 82 dargestellte

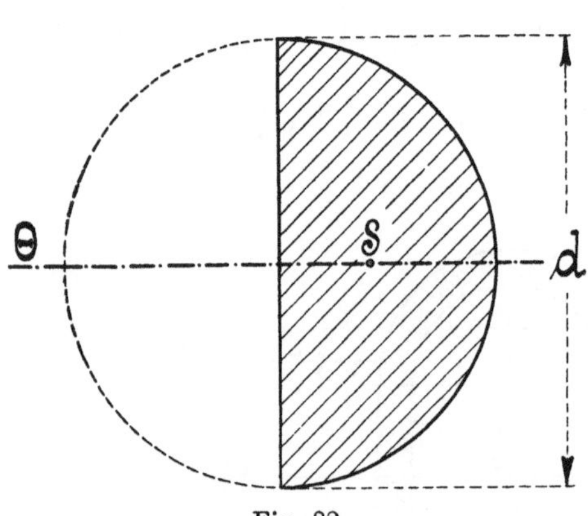

Fig. 82.

Halbkreisfläche, bezogen auf dieselbe Achse, als die Hälfte des vorbenannten Trägheitsmomentes.

Das gesuchte Trägheitsmoment bestimmt sich dann zu

$$\Theta = \frac{1}{2}\frac{d^4\pi}{64} = \frac{d^4\pi}{128}$$

und das Widerstandsmoment zu

$$W = \frac{\Theta}{e} = \frac{\dfrac{d^4\pi}{128}}{\dfrac{d}{2}} = \frac{d^3\pi}{64}.$$

§ 18. Trägheits- und Widerstandsmomentbestimmung zusammengesetzter Querschnitte, bezogen auf die unsymmetrisch gelegene Schwerpunktsachse.

Bei diesen beliebig gestalteten, regelmäßig oder unregelmäßig geformten Querschnitten ist in erster Linie die Lage der neutralen oder Schwerpunktsachse nach den in der Mechanik aufgestellten Regeln über Schwerpunktsbestimmung zu ermitteln.

Erst nach Kenntnis dieser Lage kann dann das Trägheitsmoment nach der einen oder der anderen der folgenden Formeln bestimmt werden:

1. nach § 15, Abs. 2 mit Hilfe des reduzierten Trägheitsmomentes

$$\Theta = \Theta_1 - Fa^2,$$

2. nach § 14, Abs. 1 als Summe der beiden, auf die Schwerpunktsachse als Basis bezogenen Trägheitsmomente der Zug- und Druckseite

$$\Theta = \Theta_z + \Theta_d,$$

3. nach der in § 15, Abs. 3 aufgestellten Gleichung

$$\Theta = \Sigma(\Theta + Fa^2).$$

1. Für die beistehenden drei Flächen von gleichen Abmessungen.

Zunächst ergibt sich nach den in Fig. 83 angenommenen Bezeichnungen der Schwerpunktsabstand e_1 aus

$$e_1 = \frac{F_1 \eta_1 + F_2 \eta_2}{F_1 + F_2} = \frac{bd \dfrac{d}{2} + aH \dfrac{H}{2}}{bd + aH} = \frac{1}{2} \frac{aH^2 + bd^2}{aH + bd}$$

und $\quad e_2 = H - e_1.$

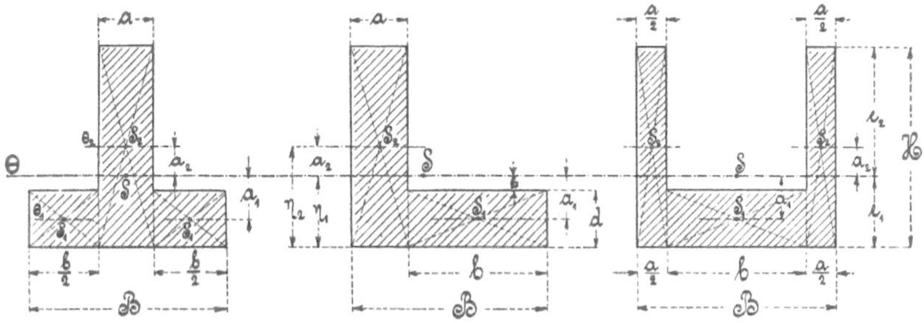

Fig. 83.

Im Anschluß hieran bestimmt sich das Trägheitsmoment Θ zu

$$\Theta = \overset{2}{\underset{1}{\Sigma}}(\Theta + Fa^2) = \Theta_1 + \Theta_2 + F_1 a_1^2 + F_2 a_2^2$$

$$\text{\glqq} = \frac{bd^3}{12} + \frac{aH^3}{12} + bd\left(e_1 - \frac{d}{2}\right)^2 + aH\left(e_2 - \frac{H}{2}\right)^2$$

$$\text{\glqq} = bd\left[\frac{d^2}{12} + \left(e_1 + \frac{d}{2}\right)^2\right] + aH\left[\frac{H^2}{12} + \left(e_2 - \frac{H}{2}\right)^2\right]$$

$$\text{\glqq} = bd\left(\frac{d^2}{12} + e_1^2 + e_1 d + \frac{d^2}{4}\right) + aH\left(\frac{H^2}{12} + e_2^2 - e^2 H + \frac{H^2}{4}\right)$$

$$\text{\glqq} = bd\,\frac{d^2 + 12e_1^2 - 12e_1 d + 3d^2}{12} + aH\,\frac{H^2 + 12e_2^2 - 12e_2 H + 3H^2}{12}$$

$$\text{\glqq} = \frac{1}{12}\left[bd(4d^2 + 12e_1^2 - 12e_1 d) + aH(4H^2 + 12e_2^2 - 12e_2 H)\right]$$

$$\text{\glqq} = \frac{4}{12}\left[bd(d^2 + 3e_1^2 - 3e_1 d) + aH(H^2 + 3e_2^2 - 3e_2 H)\right],$$

da nun $H = e_1 + e_2$ und $d = e_1 - h$ ist, so ist

$$\text{\glqq} = \frac{1}{3}\left[h(e_1 - h)\{(e_1 - h)^2 + 3e_1(e_1 - (e_1 - h))\} + \right.$$
$$\left. + a(e_1 + e_2)\{(e_1 + e_2)^2 + 3e_2(e_2 - (e_1 + e_2))\}\right]$$

$$\text{\glqq} = \frac{1}{3}\left[b(e_1 - h)(e_1^2 - 2e_1 h + h^2 + 3e_1 h) + a(e_1 + e_2)(e_1^2 + 2e_1 e_2 + \right.$$
$$\left. + e_2^2 - 3e_1 e_2)\right]$$

$$\Theta = \frac{1}{3}\left[b\,(e_1 - h)\,(e_1{}^2 + e_1 h + h^2) + a\,(e_1 + e_2)\,(e_1{}^2 - e_1 e_2 + e_2{}^2)\right]$$

$$\text{''} = \frac{1}{3}\left[b\,(e_1{}^3 + e_1{}^2 h + e_1 h^2 - e_1{}^2 h - e_1 h^2 - h^3) + a\,(e_1{}^3 - e_1{}^2 e_2 +\right.$$
$$\left. + e_1 e_2{}^2 + e_1{}^2 e_2 - e_1 e_2{}^2 + e_2{}^3)\right]$$

$$\text{''} = \frac{1}{3}\left[b\,(e_1{}^3 - h^3) + a\,(e_1{}^3 + e_2{}^3)\right]$$

$$\text{''} = \frac{1}{3}\left(b\,e_1{}^3 - b h^3 + a e_1{}^3 + a e_2{}^3\right).$$

Setzt man nun noch im ersten Gliede für $b = B - a$ ein, so ergibt sich

$$\Theta = \frac{1}{3}\left[(B - a)\,e_1{}^3 - b\,h^3 + a e_1{}^3 + a e_2{}^3\right]$$

$$\text{''} = \frac{1}{3}\left(B e_1{}^3 - a e_1{}^3 - b h^3 + a e_1{}^3 + a e_2{}^3\right)$$

$$\text{''} = \frac{1}{3}\left(B\,e_1{}^3 - b h^3 + a e_2{}^3\right).$$

Das Widerstandsmoment folgt dann aus

$$W_1 = \frac{\Theta}{e_1} \quad \text{und} \quad W_2 = \frac{\Theta}{e_2}.$$

2. Für den beistehenden Querschnitt.

Zunächst ist nach Fig. 84 die Lage der neutralen Achse bestimmt durch

$$e_1 = \frac{F_1 \eta_1 + F_2 \eta_2 + F_3 \eta_3}{F_1 + F_2 + F_3} = \frac{B_1 d \dfrac{d}{2} + a H \dfrac{H}{2} + b_1 d_1 \left(H - \dfrac{d_1}{2}\right)}{B_1 d + a H + b_1 d_1}$$

$$\text{''} \qquad\qquad = \frac{1}{2}\,\frac{B_1 d^2 + a H^2 + b_1 d_1\,(2H - d_1)}{B_1 d + a H + b_1 d_1}$$

und $e_2 = H - e_1$.

Das Trägheitsmoment Θ ergibt sich dann aus

$$\Theta = (\Theta_1 + F_1 a_1{}^2) + (\Theta_2 + F_2 a_2{}^2) + (\Theta_3 + F_3 a_3{}^3)$$

$$\text{''} = \left[\frac{B_1 d^3}{12} + B_1 d \left(e_1 - \frac{d}{2}\right)^2\right] + \left[\frac{a H^3}{12} + a H \left(e_2 - \frac{H}{2}\right)^2\right] + \cdot$$
$$+ \left[\frac{b_1 d_1{}^3}{12} + b_1 d_1 \left(e_2 - \frac{d_1}{2}\right)^2\right]$$

$$\text{''} = \left[\frac{B_1 d^3}{12} + B_1 d \left(e_1{}^2 - e_1 d + \frac{d^2}{4}\right)\right] + \left[\frac{a H^3}{12} + a H \left(e_2{}^2 - e_2 H + \frac{H^2}{4}\right)\right] +$$
$$+ \left[\frac{b_1 d_1{}^3}{12} + b_1 d_1 \left(e_2{}^2 - e_2 d_1 + \frac{d_1{}^2}{4}\right)\right]$$

$$\Theta = \frac{B_1 d^3}{12} + B_1 d \frac{4 e_1^2 - 4 e_1 d + d^2}{4} + \frac{a H^3}{12} + a H \frac{4 e_2^2 - 4 e_2 H + H^2}{4} +$$
$$+ \frac{b_1 d_1^3}{12} + b_1 d_1 \frac{4 e_2^2 - 4 e_2 d_1 + d_1^2}{4}$$

$$" = \frac{B_1 d^3}{12} + B_1 d \frac{4 e_1^2 - 4 e_1 d + d^2}{4} + \frac{a H^3}{12} + a H \frac{4 e_2^2 - 4 e_2 H + H^2}{4} +$$
$$+ \frac{b_1 d_1^3}{12} + b_1 d_1 \frac{4 e_2^2 - 4 e_2 d_1 + d_1^2}{4}$$

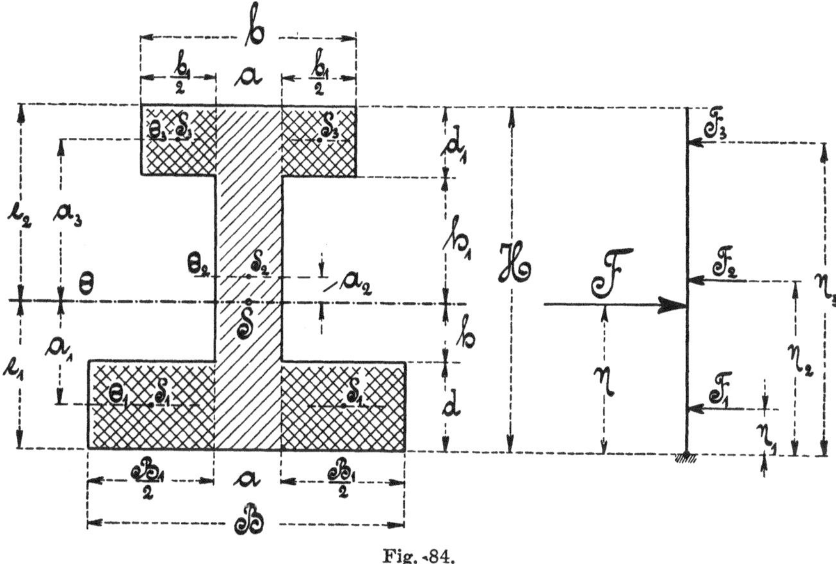

Fig. 84.

$$\Theta = \frac{1}{12} \left[B_1 d^3 + 3 B_1 d (4 e_1^2 - 4 e_1 d + d^2) + a H^3 + \right.$$
$$\left. + 3 a H (4 e_2^2 - 4 e_2 H + H^2) + b_1 d_1^3 + 3 b_1 d_1 (4 e_2^2 - 4 e_2 d_1 + d_1^2) \right]$$

$$" = \frac{1}{12} \left[(B_1 d^3 + 12 B_1 d e_1^2 - 12 B_1 e_1 d^2 + 3 B_1 d^3) + \right.$$
$$+ (a H^3 + 12 a e_2^2 H - 12 a e_2 H^2 + 3 a H^3) +$$
$$\left. + (b_1 d_1^3 + 12 b_1 e_2^2 d_1 - 12 b_1 e_2 d_1^2 + 3 b_1 d_1^3) \right]$$

$$" = \frac{1}{12} \left[4 B_1 d^3 + 12 B_1 d e_1 (e_1 - d) + 4 a H^3 + 12 a H e_2 (e_2 - H) + \right.$$
$$\left. + 4 b_1 d_1^3 + 12 b_1 d_1 e_2 (e_2 - d_1) \right]$$

$$" = \frac{1}{3} \left[B_1 d^3 + 3 B_1 d e_1 (e_1 - d) + a H^3 + 3 a H e_2 (e_2 - H) + \right.$$
$$\left. + b_1 d_1^3 + 3 b_1 d_1 e_2 (e_2 - d_1) \right].$$

Werden nun hierin die in Fig. 84 angegebenen Maße für d, d_1 und H, d. h. für $d = e_1 - h$, $d_1 = e_2 - h_1$ und $H = e_1 + e_2$, eingesetzt, so erhält man nach entsprechender Entwickelung das Resultat

$$\Theta = \frac{1}{3}\left(Be_1{}^3 - B_1 h^3 + be_2{}^3 - b_1 h_1{}^3\right).$$

Die beiden Widerstandsmomente lauten dann

$$W_1 = \frac{\Theta}{e_1}, \quad W_2 = \frac{\Theta}{e_2}.$$

3. Für den halbkreisförmigen Querschnitt, bezogen auf die parallel zum Durchmesser gerichtete Schwerpunktsachse N N.

Das auf den Durchmesser der in Fig. 85 vorgelegten Fläche bezogene Trägheitsmoment Θ_1 ist die Hälfte vom Trägheitsmomente der vollen Kreisfläche, bezogen auf dieselbe Achse,

also $\quad \Theta_1 = \frac{1}{2}\frac{d^4\pi}{64} = \frac{d^4\pi}{128}.$

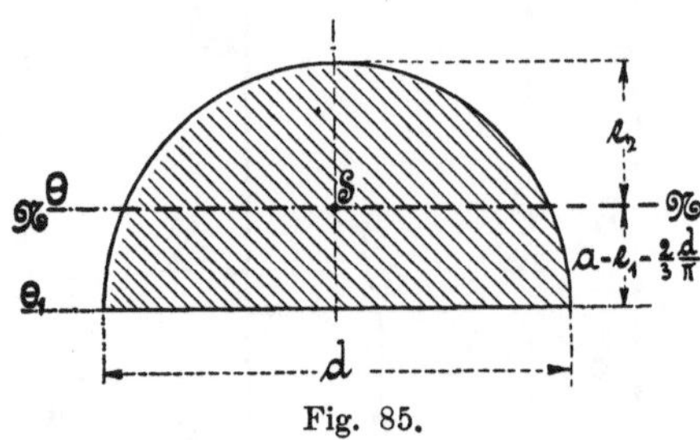

Fig. 85.

Das gesuchte Trägheitsmoment Θ ergibt sich dann mit Bezugnahme auf § 15, Abs. 3ª zu

$$\Theta_1 = \Theta + Fa^2,$$

woraus $\Theta = \Theta_1 - Fa^2 = \dfrac{d^4\pi}{128} - \dfrac{d^2\pi}{4\cdot2}\left(\dfrac{2}{3}\dfrac{d}{\pi}\right)^2$

$\quad\quad\quad\; '' \quad\quad = \dfrac{d^4\pi}{128} - \dfrac{4\pi d^4}{4\cdot2\cdot9\pi^2} = \left(\dfrac{\pi}{128} - \dfrac{1}{18\pi}\right)d^4$

$\quad\quad\quad\; '' \quad\quad = 0{,}00686\,d^4 = 0{,}11\,r^4 \text{ folgt.}$

Die beiden Widerstandsmomente ergeben sich zu

$$W_1 = \frac{\Theta}{e_1} \quad\text{und}\quad W_2 = \frac{\Theta}{e_2},$$

worin $e_1 = \dfrac{2}{3}\dfrac{d}{\pi} = 0{,}2122\,d$ und $e_2 = \dfrac{d}{2} - \dfrac{2}{3}\dfrac{d}{\pi} = 0{,}2878\,d$ ist.

§ 19. Vergleichende Trägheits- und Widerstandsmomentbestimmung zusammengesetzter, unsymmetrischer Querschnitte, bezogen auf die Schwerpunktsachse.

Im folgenden ist für den in Fig. 86 dargestellten Querschnitt das Trägheitsmoment Θ nach allen drei im § 18 angegebenen Regeln vergleichsweise ermittelt.

Beispiel. Nachdem wieder die Lage der neutralen Achse mit

$$e_1 = \frac{\Sigma F \eta}{\Sigma F} = \frac{F_1 \eta_1 + F_2 \eta_2}{F_1 + F_2}$$

$$\text{,,} = \frac{B\delta_1 \frac{\delta_1}{2} + (H - \delta_1)\delta \left(\frac{H - \delta_1}{2} + \delta_1\right)}{B\delta_1 + (H - \delta_1)\delta}$$

$$\text{,,} = \frac{45 \cdot 5 \cdot 2{,}5 + 30 \cdot 3 \cdot 20}{45 \cdot 5 + 30 \cdot 3} = \underline{7{,}5}$$

und
$$e_2 = H - e_1 = 35 - 7{,}5 = \underline{27{,}5}$$

festgelegt ist, ergibt sich das Trägheitsmoment $\overline{\Theta}$

nach der 1. Regel: $\qquad \Theta = \Theta_1 - F a^2,$

worin $\Theta_1 = \dfrac{(B - \delta)\delta_1{}^3}{3} + \dfrac{\delta H^3}{3} = \dfrac{1}{3}(42 \cdot 5^3 + 3 \cdot 35^3) = 44\,625$ beträgt,

$\qquad$ zu $\Theta = \Theta_1 - [(B - \delta)\delta_1 + \delta H]\, a^2 = 44\,625 - (42 \cdot 5 + 3 \cdot 35)\, 7{,}5^2$

$\qquad\qquad$,, $= 44\,625 - 17\,718{,}75 \qquad\quad = \underline{26\,906{,}25};$

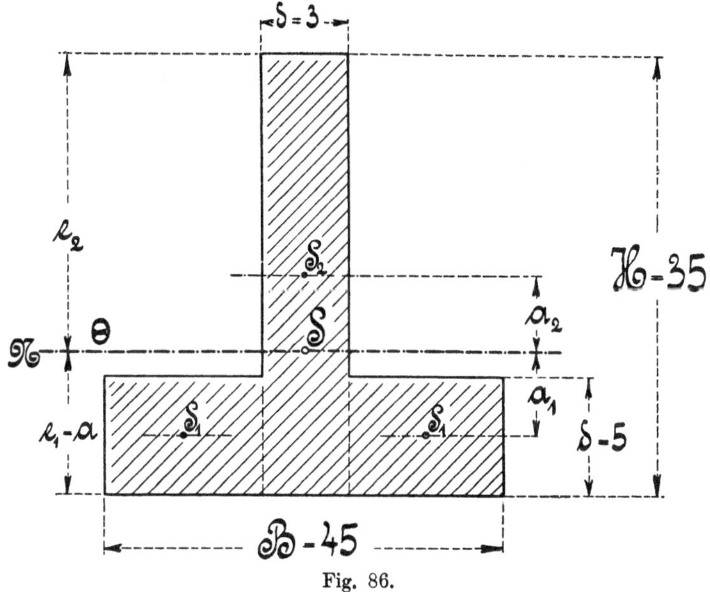

Fig. 86.

nach der 2. Regel: $\qquad \Theta = \Theta_z + \Theta_d,$

worin $\Theta_z = \dfrac{\delta e_2{}^3}{3} = \dfrac{3 \cdot 27{,}5^3}{3} = 20\,796{,}875$

und $\quad \Theta_d = \dfrac{B e_1{}^3}{3} - \dfrac{(B - \delta)(e_1 - \delta_1)^3}{3} = \dfrac{1}{3}(45 \cdot 7{,}5^3 - 42 \cdot 2{,}5^3)$

$\qquad\quad$,, $= 6109{,}375$ ist,

$\qquad$ zu $\Theta = \Theta_z + \Theta_d = 20\,796{,}875 + 6109{,}375 = \underline{26\,906{,}25};$

nach der 3. Regel: $\Theta = \Sigma(\Theta + Fa^2) = \Sigma\Theta + \Sigma Fa^2$,

$$\text{zu } \Theta = \frac{(B-\delta)\,\delta_1{}^3}{12} + \frac{\delta H^3}{12} + (B-\delta)\,\delta_1\left(e_1 - \frac{\delta_1}{2}\right)^2 + \delta H\left(e_2 - \frac{H}{2}\right)^2$$

$$\text{„} = \frac{1}{12}(42 \cdot 5^3 + 3 \cdot 35^3) + 42 \cdot 5 \cdot 5^2 + 3 \cdot 35 \cdot 10^2$$

$$\text{„} = 11\,156{,}25 + 5250 + 10\,500 = \underline{26\,906{,}25}.$$

Die Widerstandsmomente des ganzen Querschnittes betragen dann

$$W_2 = \frac{\Theta}{e_2} = \frac{26\,906{,}25}{27{,}5} = \underline{978{,}4},$$

$$W_1 = \frac{\Theta}{e_1} = \frac{26\,906{,}25}{7{,}5} = \underline{3587{,}5}.$$

§ 20. Querschnitte von gleicher Sicherheit auf der Zug- und Druckseite.

Kommt es darauf an, Querschnitte auszubilden, bei denen das Material auf der Zugseite ebenso ausgenutzt werden soll, als es auf der Druckseite der Fall ist, d. h. werden die äußersten, am meist gespannten Zug- und Druckfaserschichten auf gleiche Sicherheit beansprucht, so hat man von vornherein die folgenden beiden Fälle zu unterscheiden:

1. ob das Material eine gleiche Zug- und Druckfestigkeit besitzt, wie das z. B. bei Schmiedeeisen und Stahl der Fall ist, oder

2. ob das Material eine andere Druck- als Zugfestigkeit hat, wie z. B. beim Gußeisen, wo die zulässige Druckspannung nahezu 5mal so groß als die Spannung gegen Zug ist.

Da nun nach der im § 14, Abs. 1 aufgestellten Biegungsgleichung „$M = Wk$", woraus $k = \dfrac{M}{W}$ folgt, bei sonst gleichbleibendem Biegungsmomente, die größte zulässige Spannung k nur allein von dem Widerstandsmomente W abhängig ist und dasselbe nach der Gleichung $W = \dfrac{\Theta}{e}$ wiederum vom Abstande e der am meist gespannten Druck-, bezw. Zugfaser abhängt, so folgt aus

$$k_z = \frac{M}{W_z} = \frac{M}{\dfrac{\Theta}{e_z}} = \frac{M e_z}{\Theta}$$

$$\text{und } \quad k_d = \frac{M}{W_d} = \frac{M}{\dfrac{\Theta}{e_d}} = \frac{M e_d}{\Theta} \quad \text{durch Division}$$

$$\frac{k_z}{k_d} = \frac{\dfrac{M\,e_z}{\Theta}}{\dfrac{M\,e_d}{\Theta}} = \frac{M\,e_z}{M\,e_d} = \frac{e_z}{e_d}, \quad \ldots \ldots \quad \mathbf{F}$$

d. h. die Zug- und Druckspannung ist proportional den äußerst gespannten Zug- und Druckfaserabständen von der neutralen Achse.

Diese Gleichung besagt, daß bei einem vollständig ausgenutzten Querschnitte

1. bei einem Materiale gleicher Zug- und Druckspannung die neutrale Achse stets in der Mitte zwischen der zumeist angespannten Zug- und Druckfaserschicht, d. h. in halber Höhe des Querschnittes liegen muß,

2. bei einem Materiale verschiedener Zug- und Druckspannung die neutrale Achse so gelegt werden muß, daß die genannten Faserabstände auf der Zug- und Druckseite in demselben Verhältnisse stehen wie die zugehörigen Spannungen.

a) Querschnitte aus Materialien gleicher Zug- und Druckfestigkeit.

Wie schon vorher sub 1 gesagt, muß bei diesen Querschnitten die neutrale Schwerpunktsachse in halber Höhe liegen, was bei den symmetrischen Querschnitten auch immer der Fall ist.

Unsymmetrische Querschnitte dagegen müssen erst in diesem Sinne dimensioniert werden, was am einfachsten durch Annahme aller Dimensionen bis auf eine geschehen kann, die dann, als einzige Unbekannte, mit Hilfe der Schwerpunktslehre so bestimmt wird, daß der Schwerpunkt des Querschnittes auf die halbe Höhe desselben zu liegen kommt.

Ebenso einfach wird die Dimensionierung eines unsymmetrischen Querschnittes vorgenommen, indem alle Abmessungen in Verhältnis zueinander gesetzt werden, wobei zuletzt wieder nur eine Unbekannte zu bestimmen ist.

Das letzte Verfahren hat auch auf das bereits seit 1879 bekannte Normalprofilwesen geführt, worauf sich eine ganze Reihe vorhandener Tabellen beziehen, die eine Rechnung fast ganz entbehrlich machen, weil neben den Trägheits- und Widerstandsmomenten auch sofort die Dimensionen des fraglichen Querschnittes abgelesen werden können.

1. Beispiel: Der Querschnitt eines schmiedeeisernen Körpers habe die in Fig. 87 eingeschriebenen Abmessungen.

Es soll nun die letzte nicht mehr annehmbare Flanschendicke δ_2 so bestimmt werden, daß die neutrale Achse in der halben Höhe liegt, damit die Zug- und Druckseite gleich stark beansprucht wird.

Lösung: Da hier der mittlere Flächenteil von der Größe δ . H in bezug auf die neutrale Achse bereits ausbalanziert ist, so braucht nur noch

eine Gleichgewichtsbedingung für die vorspringenden Flanschenteile auf-
gestellt zu werden, woraus sich dann die Flanschendicke δ_2 in folgender
Weise bestimmen läßt:

$$F_1\,\eta_1 - F_2\,\eta_2 = 0$$

oder $\qquad (b - \delta)\,\delta_2\left(e - \dfrac{\delta_2}{2}\right) - (B - \delta)\,\delta_1\left(e - \dfrac{\delta_1}{2}\right) = 0\,.$

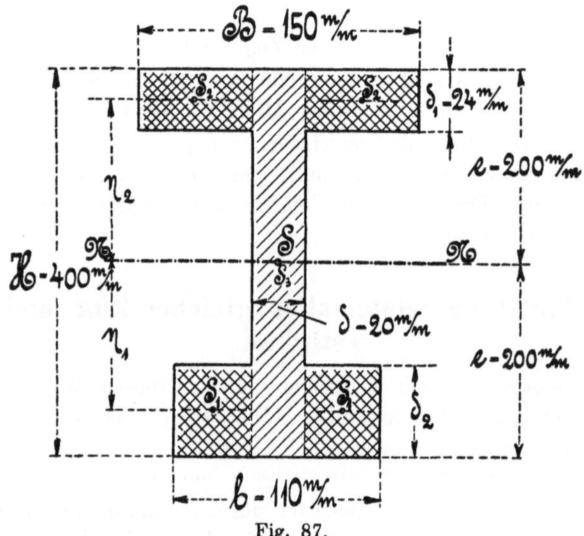

Fig. 87.

Die Zahlenwerte eingeführt, gibt

$$(110 - 20)\,\delta_2\left(200 - \frac{\delta_2}{2}\right) - (150 - 20)\,24\,(200 - 12) = 0$$

$$90 \cdot 200\,\delta_2 - 45\,\delta_2{}^2 \qquad\qquad - 130 \cdot 24 \cdot 188 \qquad\qquad = 0$$

$$- 45\,\delta_2{}^2 + 18\,000\,\delta_2 \qquad\qquad - 584\,560 \qquad\qquad\quad = 0$$

$$\delta_2{}^2 - 400\,\delta_2 \qquad\qquad\quad + 13\,035{,}36 \qquad\qquad\quad = 0$$

$$\delta_2 = \frac{400 \pm \sqrt{400^2 - 4 \cdot 13\,035{,}36}}{2} = \frac{400 \pm 328{,}4}{2} = 200 \pm 164{,}2,$$

$$\delta_2{}' = 200 + 164{,}2 = \underline{364{,}2 \text{ mm}},$$

$$\delta_2{}'' = 200 - 164{,}2 = \underline{35{,}8 \text{ mm}}.$$

Von den beiden Werten ist der größere dann zu verwenden, wenn
das größte Trägheitsmoment des vorliegenden Querschnittes erhalten werden soll.

Hierauf kann nun das Trägheits- und das Widerstandsmoment nach
§ 18, Abs. 2 angegeben werden.

b) Querschnitte aus Materialien ungleicher Zug- und Druck-festigkeit.

Wie in dem vorliegenden Paragraphen sub 2 gesagt und auch in Fig. 88 graphisch dargestellt worden ist, muß bei diesen Querschnitten die neutrale Schwerpunktsachse so gelegt werden, daß die Abstände der äußerst ge-spannten Fasern auf der Zug- und Druck-seite in demselben Verhältnisse stehen wie die zugehörigen Spannungen. Daraus geht zur Genüge hervor, daß bei Materialien un-gleicher Zug- und Druckfestigkeit ein voll-ständig ausgenutzter Querschnitt stets eine auf die Schwerpunktsachse bezogene, unsym-metrische Form haben muß, wie dieses auch immer bei den in der Praxis vielfach verwen-deten Gußeisen-Materialien der Fall ist.

Bei der Dimensionierung solcher Quer-schnitte kann man ebenso, wie sub a ange-deutet, verfahren. Man kann also beispiels-weise eine Dimension annehmen und die übrigen — bis auf eine, die berechnet werden muß — in Verhältnis zu derselben setzen.

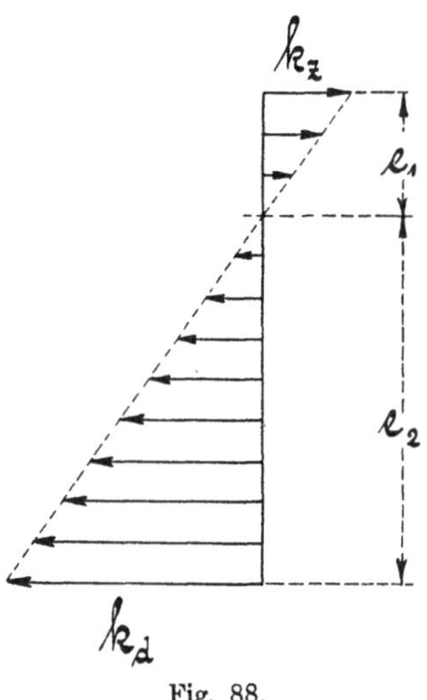

Fig. 88.

Im nachfolgenden seien einige Beispiele für gußeiserne Querschnitte an-geführt, wobei angenommen worden ist, daß die Druck-spannung gleich der 3 fachen Zugspannung sein soll, was auch den Ausführungen in der Praxis zumeist ent-spricht.

2. Beispiel: Es soll die Flanschendicke δ des aus Fig. 89 ersichtlichen gußeisernen Querschnittes bestimmt werden.

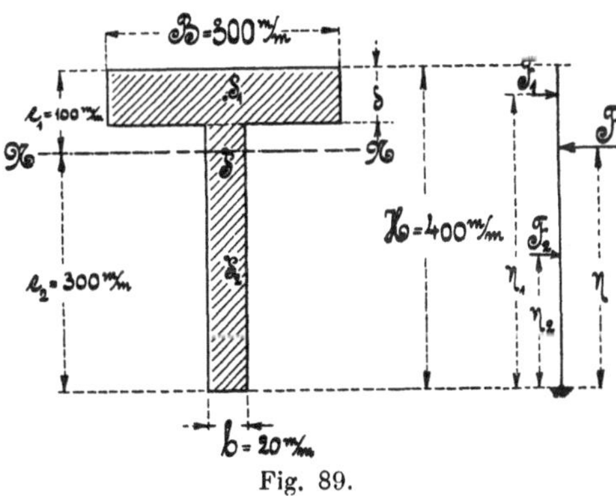

Fig. 89.

Lösung: Aus der Schwerpunktsgleichung folgt:
$$(F_1 + F_2)\,\eta = F_1\,\eta_1 + F_2\,\eta_2$$
oder, die Werte eingesetzt,
$$[B\delta + b\,(H - \delta)]\,e_2 = B\delta\left(H - \frac{\delta}{2}\right) + b\,(H - \delta)\frac{H - \delta}{2}$$

$$(B\delta - b\delta)\, e_2 + bH e_2 = BH\delta - \frac{B}{2}\delta^2 + \frac{b}{2}(H^2 - 2H\delta + \delta^2)$$

$$e_2(B-b)\,\delta \; + bH e_2 = BH\delta - \frac{B}{2}\delta^2 + \frac{bH^2}{2} - bH\delta + \frac{b}{2}\delta^2$$

$$\left(\frac{B}{2} - \frac{b}{2}\right)\delta^2 + e_2(B-b)\,\delta - H(B-b)\,\delta + bH\left(e_2 - \frac{H}{2}\right) = 0$$

$$\frac{B-b}{2}\delta^2 + (B-b)(e_2 - H)\,\delta + \frac{bH}{2}(2e_2 - H) = 0.$$

Die Zahlenwerte eingeführt, gibt

$$\frac{30-2}{2}\delta^2 + (30-2)(30-40)\,\delta + \frac{2 \cdot 40}{2}(2 \cdot 30 - 40) = 0$$

$$14\delta^2 - 280\delta + 800 = 0$$
$$7\delta^2 - 140\delta + 400 = 0$$

$$\delta = \frac{140 \pm \sqrt{140^2 - 4 \cdot 7 \cdot 400}}{2 \cdot 7 \cdot} = 10 \pm \frac{20}{14}\sqrt{21}$$

$$„ = 10 \pm 6{,}546 = \underline{16{,}546\ \text{cm}}\ \text{und}\ \underline{3{,}454\ \text{cm}.}$$

Beide Resultate sind verwendbar; den größten Wert wird man bei Erzielung des größten Trägheitsmomentes benutzen.

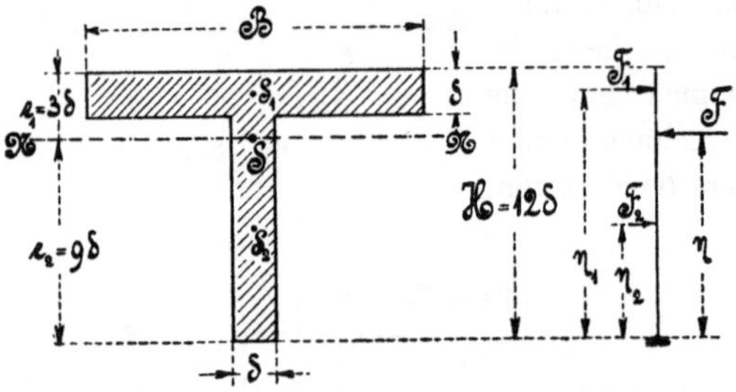

3. Beispiel: Wie breit muß die Flansche des in Fig. 90 angegebenen hochstegigen Querschnittes gemacht werden, wenn das Material wieder Gußeisen sein soll?

Fig. 90.

Lösung: $(F_1 + F_2)\,\eta = F_1\eta_2 + F_2\eta_2$

$$[\delta B + \delta(H-\delta)]\, e_2 = \delta B\left(H - \frac{\delta}{2}\right) + \delta(H-\delta)\frac{H-\delta}{2}$$

$$[\delta B + \delta 11\delta]\, 9\delta = \delta B\, 11{,}5\delta + \frac{\delta}{2}(11\delta)^2$$

$$9B\delta^2 + 99\delta^3 = 11{,}5B\delta^2 + 60{,}5\delta^3,$$

durch δ^2 dividiert, gibt

$$9B + 99\delta = 11{,}5B + 60{,}5\delta$$
$$38{,}5\delta = 2{,}5B,$$

woraus $\qquad\qquad B = \frac{38{,}5}{2{,}5}\delta = \underline{15{,}4\delta}$ folgt.

Das Trägheitsmoment entwickelt sich dann unter Anwendung der im § 18, Abs. 1 aufgestellten Gleichung, unter Beachtung der daselbst eingeführten Bezeichnungen, zu

$$\Theta = \frac{1}{3}\,(\mathrm{B}e_1{}^3 - \mathrm{b}h^3 + \mathrm{a}e_2{}^3)$$

oder, auf die in Fig. 90 eingeschriebenen Werte bezogen,

$$\Theta = \frac{1}{3}\,[\mathrm{B}\,(3\delta)^3 - (\mathrm{B} - \delta)\,(2\delta)^3 + \delta\,(9\delta)^3]$$

$$\text{\textbackslash{}} = \frac{1}{3}\,(15,4\,\delta\,27\delta^3 - 14,4\,\delta\,8\delta^3 + \delta\,729\delta^3)$$

$$\text{\textbackslash{}} = \frac{1}{3}\,(415,8\,\delta^4 - 115,2\,\delta^4 + 729\,\delta^4)$$

$$\text{\textbackslash{}} = \frac{1}{3}\,1029,6\,\delta^4 = \underline{343,2\,\delta^4}.$$

Das Widerstandsmoment für die Zugseite beträgt dann

$$\mathrm{W}_1 = \frac{\Theta}{e_1} = \frac{343,2\,\delta^4}{3\,\delta} = \underline{114,4\,\delta^3}\,;$$

das Widerstandsmoment für die Druckseite

$$\mathrm{W}_2 = \frac{\Theta}{e_2} = \frac{343,2\,\delta^4}{9\,\delta} = \underline{38,13\,\delta^3}.$$

4. Beispiel: Welche Flanschenbreite B erhält der in Fig. 91 angegebene und mit niedrigem Stege versehene, gußeiserne Querschnitt?

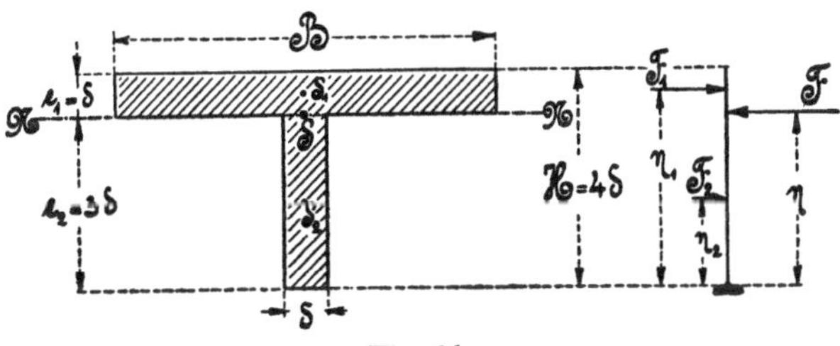

Fig. 91.

Lösung:
$$(\mathrm{F}_1 + \mathrm{F}_2)\,\eta = \mathrm{F}_1\,\eta_1 + \mathrm{F}_2\,\eta_2$$

$$(\mathrm{B}e_1 + \delta e_2)\,e_2 = \mathrm{B}e_1\left(\mathrm{II} - \frac{\delta}{2}\right) + \delta e_2\,\frac{e_2}{2}$$

$$(\mathrm{B}\delta + \delta\,3\delta)\,3\delta = \mathrm{B}\delta\,3,5\delta + \frac{\delta}{2}\,(3\delta)^2$$

$$3\,\mathrm{B}\delta^2 + 9\delta^3 = 3,5\,\mathrm{B}\delta^2 + 4,5\,\delta^3,$$

mit δ^2 dividiert, gibt

$$3\,\mathrm{B} + 9\delta = 3,5\,\mathrm{B} + 4,5\,\delta$$

$$4,5\,\delta = 0,5\,\mathrm{B}$$

$$\mathrm{B} = \frac{4,5}{0,5}\,\delta = \underline{9\,\delta}.$$

Das Trägheitsmoment beträgt dann nach § 18, Abs. 1

$$\Theta = \frac{1}{3} \left(B e_1{}^3 - b h^3 + a e_2{}^3 \right)$$

$$„ = \frac{1}{3} \left[9 \delta \delta^3 - (B - \delta) o^3 + \delta (3 \delta)^3 \right]$$

$$„ = \frac{1}{3} \left(9 \delta^4 + 27 \delta^4 \right)$$

$$„ = \frac{1}{3} 36 \delta^4 = \underline{12 \delta^4},$$

das Widerstandsmoment auf der Zugseite

$$W_1 = \frac{\Theta}{e_1} = \frac{12 \delta^4}{\delta} = \underline{12 \delta^3},$$

das Widerstandsmoment auf der Druckseite

$$W_2 = \frac{\Theta}{e_2} = \frac{12 \delta^4}{3 \delta} = \underline{4 \delta^3}.$$

§ 21. Vergleichender Materialaufwand von Querschnitten gleicher Tragfähigkeit.

Von besonderem Interesse ist es, den Materialaufwand von Querschnitten miteinander zu vergleichen, die ein und dieselbe Tragfähigkeit besitzen.

Nach der im § 14, Abs. 1 aufgestellten Biegungsgleichung „M = W . k" ist die Tragfähigkeit (das Moment) verschiedener Querschnitte bei gleicher Maximalfaserspannung direkt proportional den Widerstandsmomenten derselben.

Sollen z. B. die im 3. und 4. Beispiele des vorhergehenden § 20 unter den Fig. 90 und 91 aufgeführten Querschnitte gleiche Tragfähigkeit haben, d. h. gleiche Momente übertragen, so müssen beispielsweise die Widerstandsmomente auf der Zugseite gleich sein.

1. Beispiel: Werden nun in den bereits genannten, in den Fig. 92 und 93 nochmals dargestellten Querschnitten, zum Zwecke besserer Unterscheidung, die Stegbreiten mit δ_3 und δ_4 bezeichnet, so ist

$$W_{1(3)} = W_{1(4)}$$

oder, die vorher bestimmten Werte eingesetzt,

$$114,4 \, \delta_3{}^3 = 12 \, \delta_4{}^3.$$

Wird nun z. B. δ_4 als gegeben angenommen, so bestimmt sich die Stegbreite δ_3 zu

$$\delta_3 = \sqrt[3]{\frac{12 \, \delta_4{}^3}{114,4}} = \delta_4 \sqrt[3]{\frac{12}{114,4}} = 0,471 \, \delta_4.$$

Die Flächeninhalte der beiden Querschnitte F_3 und F_4 berechnen sich dann zu

$$F_3 = B_3 \delta_3 + \delta_3 (H_3 - \delta_3) = 15{,}4 \delta_3 \delta_3 + \delta_3 11 \delta_3 = 26{,}4 \delta_3{}^2,$$
$$F_4 = B_4 \delta_4 + \delta_4 (H_4 - \delta_4) = 9 \delta_4 \delta_4 + \delta_4 3 \delta_4 \qquad = 12 \delta_4{}^2.$$

Bildet man weiter das Verhältnis zwischen den beiden Querschnitts-
inhalten und setzt für δ_3 den vorhergehenden Wert ein, so ergibt sich

$$\frac{F_3}{F_4} = \frac{26{,}4 \delta_3{}^2}{12 \delta_4{}^2} = \frac{26{,}4 \,(0{,}471 \delta_4)^2}{12 \delta_4{}^2} = \frac{26{,}4 \cdot 0{,}221841}{12} = 0{,}488,$$

woraus $F_3 = \underline{0{,}488 \, F_4}$ folgt.

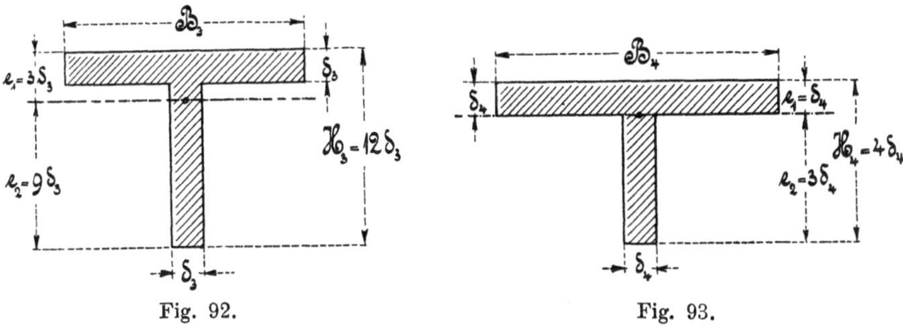

Fig. 92.   Fig. 93.

Dieses Resultat besagt, daß bei Anwendung des in Fig. 92 angegebenen Querschnittes gegenüber dem in Fig. 93 eine Materialersparnis
von $\underline{51{,}2\,^0/_0}$ erzielt wird.

2. Beispiel: Sobald der in Fig. 94 dargestellte Kreisringquer-
schnitt mit dem in Fig. 95 angegebenen Kreisquerschnitte gleiche Trag-

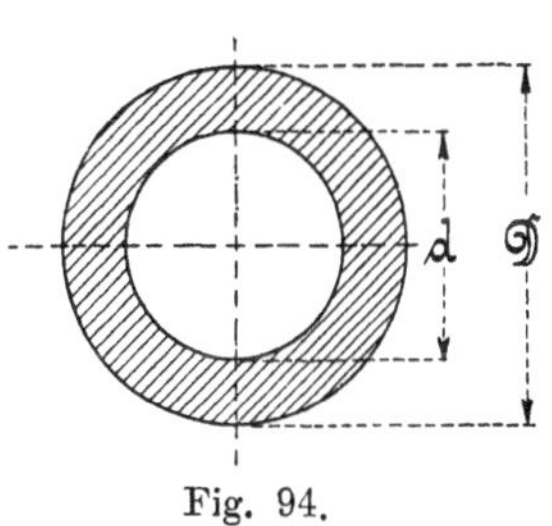

Fig. 94.

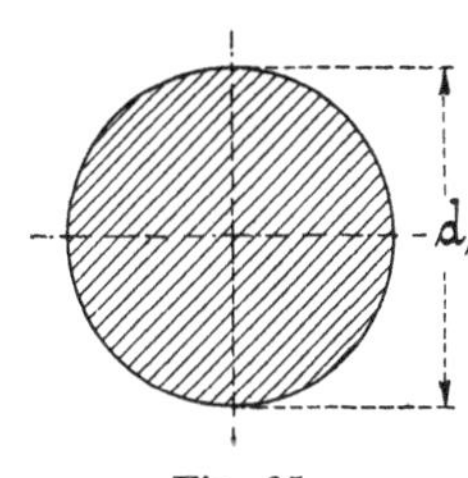

Fig. 95.

fähigkeit besitzen soll, müssen auch hier die beiden zugehörigen Widerstandsmomente gleich groß sein, also

$$\frac{D^4 - d^4}{D}\,\frac{\pi}{32} = \frac{d_1{}^3 \pi}{32}$$

oder

$$\frac{D^4 - d^4}{D} = d_1{}^3.$$

Wird nun allgemein

$$d = \alpha \, D$$

gesetzt, worin $\alpha \lessgtr 1$ das Höhlungsverhältnis bezeichnet, so erhält man

$$\frac{D^4 - (\alpha D)^4}{D} = d_1{}^3$$

oder
$$D^3 (1 - \alpha^4) = d_1{}^3.$$

Für beispielsweise $\alpha = 0{,}7$ ist
$$d_1{}^3 = D^3 (1 - 0{,}7^4) = D^3 (1 - 0{,}2401) = 0{,}7599\,D^3,$$

woraus
$$D = \sqrt[3]{\frac{1}{0{,}7}} \cdot d_1 = 1{,}12\,d_1$$

und
$$d = \alpha\,D = 0{,}7 \cdot 1{,}12\,d_1 = 0{,}78\,d_1 \quad \text{folgt.}$$

Die Flächeninhalte sind nun

$$F_R = \frac{D^2 \pi}{4} - \frac{d^2 \pi}{4} = \frac{\pi}{4} \left[(1{,}12\,d_1)^2 - (0{,}78\,d_1)^2\right] = \frac{\pi}{4}\,d_1{}^2 (1{,}2544 - 0{,}6084)$$

$$„ = \frac{\pi}{4}\,d_1{}^2 \cdot 0{,}6460 = 0{,}646\,d_1{}^2\,\frac{\pi}{4}.$$

$$F_{Kr.} = \frac{d_1{}^2 \pi}{4}.$$

Das Verhältnis beider Flächen ergibt sich dann aus

$$\frac{F_R}{F_{Kr.}} = \frac{0{,}646\,\dfrac{d_1{}^2 \pi}{4}}{\dfrac{d_1{}^2 \pi}{4}} = 0{,}646,$$

woraus $F_R = \underline{0{,}646\,F_{Kr.}}$ folgt.

Das Resultat besagt, daß bei Anwendung eines Kreisringquerschnittes $\underline{35{,}4\,\%}$ Materialgewinn erzielt werden kann.

NB. Bei dem letzten Beispiele ist noch ganz besonders darauf aufmerksam zu machen, daß — sofern nicht Gründe konstruktiver Natur vorliegen — der Materialgewinn in der Regel allein bei der Anwendung des sich leicht und ohne Schwierigkeit zu formenden Gußeisenmaterials den Vorzug hat, nicht aber bei Schmiedeeisen und Stahl, wo die kostspielige Bearbeitung den Materialgewinn wesentlich überstiege.

Aus demselben Grunde wird man auch das Holzmaterial nicht vollständig ausnutzen wollen; man gibt diesem Materiale lieber die volle Form, was umsomehr berechtigt ist, da hierbei den hohen Bearbeitungskosten noch nicht einmal eine praktische Holzersparnis zur Seite steht.

Weiter geht aus dem vorstehenden hervor, daß die Spannungen — wie bereits im § 14 gesagt worden ist — nach der neutralen Achse zu bis auf Null abnehmen und daß deshalb auch nur das weiter entfernt liegende Material voll ausgenutzt werden kann.

Demzufolge wird es — sofern es ohne große Mühe möglich ist — stets ratsam sein, das nach der neutralen Achse zu gelegene Material zu sparen oder, was dasselbe ist, Hohlkörper zu verwenden.

§ 22. Graphische Darstellung des statischen Momentes M und des Trägheitsmomentes Θ.

Während in den §§ 15 bis 20 zur Genüge gezeigt worden ist, wie die Trägheitsmomentbestimmung der einzelnen verschieden gestalteten Flächen analytisch vorgenommen werden kann, sollen nunmehr im vorliegenden Paragraphen zwei Wege angegeben werden, wodurch die Frage beantwortet wird, wie man bei zusammengesetzten, insbesondere bei unregelmäßig begrenzten Querschnitten durch einfaches zeichnerisches Verfahren schneller das Trägheitsmoment bestimmen kann, als es durch Rechnung möglich ist.

Der erste, von Nehls angegebene Weg gibt außer der Trägheitsmomentenbestimmung einer Fläche auch noch die Bestimmung des statischen Momentes derselben Fläche an.

Der zweite, von Culmann und Mohr angegebene Weg gibt nach ersterem das statische Moment, nach letzterem das Trägheitsmoment einer beliebig vorgelegten Fläche.

1. Verfahren von Nehls.

Dieses Verfahren gibt sowohl das statische Moment M, als auch das Trägheitsmoment Θ einer vorgelegten Fläche, bezogen auf eine ganz beliebige Achse, in Form einer Fläche an.

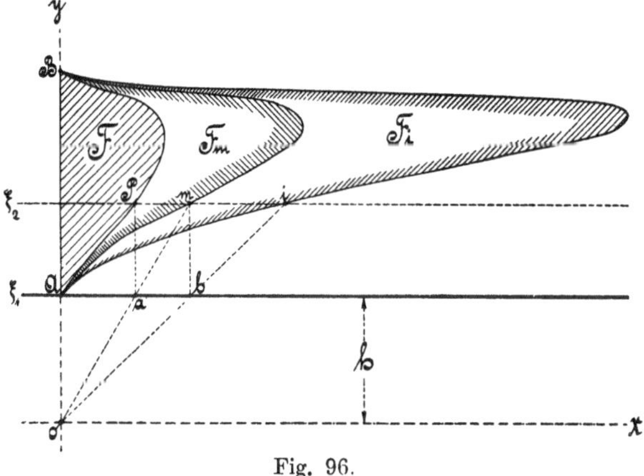

Fig. 96.

Das M und Θ der in Fig. 96 zugrunde gelegten Fläche F, bezogen auf die Achse x, ergeben sich auf folgende Weise:

Man ziehe zur gegebenen Achse x zwei Parallelen, und zwar eine Parallele ξ_1 im beliebigen Abstande h, eine zweite ξ_2 durch einen beliebigen Umrißpunkt P der vorgelegten Fläche. Von dem Punkte P aus fälle man das Lot Pa auf die Parallele ξ_1 und ziehe durch den beliebigen Punkt O der Achse x und den Punkt a einen Strahl, der die Parallele

6*

ξ_2 im Punkte m schneidet. Fällt man von dem Punkte m abermals ein Lot auf die Parallele ξ_1, so erhält man einen Punkt b, der, mit O verbunden, in der Verlängerung die Parallele ξ_2 im Punkte i schneidet.

Bestimmt man nun für weitere Umrißpunkte P in gleicher Weise die Durchschnittspunkte m und i, die auf der durch den jedesmal neu gewählten Punkt P gehenden, zur x-Achse parallel gerichteten Achse ξ_2 ihre Lage haben, und verbindet man dann die Punkte m und ebenso die Punkte i miteinander, so ergeben sich die aus Fig. 96 ersichtlichen Kurven AmB und AiB.

Werden nun noch die von den genannten Kurven eingeschlossenen Flächen F_m und F_i bezeichnet, so ist

1. das statische Moment der vorgelegten Fläche F, bezogen auf die x-Achse,

$$M = F_m \cdot h, \ldots \ldots \ldots \quad 71$$

2. das Trägheitsmoment derselben Fläche F, auf dieselbe Achse x bezogen,

$$\Theta = F_i \cdot h \ldots \ldots \ldots \quad 72$$

Wird der Abstand $h = 1$ gewählt, so erhält man
$$M = F_m \text{ und } \Theta = F_i.$$

2. Allgemeine Bestimmung des statischen und des Trägheits-Momentes nach dem Verfahren von Culmann.

Bezeichnen in Fig. 97 P_1, P_2, P_3, ... P_n eine beliebige Anzahl parallele, in ein und derselben Ebene E gelegene Kräfte und x_1, x_2, x_3, ... x_n die in irgend einer Richtung gemessenen Abstände der Kräfte von einer ebenfalls in der Ebene E gelegenen geraden Linie LL, so nennt man die Summe

$$P_1 x_1{}^n + P_2 x_2{}^n + P_3 x_3{}^n + \ldots$$
$$\ldots + P_n x_n{}^n = \sum_1^n P x^n$$

das **Moment n^{ter} Ordnung** der Kräfte P in bezug auf die Achse LL.

Im Falle $n = 1$, also $\sum P x = M$, ist das Moment das **statische Moment** der Kräfte P.

Im Falle $n = 2$, also $\sum P x^2 = \Theta$, erhält man das **Trägheitsmoment** etc.

Da sich nun das statische Moment als Moment 1. Ordnung graphisch darstellen läßt und da die Momente 2., 3. etc. Ordnung, wie die Werte

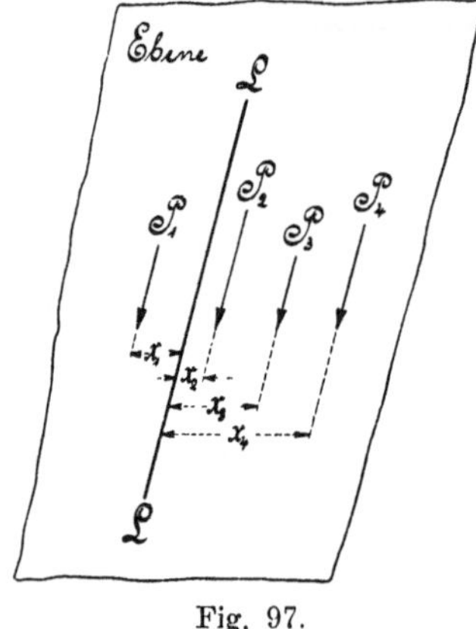

Fig. 97.

$$\Sigma\,Px, \quad \Sigma\,(Px)\,x, \quad \Sigma\,(Px^2)\,x, \quad \Sigma\,(Px^3)\,x, \ldots\ldots\ldots \Sigma\,(Px^{n-1})\,x$$

zeigen, auf die Form des statischen Momentes zurückgeführt werden können, so hat man, um $\Sigma\,Px^n$ zu finden, nur nötig, der Reihe nach die genannten statischen Momente zu bilden.

Von diesen sogenannten höheren Momenten sind für die Praxis in der Regel nur die Momente 1. und 2. Ordnung, d. s. das statische und das Trägheits-Moment, von Wichtigkeit, die in den Fig. 98^a bis 98^d für den in Fig. 98 vorgelegten Kräfteplan graphisch ermittelt worden sind.

1. Das statische Moment M ergibt sich in folgender Weise: Man trage die gegebenen Kräfte P_1, P_2, P_3 usw. auf einer parallel zu den Kraftrichtungen angenommenen Geraden hintereinander an und verbinde die Enden der Kräfte mit einem ganz beliebig zu wählenden Pole O, dann erhält man das in Fig. 98^a dargestellte Kräftepolygon mit den Kräften I, II, III etc.

Mit diesen Kräften bestimme man weiter durch deren Aneinanderreihen das in Fig. 98^b dargestellte Seilpolygon.

Werden nun die Seilpolygonseiten so weit geführt, daß sie sich mit der beliebig gelegenen, zu den Kräften P_1, P_2, P_3 etc. parallel gerichteten Achse LL in den Punkten 1, 2, 3, 4, 5, 6, 7 schneiden, so sind die Dreiecke

$$1A2, \quad 2B3, \quad 3C4, \quad 4D5, \quad 5E6 \text{ und } 6F7,$$

welche die Achse LL mit je 2 aufeinander folgenden Seiten des Seilpolygons bildet, den ihnen entsprechenden Dreiecken des Kräftepolygons

$$GoH, \quad HoJ, \quad JoK, \quad KoL, \quad LoM \text{ und } MoN$$

ähnlich, und es ergibt sich, wenn H die in der Richtung x gemessene Polweite darstellt,

$$x_1 : \overline{12} = H : P_1$$
$$x_2 : \overline{23} = H : P_2$$
$$x_3 : \overline{34} = H : P_3$$
$$x_4 : \overline{45} = H : P_4$$
$$x_5 : \overline{56} = H : P_5$$
$$x_6 : \overline{67} = H : P_6,$$

woraus weiter folgt

$$P_1 \cdot x_1 = H \cdot \overline{12}$$
$$P_2 \cdot x_2 = H \cdot \overline{23}$$
$$P_3 \cdot x_3 = H \cdot \overline{34}$$
$$P_4 \cdot x_4 = H \cdot \overline{45}$$
$$P_5 \cdot x_5 = H \cdot \overline{56}$$
$$P_6 \cdot x_6 = H \cdot \overline{67}.$$

$$\sum_{1}^{6} Px = H\,(\overline{12} + \overline{23} + \overline{34} + \overline{45} + \overline{56} + \overline{67}).$$

In dem Klammerausdrucke sind die einzelnen Strecken: $\overline{12}$, $\overline{23}$, $\overline{34}$ usw. mit Berücksichtigung ihrer Vorzeichen zu addieren, die bei den in gleichem oder positivem Sinne wirkenden Kräften mit dem Vorzeichen der entsprechenden x übereinstimmen.

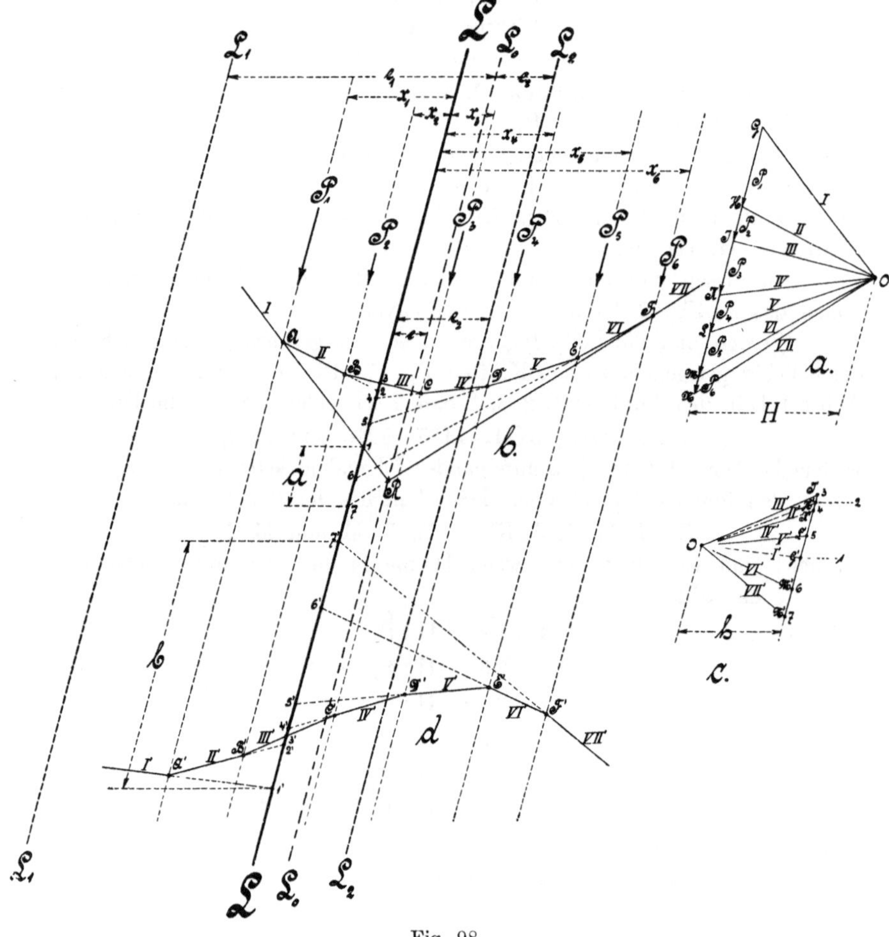

Fig. 98.

Schneiden nun die äußersten Seiten des Seilpolygons auf der Achse LL die Strecke $a = \overline{17}$ ab, so ist, ohne Rücksichtnahme auf das Vorzeichen,

$$\Sigma Px = Ha, \quad \ldots \ldots \ldots \quad 73$$

womit das statische Moment erhalten ist.

Dieses Moment wird positiv, sobald die von der Achse LL rechtsgelegenen Momente, als positiv angenommen, größer sind als die links gelegenen oder negativen Momente, und umgekehrt.

Da andrerseits die Summe der positiven Abschnitte $\overline{34}$, $\overline{45}$, $\overline{56}$ und $\overline{67}$ größer ist als die Summe der negativen Abschnitte $\overline{12}$ und $\overline{23}$, so ergibt sich auch hieraus, daß das vorliegende statische Moment ΣPx positiv ist.

NB. Aus der Gleichung 73 ist zu ersehen, daß das statische Moment allein von dem Abstande a der beiden, auf der Achse LL gelegenen, äußersten Seilpolygonseiten — also der Strecke zwischen den Durchschnittspunkten 1 und 7 — abhängig ist.

Ist der Abstand a gleich Null, was dann eintritt, wenn die Achse durch den gemeinschaftlichen Schnittpunkt R der äußersten Seilpolygonseiten geht (siehe Achse $L_0 L_0$ in Fig. 98), so ist auch das statische Moment

$$\Sigma Px = 0,$$

was besagt, daß der Punkt R der Schwerpunkt des vorliegenden Kräfteplanes ist, wodurch die Resultierende geht.

2. Das Trägheitsmoment Θ wird in folgender Weise erhalten:

Betrachtet man die auf der Achse LL gelegenen Abschnitte $\overline{12}$, $\overline{23}$, $\overline{34}$ etc. als Kräfte, die in den Richtungslinien der Kräfte P_1, P_2, P_3, ... wirken, und konstruiert man das in Fig. 98^c dargestellte Kräftepolygon, so läßt sich mit letzterem wieder ein Seilpolygon A^1, B^1, C^1, D^1, ... konstruieren, dessen Seiten I^1, II^1, III^1, IV^1 usw. — wie die Fig. 98^d zeigt — die fragliche Achse LL in den Punkten 1^1, 2^1, 3^1 usw. schneiden.

Es sind auch hier die Dreiecke des in Fig. 98^d dargestellten Seilpolygons

$$1^1 A^1 2^1,\ 2^1 B^1 3^1,\ 3^1 C^1 4^1,\ 4^1 D^1 5^1,\ 5^1 E^1 6^1 \text{ und } 6^1 F^1 7^1$$

ähnlich den Dreiecken des Kräftepolygons in Fig. 98^c

$$G^1 o^1 H^1,\ H^1 o^1 J^1,\ J^1 o^1 K^1,\ K^1 o^1 L^1,\ L^1 o^1 M^1 \text{ und } M^1 o^1 N^1.$$

Bezeichnet man nun noch die in Fig. 98^c beliebig angenommene und in der oben genannten x-Richtung gemessene Polweite mit h, so ergibt sich in gleicher Weise, wie beim statischen Momente,

$$x_1 : \overline{1^1 2^1} = h : \overline{12}$$
$$x_2 : \overline{2^1 3^1} = h : \overline{23}$$
$$x_3 : \overline{3^1 4^1} = h : \overline{34}$$
$$x_4 : \overline{4^1 5^1} = h : \overline{45}$$
$$x_5 : \overline{5^1 6^1} = h : \overline{56}$$
$$x_6 : \overline{6^1 7^1} = h : \overline{67},$$

woraus sich ergibt

$$x_1 \, \overline{12} = h \, \overline{1^1 2^1}$$
$$x_2 \, \overline{23} = h \, \overline{2^1 3^1}$$
$$x_3 \, \overline{34} = h \, \overline{3^1 4^1}$$
$$x_4 \, \overline{45} = h \, \overline{4^1 5^1}$$
$$x_5 \, \overline{56} = h \, \overline{5^1 6^1}$$
$$x_6 \, \overline{67} = h \, \overline{6^1 7^1}.$$

Da ferner unter Hinweis auf das vorher beim statischen Momente Gesagte die Abschnitte nach Fig. 98[b]

$$\overline{12} = \frac{P_1 x_1}{H}, \quad \overline{23} = \frac{P_2 x_2}{H}, \quad \overline{34} = \frac{P_3 x_3}{H}, \quad \overline{45} = \frac{P_4 x_4}{H}, \quad \overline{56} = \frac{P_5 x_5}{H} \quad \text{und}$$

$$\overline{67} = \frac{P_6 x_6}{H}$$

sind, so erhält man durch Einsetzen der Werte

$$\frac{x_1 P_1 x_1}{H} = h \, \overline{1^1 2^1}, \text{ woraus } P_1 \cdot x_1{}^2 = H \cdot h \, \overline{1^1 2^1} \text{ folgt,}$$

$$\frac{x_2 P_2 x_2}{H} = h \, \overline{2^1 3^1}, \quad \text{\textquotedbl} \quad P_2 \cdot x_2{}^2 = H \cdot h \, \overline{2^1 3^1} \quad \text{\textquotedbl}$$

$$\frac{x_3 P_3 x_3}{H} = h \, \overline{3^1 4^1}, \quad \text{\textquotedbl} \quad P_3 \cdot x_3{}^2 = H \cdot h \, \overline{3^1 4^1} \quad \text{\textquotedbl}$$

$$\frac{x_4 P_4 x_4}{H} = h \, \overline{4^1 5^1}, \quad \text{\textquotedbl} \quad P_4 \cdot x_4{}^2 = H \cdot h \, \overline{4^1 5^1} \quad \text{\textquotedbl}$$

$$\frac{x_5 P_5 x_5}{H} = h \, \overline{5^1 6^1}, \quad \text{\textquotedbl} \quad P_5 \cdot x_5{}^2 = H \cdot h \, \overline{5^1 6^1} \quad \text{\textquotedbl}$$

$$\frac{x_6 P_6 x_6}{H} = h \, \overline{6^1 7^1}, \quad \text{\textquotedbl} \quad P_6 \cdot x_6{}^2 = H \cdot h \, \overline{6^1 7^1} \quad \text{\textquotedbl} \; .$$

Durch Addition dieser Gleichungen erhält man dann das gesuchte Trägheitsmoment

$$\Theta = \sum_1^6 P x^2 = H \, h \, (\overline{1^1 2^1} + \overline{2^1 3^1} + \overline{3^1 4^1} + \overline{4^1 5^1} + \overline{5^1 6^1} + \overline{6^1 7^1})$$

$$\text{\textquotedbl} = H h b, \quad \dots\dots\dots\dots\dots\dots\dots \quad 74$$

worin der Klammerausdruck die Strecke b bedeutet, welche die äußersten Seiten des 2., in Fig. 98[d] dargestellten Seilpolygons auf der Achse LL abschneiden, und welche stets positiv ist, sobald alle Kräfte in gleichem (positiven) Sinne wirken.

Wird H mit dem Kräftemaßstabe gemessen, so stellen b und h Längen dar.

NB. Sieht man die auf der LL-Achse gelegenen Abschnitte $\overline{1^1 2^1}$, $\overline{2^1 3^1}$, $\overline{3^1 4^1}$ etc. wiederum als Kräfte an und verfährt man wie vorher, so wird damit das Moment 3. Ordnung erhalten.

Durch Fortsetzung dieses Verfahrens kann man mit Leichtigkeit jedes höhere Moment von beliebiger Ordnung erhalten.

3. Bestimmung des Trägheitsmomentes nach dem Verfahren von Mohr.

Mit Hilfe des vorher erhaltenen 1. Seilpolygons $A_1 B_2 C_3$ . . . . . mit den Seiten I, II, III usw. läßt sich auch — ohne weitere Polygone konstruieren zu müssen — das Trägheitsmoment, bezogen auf die Achse LL, wie folgt, ermitteln.

Der Flächeninhalt F_m, der von dem 1. Seilpolygone, und zwar von den äußersten Seiten I und VII einerseits und von der Achse LL andrerseits, also von der Fläche $1\,ABCDEF\,71$ gebildet wird, ergibt sich zu

$$F_m = \triangle\,(1A2 + 2B3 + 3C4 + 4D5 + 5E6 + 6F7)$$

$$„ = \frac{1}{2}(\overline{12}h_1 + \overline{23}h_2 + \overline{34}h_3 + \overline{45}h_4 + \overline{56}h_5 + \overline{67}h_6)$$

$$„ = \frac{1}{2}\sin\alpha\,(\overline{12}x_1 + \overline{23}x_2 + \overline{34}x_3 + \overline{45}x_4 + \overline{56}x_5 + \overline{67}x_6)$$

$$„ = \frac{\sin\alpha}{2H}(P_1 x_1{}^2 + P_2 x_2{}^2 + P_3 x_3{}^2 + P_4 x_4{}^2 + P_5 x_5{}^2 + P_6 x_6{}^2)$$

$$„ = \frac{\sin\alpha}{2H}\sum_1^6 P x^2 = \frac{\sin\alpha}{2H}\,\Theta;$$

$$\Theta = \frac{2H\,F_m}{\sin\alpha} \quad \ldots\ldots\ldots \quad 75$$

Hierin bezeichnet α den Winkel, den in Fig. 98 die parallelen Kräfte P mit den x-Richtungen einschließen.

4. Beziehungen zwischen zwei auf parallele Achsen bezogene Trägheitsmomente.

Bezeichnet die Achse $L_0 L_0$, wie bereits in Fig. 98 angedeutet wurde, die durch den Schnittpunkt R der äußersten Seilpolygonseiten gehende, parallel zur Achse LL gerichtete resultierende Achse und haben die Kräfte P_1, P_2, P_3 usw. von der letzteren die in Fig. 99 eingeschriebenen, in der x-Richtung gemessenen Abstände ξ_1, ξ_2, ξ_3 usw., so beträgt das auf die Achse $L_0 L_0$ bezogene Trägheitsmoment Θ_0:

$$\Theta_0 = \Sigma P \xi^2,$$

und das statische Moment — wie bereits unter 1 erwähnt —, bezogen auf dieselbe Achse $L_0 L_0$,

$$\Sigma P \xi = 0.$$

Wird nun noch mit e der ebenfalls in der x-Richtung gemessene

Abstand der Achse LL von der L_0L_0-Achse bezeichnet und setzt man $x = \xi + e$, so erhält man

$$\Theta = \Sigma P x^2 = \Sigma P (\xi + e)^2 = \Sigma P \xi^2 + 2e\,\Sigma P \xi + e^2 \Sigma P$$
$$\text{„} = \Sigma P \xi^2 + e^2 \Sigma P,$$
$$\text{oder } \Theta = \Theta_0 + e^2 \Sigma P.$$

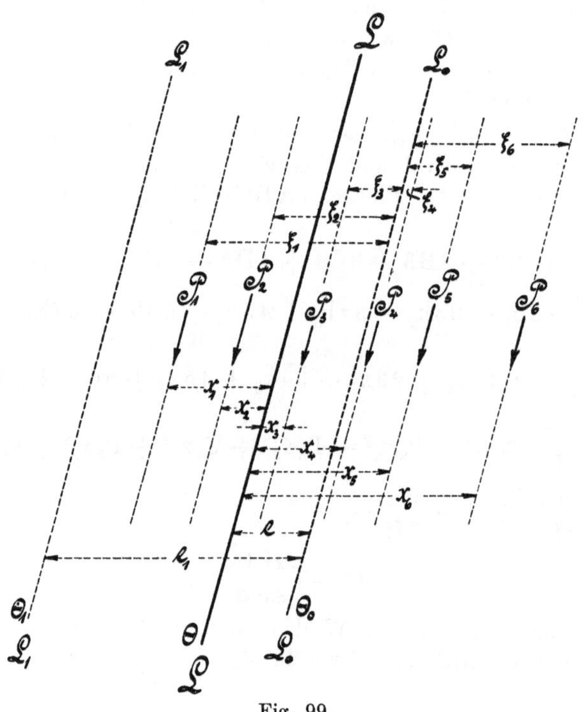

Fig. 99.

In derselben Weise ergibt sich für eine andere im Abstande e_1 von der L_0L_0-Achse gelegene Achse L_1L_1 das Trägheitsmoment

$$\Theta_1 = \Theta_0 + e_1{}^2 \Sigma P.$$

Bildet man die Differenz zwischen den letzten beiden Gleichungen für Θ und Θ_1, so ist

$$\Theta_1 - \Theta = (e_1{}^2 - e^2)\,\Sigma P.$$

5. Bestimmung des Trägheitsmomentes einer beliebigen Fläche.

Soll das Trägheitsmoment einer beliebig gestalteten Fläche, z. B. des in Fig. 100 dargestellten Querschnittes einer Eisenbahnschiene, bezogen auf eine beliebig gerichtete und gelegene Achse, graphisch ermittelt werden, so zerlege man den Querschnitt in der gegebenen Achsenrichtung in eine

Anzahl leicht bestimmbarer Flächenstücke, deren Inhalte f_1, f_2, f_3 etc. man als Kräfte auffaßt, die in den Schwerpunkten S_1, S_2, S_3 etc. angreifen.

Hierauf verfahre man in der bereits im Abs. 2 dieses Paragraphen angegebenen, in der Fig. 98 dargestellten Weise.

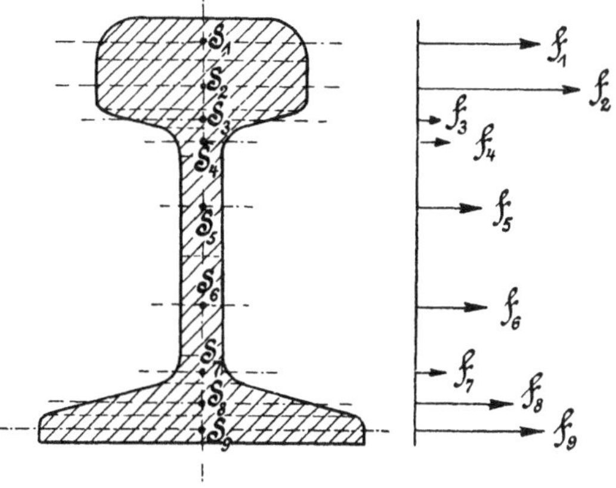

Fig. 100.

§ 23. Die verschiedenen Belastungsfälle.

Während in den §§ 14 bis 21 vorwiegend die bei der Biegung eines Körpers oder Trägers wachgerufenen, im Innern desselben auftretenden Spannungen und Beanspruchungen besprochen worden sind, sollen nunmehr in dem vorliegenden Paragraphen die äußeren Beanspruchungen Berücksichtigung finden, die sich infolge verschiedenartig auf den Körper oder Träger einwirkender Belastungen ergeben.

In der Hauptsache kommt es also hier darauf an, das im § 14, sub 1 genannte, der allgemeinen Biegungsgleichung zugrunde liegende Biegungsmoment für jeden beliebigen Belastungsfall zu bestimmen, um damit die sich aus dem Widerstandsmomente ergebenden Querschnittsabmessungen des Körpers ermitteln zu können.

Diese Momentenbestimmung läßt sich für die einfachen Belastungsfälle sehr leicht mit Hilfe des mechanischen Satzes:

Die algebraische Summe der um einen Drehpunkt wirkenden Momente muß gleich Null sein, durchführen.

Außer diesem sind bei den einzelnen Belastungsfällen sowohl die zugehörigen Momenten- und Transversalkraftflächen, als auch die Gleichungen der elastischen Linien und der größten Durchbiegungen angegeben, die mit Hilfe der im § 14, Abs. 4ᵃ angedeuteten, der höheren Analysis angehörenden allgemeinen Gleichung der elastischen Linie entwickelt worden sind. (Siehe einige in § 14, Abs. 4ᵇ angegebene Näherungswerte.)

Was die Momentenflächen betrifft, so geben sie eine bildliche Übersicht über die in den einzelnen Trägerarten auftretenden Beanspruchungen. Die Konstruktion dieser Flächen ergibt sich entweder mit Hilfe des in § 22, Abschnitt 2, 1 aufgeführten Seilpolygons, oder man trägt, beispielsweise von einer horizontalen Linie ausgehend, in einem beliebig zu wählenden Maßstabe — der jedoch bei der Durchführung eines Beispieles beibehalten werden muß —, die für die einzelnen Querschnittsstellen durch Rechnung bestimmten Biegungsmomente zweckmäßig so auf, daß alle auf einen beliebig angenommenen Querschnitt bezogenen rechtsdrehenden oder positiv genannten Momente senkrecht nach unten, alle linksdrehenden oder negativen Momente dagegen senkrecht nach oben angetragen werden. Unter dieser Annahme ergibt sich die Lage der Momentenflächen unterhalb der angenommenen Horizontallinie, falls ein Träger, Balken etc. nach unten durchgebogen wird; im Falle einer Durchbiegung nach oben liegt auch die Momentenfläche oberhalb.

Da nun die Größe der zwischen zwei Laststellen gelegenen Biegungsmomente nur allein von den Abständen der fraglichen Querschnittstellen abhängig ist, d. h. im proportionalen Verhältnisse steht, so werden diese Momente durch eine gerade Linie begrenzt, welche die Laststellenmomente verbindet. Es ist deshalb beim Konstruieren der Momentenfläche auch nur nötig, die an den Laststellen auftretenden Biegungsmomente rechnerisch zu ermitteln und in der angegebenen Weise aufzutragen. Die Begrenzungslinie der Momentenfläche bildet dann eine gebrochene Linie, die bei einer über die Körperlänge ganz oder auch nur teilweise gleichmäßig verteilten Belastung, soweit die letztere reicht, in einen Parabelbogen übergeht, zu dessen Konstruktion man die gleichmäßige Belastung als eine beliebig große Summe gleichgroßer Einzellasten ansehen kann, deren Biegungsmomente in der vorher beschriebenen Weise aufzutragen sind. Die Genauigkeit der Begrenzungskurve hängt natürlich ganz von der Anzahl der aufgetragenen Momente ab.

Beachtung verdient noch die Tatsache, daß an den Stellen, wo eine Einzellast wirkt, die Momentenfläche stets eine Ecke hat, gleichviel ob an dieser Stelle zu gleicher Zeit stetige Belastungen wirken oder nicht. Im ersteren Falle bildet sich die Ecke aus gekrümmten, im letzteren dagegen aus geraden Linien.

Zu einem **Scherkraftdiagramm** gelangt man durch die Überlegung, daß die einen Körper auf Biegung beanspruchenden Vertikalkräfte den Körper auch gleichzeitig auf Abscheren beanspruchen. Die in jedem Querschnitte des Körpers auftretende Scherkraft ergibt sich aus der algebraischen Summe aller Kräfte, die, von der fraglichen Querschnittsstelle ausgehend, auf der linken oder rechten Seite des Körpers auf ihn einwirken. Wenn nun auch in den meisten Fällen die in den einzelnen Querschnitten auftretenden Schubspannungen gegenüber den Biegungsspannungen so klein ausfallen, daß sie vernachlässigt werden können, so bietet doch immerhin das sehr einfach und schnell konstruierbare Scherkraftdiagramm eine nicht zu unterschätzende Übersicht über die einzelnen Scheranstrengungen. Bei der Konstruktion des Diagramms ist darauf zu achten, daß bei nur mit Einzellasten belasteten Körpern an den Belastungsstellen eine sprungweise Änderung der Scherkraft eintritt, während sie zwischen den Belastungsstellen konstant bleibt.

Die Begrenzungslinien bilden in diesem Falle eine abgetreppte Figur. Siehe Fig. 102, 104, 107, 108—112, 117 und 120. Bei den Körpern mit ganzer oder auch nur mit teilweiser stetiger Belastung dagegen ändern sich die Scherkräfte innerhalb der stetigen Lastverteilung auch stetig, was im Diagramm durch eine schräge gerade Linie dargestellt wird. Siehe Fig. 105, 113, 115, 116, 118 und 121.

Eine sprungweise Änderung der Linie findet z. B. an solchen Stellen statt, wo zu der gleichmäßigen Lastverteilung noch Einzelkräfte hinzutreten. Siehe Fig. 106, 114, 119 und 122. Wie die Fig. 107 bis 123 erkennen lassen, liegen die größten Biegungsmomente an den Stellen, wo die Schubkräfte ihre Vorzeichen wechseln, d. h. wo in den Transversalkraft- oder Schubkraftdiagrammen die horizontalen Trägerachsen durchschnitten werden. Man kann deshalb auch die letzten Diagramme zur Bestimmung der Lagen der am meisten beanspruchten Querschnittsstellen und der damit im Zusammenhange stehenden größten Biegungsmomente benutzen, was bei komplizierten Belastungsfällen, die sonst weitgehende Rechnungen erforderlich machen, besonders wichtig ist.

a) Der Freiträger.

Unter einem Freiträger versteht man einen an einem Ende fest eingespannten Träger, der in beliebiger Weise belastet sein kann.

Mit der Einspannung des Trägers ist der Begriff verknüpft, daß die in § 14, sub a, 3 und 4 und b, 1 und 2 genannte elastische Linie an der Einspannstelle die ursprünglich gerade Trägerachse zur Tangente hat.

Die Einspannung des Trägers kann man sich beispielsweise so vorstellen, daß das eingespannte Ende durch zwei, wie aus beistehender Fig. 101^a ersichtlich ist, entgegengesetzt gerichtete und unveränderlich wirkende Auflager gehalten wird. Als Einspannstelle gilt die Querschnittsstelle A.

Will man nun die beiden Auflagerdrücke an der Stelle A und C bestimmen, so denkt man sich nach Fig. 101^b zwei gleiche, aber entgegengesetzt gerichtete Kräfte $+ \mathrm{P}$ und $- \mathrm{P}$ an der Einspannstelle A angebracht, wodurch an dem Gleichgewichtszustande nichts geändert wird.

Wird von dem Eigengewichte des Trägers abgesehen, so wirken an ihm drei Kräfte, nämlich die am freien Ende B wirkende Kraft P und die beiden an der Stelle A zugefügten Kräfte $+ \mathrm{P}$ und $- \mathrm{P}$. Von den letzten beiden Kräften kann man sich die Kraft $+ \mathrm{P}$ durch die Auflage A aufgehoben, d. h. wirkungslos denken, so daß nur noch die beiden, an der Stelle A mit $- \mathrm{P}$ und am freien Ende B mit $+ \mathrm{P}$ wirkenden

Kräfte in Frage kommen, die mit der freitragenden Trägerlänge l ein rechtsdrehendes Moment M = Pl bilden.

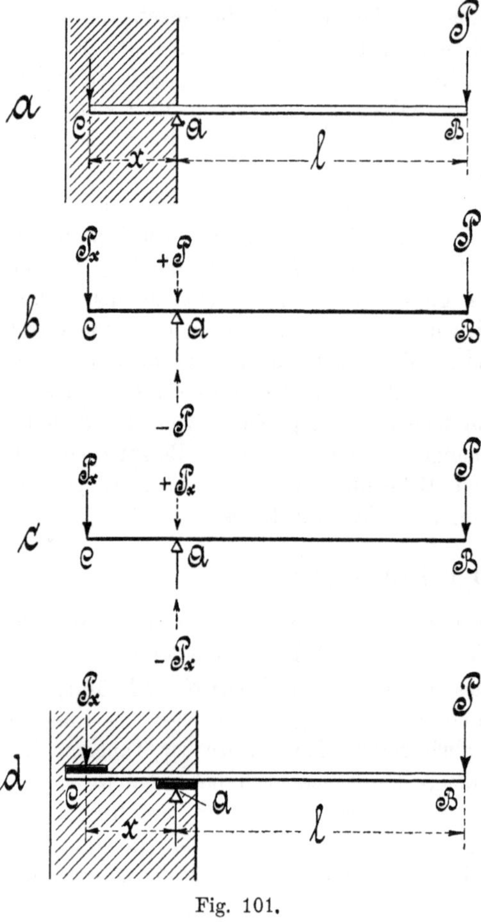

Fig. 101.

Dieses Moment muß nun durch ein innerhalb der eingespannten Strecke $\overline{AC}$ zur Wirkung kommendes Gegenmoment $- M = P_x x$ ins Gleichgewicht gebracht werden, woraus die Bedingung

$$Pl = P_x x$$

sich ergibt.

Den an der Stelle C anzuordnenden Widerlagerdruck P_x erhält man dann aus der vorliegenden Gleichgewichtsbedingung zu

$$P_x = \frac{Pl}{x} \quad . \quad . \quad 76$$

Denkt man sich nun nach Fig. 101^c auch diesen Druck an der Einspannstelle A als $+ P_x$ und $- P_x$ zugefügt, so hebt sich der erstere Druck $+ P_x$ mit der Auflage A auf, während der letztere Druck $- P_x$ mit dem Widerlagerdrucke bei C das linksdrehende Moment bildet.

Die Auflage A ergibt sich dann nach dem vorhergehenden zu

$$A = P + P_x = P + \frac{Pl}{x} = P\left(1 + \frac{l}{x}\right) \quad . \quad . \quad . \quad . \quad 77$$

Anmerkung: Die verschieden hohen Widerlagerdrücke bei A und C, die um so größer werden, sobald die Strecke x im Verhältnis zur Länge l sehr klein wird, geben sehr leicht die Veranlassung zu einer Zusammendrückung des Unterstützungs- als auch des Trägermaterials an den Widerlagerstellen A und C.

Infolge der Zusammendrückung wird aber eine Lageänderung der Auflagestellen A und C aus der Horizontalrichtung so eintreten, daß der

Träger bei A abwärts und bei C aufwärts bewegt wird. Durch diese Bewegung tritt nun aber eine Neigung des Trägers aus seiner Anfangslage ein, womit die am Eingange dieses Abschnittes ausgesprochene Voraussetzung, die elastische Linie habe an der Einspannstelle A die anfänglich gerade Trägerachse zur Tangente, nicht mehr genau zutrifft.

Die Zusammendrückung des Materials wird auch dann noch — wenn auch in weit geringerem Maße — zu erwarten sein, wenn, so wie es in Fig. 101^d an den Auflagestellen A und C der Fall ist, die Widerlagerdrücke auf untergelegte Platten einwirken.

1. Der durch eine Einzellast am freien Ende belastete Freiträger.

Für den aus Fig. 102 ersichtlichen, beliebigen Querschnitt BB, der von der Einspannstelle AA den Abstand x hat, ergibt sich das Biegungsmoment

$$M_x = P\,(l - x).$$

Da nun für $x = 0$ das Moment M_x seinen größten Wert

$$M_{max} = Pl \quad . \quad . \quad 78$$

erreicht, so findet auch nach § 14, 1 die größte Beanspruchung an der Einspannstelle AA statt, weshalb man auch diesen Querschnitt als den gefährlichen Querschnitt bezeichnet.

Die Gleichung der elastischen Linie für die Durchbiegung an beliebiger Stelle des Trägers ist

$$\delta_x = \frac{P}{6\,E\,\Theta}\,(3\,l^2\,x - x^3)$$

$$,, = \frac{P\,\alpha}{6\,\Theta}\,(3\,l^2\,x - x^3).$$

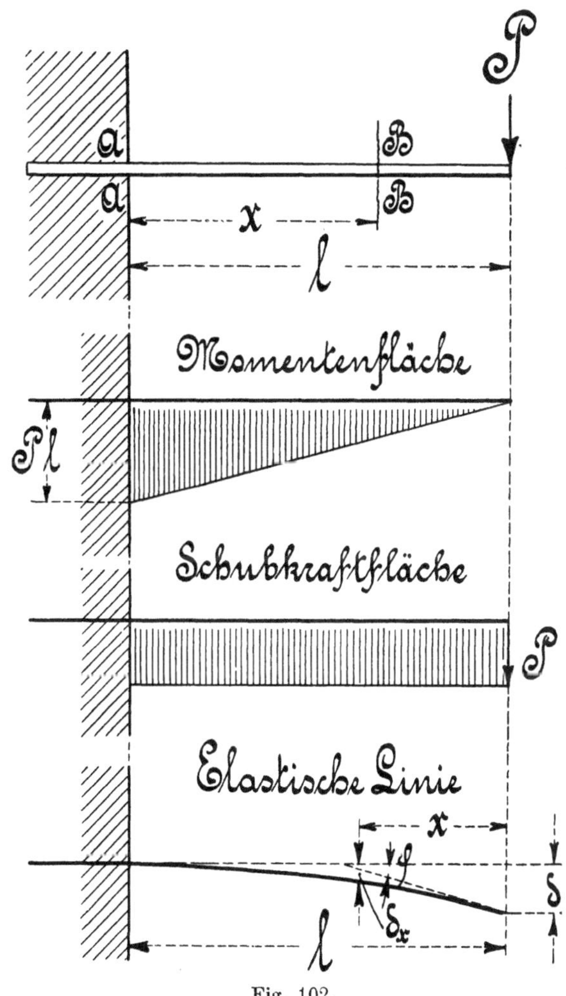

Fig. 102.

Die größte Durchbiegung beträgt für $x = 1$

$$\delta = \frac{1}{3}\frac{P\,l^3}{E\Theta} = \frac{1}{3}\frac{M\,\alpha\,l^2}{\Theta}.$$

Der größten Durchbiegung δ entspricht dann auch der größte Winkel φ, der von der Kurventangente und Horizontalen gebildet wird. Er wird gefunden aus

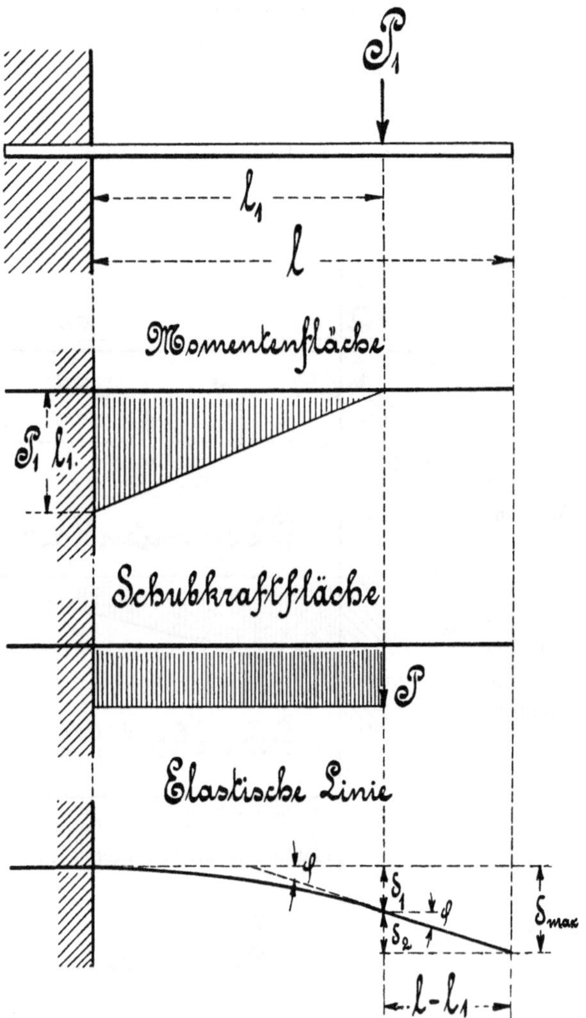

Fig. 103.

$$\operatorname{tg}\varphi = \frac{1}{2}\frac{P\,l^2}{E\Theta} = \frac{1}{2}\frac{M\,l\,\alpha}{\Theta}.$$

Anmerkung: Wirkt die Einzellast P_1 nicht am Ende des Freiträgers, sondern an einer beliebigen Stelle, so wird nach Fig. 103 das größte Biegungsmoment

$$M_{max} = P_1 l_1,$$

die Durchbiegung ar der Laststelle, wie vorher,

$$\delta_1 = \frac{1}{3}\,\frac{P_1 l_1^3}{E\Theta}.$$

Die Durchbiegung am Ende ergibt sich dann aus

$$\delta_{max} = \delta_1 + \delta_2 = \delta_1 + (1 - l_1)\sin\varphi.$$

Da nun aber für kleine Winkel „$\sin\varphi = \operatorname{tg}\varphi$" gesetzt werden kann und

$$\operatorname{tg}\varphi = \frac{1}{2}\,\frac{P_1 l_1^2}{E\Theta}$$

beträgt, so erhält man die größte Durchbiegung

$$\delta_{max} = \frac{1}{3}\,\frac{P_1 l_1^3}{E\Theta} + (1 - l_1)\,\frac{1}{2}\,\frac{P_1 l_1^2}{E\Theta}.$$

2. Der durch mehrere beliebig verteilte Einzellasten belastete Freiträger.

Das größte Biegungsmoment ergibt sich für den in Fig. 104 dargestellten Belastungsfall wieder an der Einspannstelle zu

$$M_{max} = P_1 l_1 +$$
$$+ P_2 l_2 + P_3 l_3 +$$
$$+ P_4 l_4 \;..\; 79$$

oder allgemein

$$M_{max} = \overset{n}{\underset{1}{\Sigma}}\, P l.$$

Anmerkung: Da jede einzelne Last eine größte Durchbiegung des freien Trägerendes veranlaßt, so ergibt sich die gesamte Durchbiegung aus der Summe der Einzeldurchbiegungen. Dieses Verfahren nennt man das

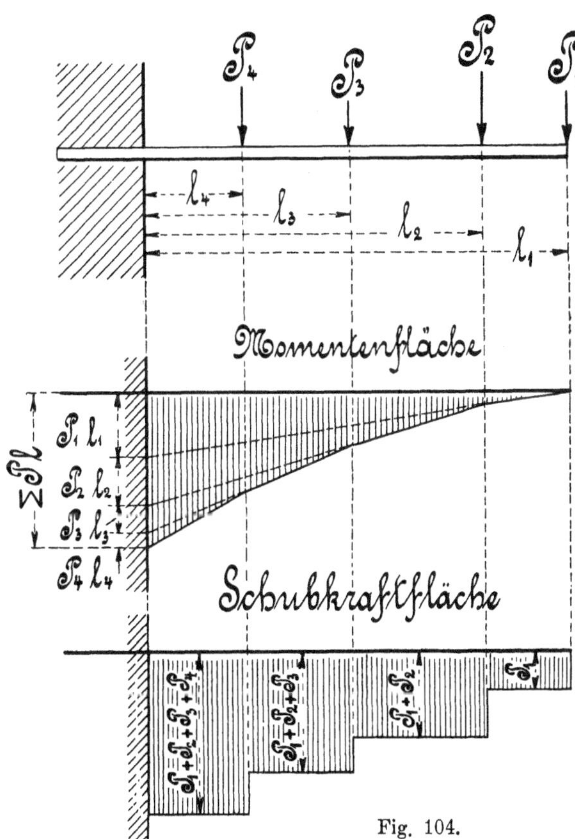

Fig. 104.

Prinzip der Übereinanderlagerung (Superposition), womit man verwickeltere Belastungsfälle auf einfache Fälle zurückführen kann.

Wirken Lasten entgegengesetzt, so werden die zugehörigen Durchbiegungen subtrahiert.

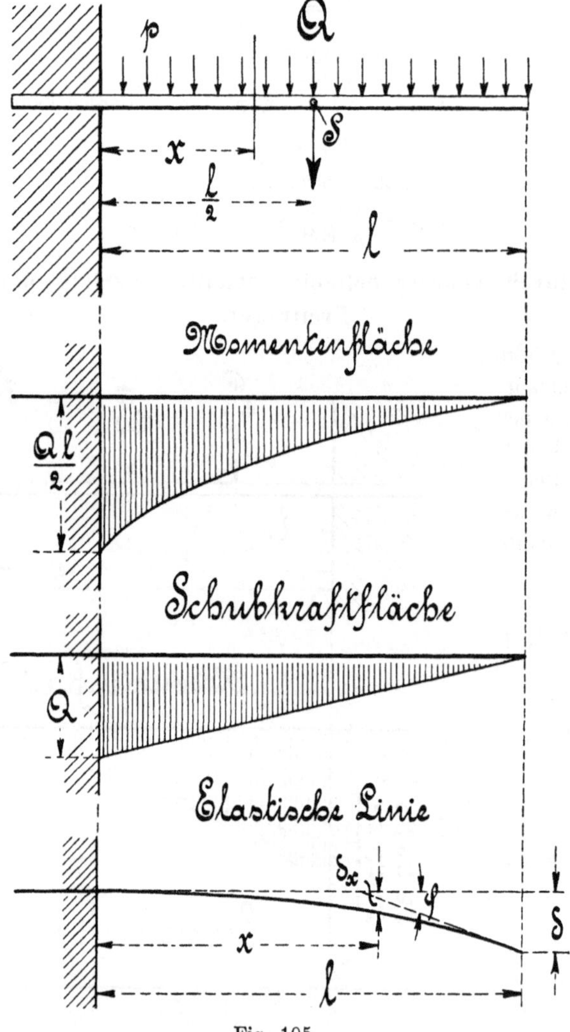

Fig. 105.

3. Der über die ganze Länge gleichmäßig verteilt belastete Freiträger.

Ist ein Träger, wie Fig. 105 zeigt, über seine ganze Länge mit einer Gesamtlast Q gleichmäßig verteilt belastet, so kann man sich die Last Q im Schwerpunkte S konzentriert denken.

Da nun wegen der gleichmäßigen Lastverteilung der Schwerpunkt S im Abstande $\frac{1}{2}$ von der Einspannstelle liegt, so ergibt sich das größte Biegungsmoment

$$M_{max} = \frac{Q\,l}{2} \quad \ldots \ldots \ldots \ldots \quad 80$$

Für einen beliebig im Abstande x von der Einspannstelle gelegenen Querschnitt beträgt das zugehörige Moment

$$M_x = p\,(l - x)\,\frac{l - x}{2} = p\,\frac{(l - x)^2}{2},$$

wenn p die gleichmäßige Belastung für die Längeneinheit bedeutet.

Die Gleichung der elastischen Linie lautet

$$\delta_x = \frac{p}{24\,E\,\Theta}\,(4\,l^3\,x - x^4) = \frac{p\,\alpha}{24\,\Theta}\,(4\,l^3\,x - x^4).$$

Die größte Durchbiegung beträgt dann für $x = l$

$$\delta = \frac{1}{8}\,\frac{p\,l^4}{E\,\Theta} = \frac{1}{8}\,\frac{Q\,l^3}{E\,\Theta} = \frac{1}{8}\,\frac{Q\,\alpha\,l^3}{\Theta}$$

und der dazu gehörige Winkel

$$\mathrm{tg}\,\varphi = \frac{1}{6}\,\frac{Q\,l^2}{E\,\Theta}.$$

4. Der über seine ganze Länge gleichmäßig verteilt und am freien Ende mit einer Einzellast belastete Freiträger.

Nach Fig. 106 ergibt sich das Biegungsmoment für den beliebigen, um x von der Einspannstelle abstehenden Querschnitt BB aus

$$M_x = P\,(l - x) + p\,\frac{(l - x)^2}{2}.$$

Für $x = 0$ erlangt M_x seinen größten Wert

$$M_{max} = P\,l + p\,\frac{l^2}{2} = P\,l + Q\,\frac{1}{2} = \left(P + \frac{Q}{2}\right)l \quad \ldots \quad 81$$

Die Gleichung der elastischen Linie heißt

$$\delta_x = \frac{\alpha}{\Theta}\left[\frac{P}{2}\left(l - \frac{x}{3}\right) + \frac{p}{4}\left(l^2 - \frac{2}{3}\,l\,x + \frac{x^2}{6}\right)\right]x^2\,;$$

die größte Durchbiegung am freien Ende erhält man für $x = l$ mit

$$\delta = \frac{\alpha}{\Theta}\left(\frac{P}{3} + \frac{p\,l}{8}\right)l^3 = \frac{\alpha}{\Theta}\left(\frac{P}{3} + \frac{Q}{8}\right)l^3 = \frac{1}{3}\,\frac{P + \frac{3}{8}\,Q}{E\,\Theta}\,l^3.$$

Der größten Durchbiegung entspricht der Winkel

$$\varphi = \frac{1}{2}\,\frac{P\,l^2}{E\,\Theta} + \frac{1}{6}\,\frac{Q\,l^2}{E\,\Theta} = \frac{1}{2}\,\frac{\left(P + \frac{1}{3}\,Q\right)l^2}{E\,\Theta}.$$

Anmerkung: Auch hier gilt für mehrere Einzellasten das im Falle 2 genannte Prinzip der Übereinanderlagerung.

NB. Bei weiteren Belastungsarten stellt das maximale Biegungsmoment gleichfalls die algebraische Summe der von den einzelnen Belastungen hervorgerufenen Biegungsmomente dar.

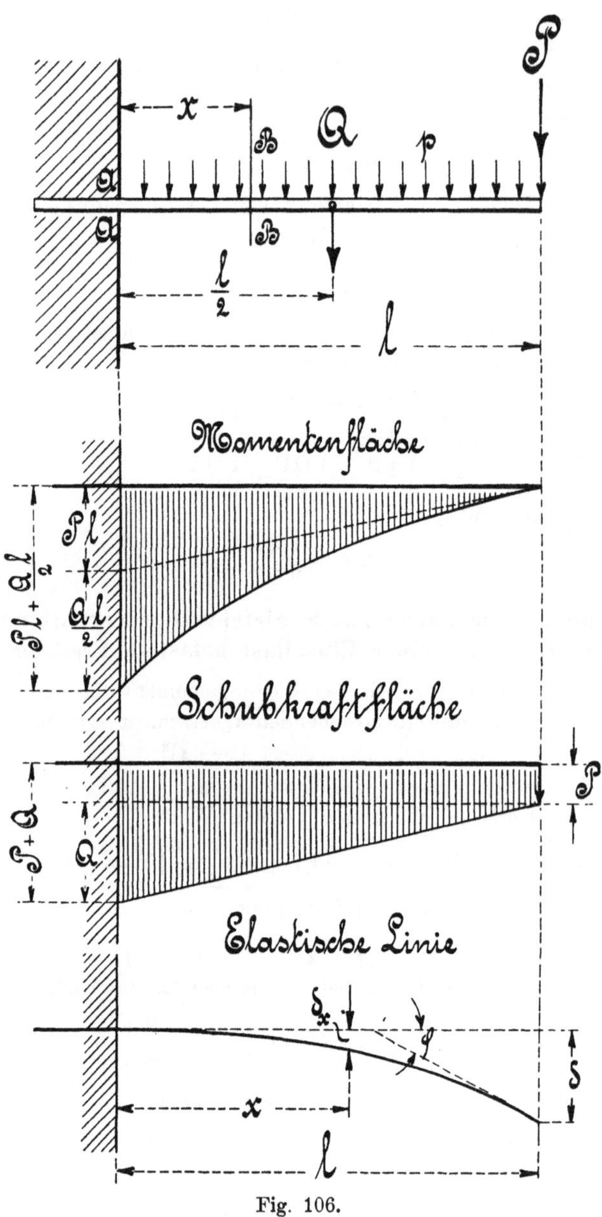

Fig. 106.

Soll bei einer Konstruktion das Eigengewicht eines Trägers mit Berücksichtigung finden, so kann es als eine über die ganze Länge des
Trägers gleichmäßig verteilte Belastung angesehen werden.

b) Der frei auf zwei Stützen liegende Träger.

Sobald ein Träger auf 2 Stützen gelagert ist, müssen zuerst die Auflage- oder Reaktionsdrücke bestimmt werden. Sie lassen sich ebenfalls sehr leicht nach dem bereits am Eingange dieses Paragraphen genannten Satze der Mechanik:

„Die algebraische Summe der um einen Drehpunkt wirkenden Momente muß im Falle des Gleichgewichtes gleich Null sein",

bestimmen, sofern an Stelle eines Lagerdruckes ein Drehpunkt gedacht wird, um den sich der Träger bewegen kann.

Während man nun auf diese Weise beide Reaktionen ermitteln kann, genügt es auch, nur eine derselben nach dem genannten Hebelgesetze zu bestimmen, während die zweite Reaktion sich mit Hilfe des weiteren mechanischen Satzes:

„Die algebraische Summe der in einer Richtung wirkenden Kräfte muß im Falle des Gleichgewichtes gleich Null sein",

angeben läßt, was in den meisten Fällen viel schneller zum Ziele führt.

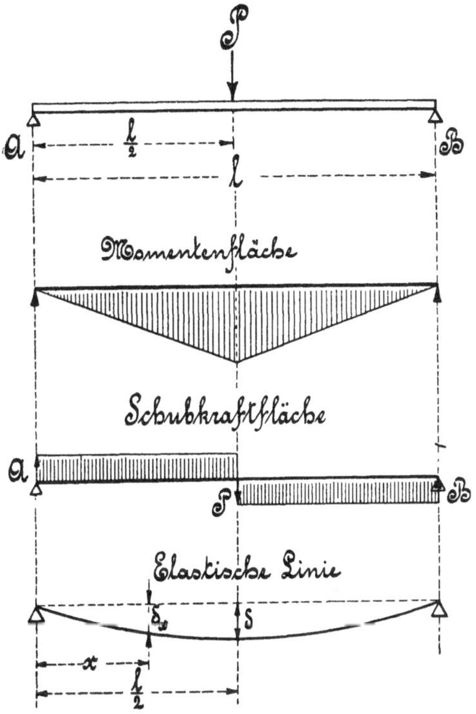

Fig. 107.

1. Der Träger ist in der Mitte mit einer Einzellast belastet.

Die in Fig. 107 angegebene Belastung P verteilt sich auf beide Auflagen gleichmäßig, weshalb die Reaktionen die Werte

$$A = \frac{P}{2} \text{ und } B = \frac{P}{2} \quad \ldots \ldots \ldots \ldots 82$$

erhalten.

Sieht man nun die in der Mitte liegende Laststelle als Unterstützung an, so wirkt der vorliegende Träger ebenso wie 2 Freiträger, an deren freien Enden die Kraft $\frac{P}{2}$ angreift.

Das größte, im Abstande $\frac{1}{2}$ von A oder B gelegene Biegungsmoment ergibt sich dann aus

$$M_{max} = A \frac{l}{2} = \frac{P}{2} \frac{l}{2} = \frac{Pl}{4} \quad \ldots \ldots \ldots \quad 83$$

Die Gleichung der elastischen Linie wird aus der zu Fig. 102 gehörigen Gleichung so gefunden, daß man für P und l die Werte $\frac{P}{2}$ und $\frac{l}{2}$ einsetzt; man erhält somit

$$\delta_x = \frac{\frac{P}{2}}{6\,E\,\Theta} \left\{ 3\left(\frac{l}{2}\right)^2 x - x^3 \right\}$$

$$\text{\guillemotright} = \frac{P}{12\,E\,\Theta} \left(\frac{3}{4} l^2 x - x^3 \right)$$

$$\text{\guillemotright} = \frac{P}{48\,E\,\Theta} (3\,l^2 x - 4\,x^3)$$

$$\text{\guillemotright} = \frac{P\,a}{48\,\Theta} (3\,l^2 x - 4\,x^3).$$

Die größte Durchbiegung erhält man dann für $x = \frac{l}{2}$ aus

$$\delta = \frac{1}{48} \frac{P\,l^3}{E\,\Theta} = \frac{1}{48} \frac{M\,a\,l^2}{\Theta}.$$

2. Der Träger ist an beliebiger Stelle mit einer Einzellast belastet.

Zur Bestimmung der aus Fig. 108 ersichtlichen Reaktion A lege man, wie Fig. 108[a] zeigt, in B den Drehpunkt, dann ergibt sich

$$A\,l - P\,b = 0,$$

woraus

$$A = \frac{P\,b}{l} \quad \text{folgt} \ldots \quad 84$$

Um nun B zu ermitteln, lege man entweder den Drehpunkt, wie Fig. 108[b]

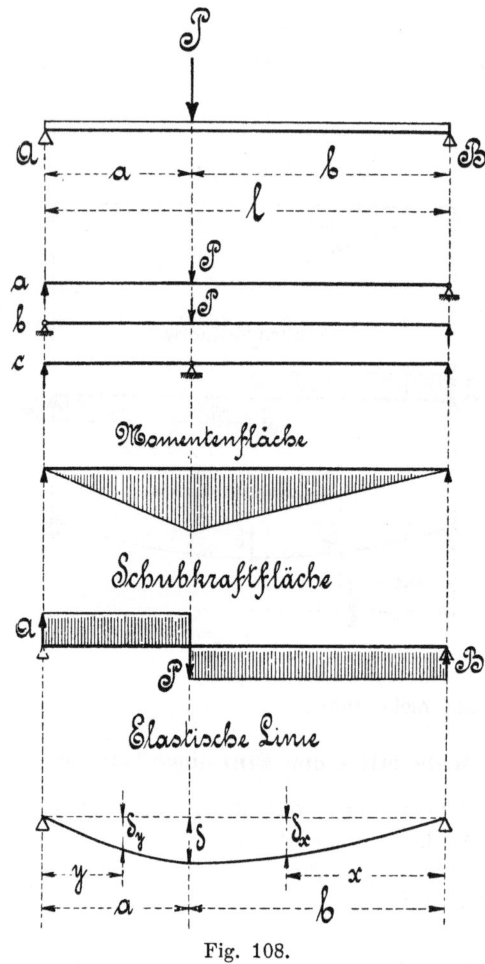

Fig. 108.

zeigt, nach A, so ist

$$B\,l - P\,a = 0$$

$$B = \frac{P\,a}{l},$$

oder man bildet den Summensatz
$$A + B - P = 0,$$

woraus sich dann
$$B = P - A = P - \frac{P\,b}{l} = \frac{P\,l - P\,b}{l}$$

$$„ = \frac{P\,(l - b)}{l} = \frac{P\,a}{l} \quad \cdot \quad \cdot \quad \cdot \quad \cdot \quad 85$$

bestimmen läßt.

Das größte, an der Laststelle P liegende Biegungsmoment ergibt sich nach Fig. 108^c durch Annahme der Laststelle als Unterstützungs- oder Drehpunkt, wodurch der vorliegende Träger in 2 ungleich lange Freiträger zerlegt wird, an deren freien Enden die Kräfte A, bezw. B wirken.

Die gleichgroßen biegenden Momente der Freiträger bilden dann das größte Biegungsmoment

$$\left.\begin{aligned} M_{max} &= A\,a = \frac{P\,b}{l}\,a = P\,\frac{a\,b}{l} \\ „ &= B\,b = \frac{P\,a}{l}\,b = P\,\frac{a\,b}{l} \end{aligned}\right\} \quad \cdot \quad \cdot \quad \cdot \quad \cdot \quad \cdot \quad 86$$

oder

Die Gleichung der elastischen Linie für die rechte Trägerseite lautet
$$\delta_x = \frac{P}{E\,\Theta}\,\frac{b^2\,a^2}{6\,l}\left(2\,\frac{x}{b} + \frac{x}{a} - \frac{x^3}{b^2\,a}\right),$$

für die linke Seite dagegen
$$\delta_y = \frac{P}{E\,\Theta}\,\frac{a^2\,b^2}{6\,l}\left(2\,\frac{y}{a} + \frac{y}{b} - \frac{y^3}{a^2\,b}\right).$$

Die größte Durchbiegung ergibt sich für

$$1. \quad x = b\,\sqrt{\frac{1}{3} + \frac{2\,a}{3\,b}}, \text{ wenn } b > a,$$

$$2. \quad y = a\,\sqrt{\frac{1}{3} + \frac{2\,b}{3\,a}}, \text{ wenn } b < a,$$

zu

$$\delta = \frac{P}{E\,\Theta}\,\frac{l^3}{3}\,\frac{b^2}{l^2}\,\frac{a^2}{l^2}.$$

3. Der Träger ist durch mehrere Einzellasten belastet.

Nimmt man in Fig. 109 den Drehpunkt bei A an, so ergibt sich die Reaktion B zu

$$B\,l - P_1\,l_1 - P_2\,l_2 - P_3\,l_3 - P_4\,l_4 = 0$$

oder
$$B = \frac{P_1\,l_1 + P_2\,l_2 + P_3\,l_3 + P_4\,l_4}{l} \quad \cdot \quad \cdot \quad \cdot \quad \cdot \quad \cdot \quad 87$$

Die zweite Reaktion A folgt dann aus
$$A + B - P_1 - P_2 - P_3 - P_4 = 0,$$

$$A = P_1 + P_2 + P_3 + P_4 - B \quad 88$$

Der gefährliche, die Wahl des Trägereisens bestimmende Querschnitt liegt nun an der Laststelle, woselbst das Biegungsmoment am

größten ist; es ist deshalb notwendig, daß für jede Laststelle das Biegungsmoment bestimmt wird.

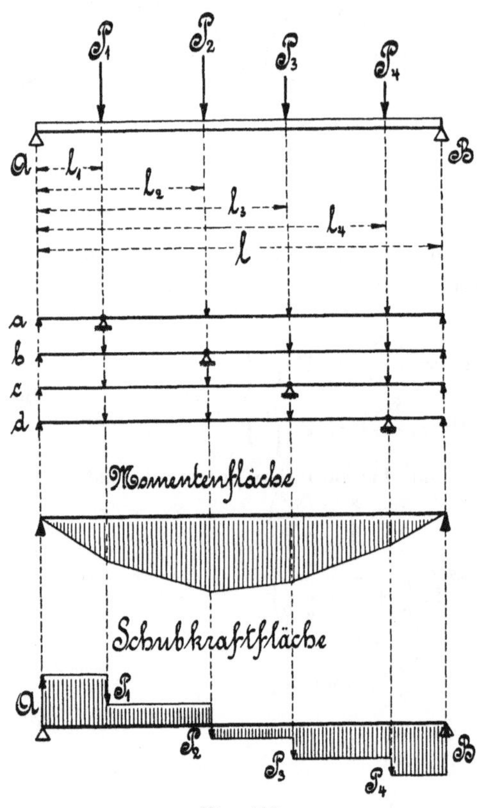

Fig. 109.

Um die Momente der Reihenfolge nach zu berechnen, denke man sich, wie in Fig. 109ᵃ bis 109ᵈ dargestellt ist, in jedem einzelnen Falle den Dreh- oder Unterstützungspunkt an die Laststelle gelegt, für die das biegende Moment festgestellt werden soll.

Auf diese Weise wird der vorgelegte Träger wieder in zwei Freiträger zerlegt, die an der Unterstützungsstelle ihren größten gemeinschaftlichen Querschnitt haben, für den die beiderseitig biegenden Momente gleich groß sind. Es ist deshalb auch gleichgültig, für welche Seite das Moment in Rechnung gezogen wird; der Zweckmäßigkeit halber wählt man am besten die Seite, woran die wenigsten Kräfte angreifen.

Danach ergeben sich die Momente:

1. an der Laststelle P_1 nach Fig. 109ᵃ

$$M_1 = A\,l_1$$

oder auch „ $= B\,(l - l_1) - P_4\,(l_4 - l_1) - P_3\,(l_3 - l_1) - P_2\,(l_2 - l_1),$

2. an der Laststelle P_2 nach Fig. 109ᵇ

$$M_2 = A\,l_2 - P_1\,(l_2 - l_1)$$

oder auch „ $= B\,(l - l_2) - P_4\,(l_4 - l_2) - P_3\,(l_3 - l_2),$

3. an der Laststelle P_3 nach Fig. 109ᶜ

$$M_3 = A\,l_3 - P_1\,(l_3 - l_1) - P_2\,(l_3 - l_2)$$

oder auch „ $= B\,(l - l_3) - P_4\,(l_4 - l_3),$

4. an der Laststelle P_4 nach Fig. 109ᵈ

$$M_4 = A\,l_4 - P_1\,(l_4 - l_1) - P_2\,(l_4 - l_2) - P_3\,(l_4 - l_3)$$

oder auch „ $= B\,(l - l_4).$

4a. Der Träger ist durch zwei symmetrisch liegende, gleichgroße Einzellasten innerhalb der Auflager beansprucht.

Wegen der aus Fig. 110 ersichtlichen symmetrischen Belastung des Trägers kommt auf jede Auflage die Hälfte der Gesamtbelastung, also

$$A = P \quad \text{und} \quad B = P \quad \ldots \ldots \ldots \quad 89$$

Um das der Dimensionierung des Trägers zugrunde zu legende, größte Biegungsmoment zu bestimmen, ermittele man zunächst das Moment für einen beliebig zwischen den beiden Laststellen P gelegenen Querschnitt C, der beispielsweise von der linken Laststelle den Abstand x hat; dieses Moment beträgt

$$M_x = A\,(a + x) - Px$$
$$\text{„} = P\,(a + x) - Px$$
$$\text{„} = Pa + Px - Px = Pa.$$

Da nun die biegenden Momente für alle zwischen der Unterstützungs- und Laststelle liegenden Querschnitte, des kleiner als a betragenden Abstandes halber, kleiner werden, so ist das innerhalb der beiden Laststellen gleichbleibende, größte Biegungsmoment, wie oben bereits angegeben ist,

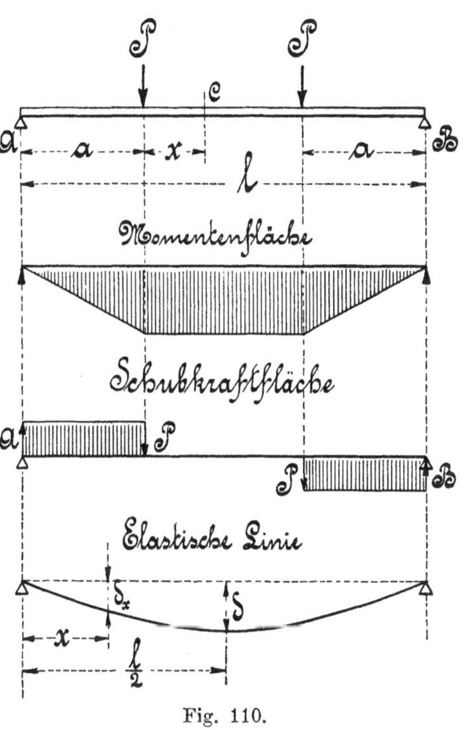

Fig. 110.

$$M_{max} = Pa \quad \ldots \ldots \ldots \ldots \quad 90$$

Die Gleichung der elastischen Linie beträgt

$$\delta_x = \frac{P}{24\,E\,\Theta}\,(3\,l^2 x - 4\,x^3) = \frac{P}{48\,E\,\Theta}\,(6\,l^2 x - 8\,x^3) = \frac{P\,a}{48\,\Theta}\,(6\,l^2 x - 8\,x^3).$$

Die größte Durchbiegung ergibt sich für $x = \dfrac{l}{2}$ zu

$$\delta = \frac{1}{24}\,\frac{P\,l^3}{E\,\Theta} = \frac{1}{24}\,\frac{P\,a\,l^3}{\Theta} = \frac{1}{24}\,\frac{M\,a\,l^2}{\Theta}.$$

4b. Der Träger ist durch zwei symmetrisch liegende Einzellasten außerhalb der Auflager beansprucht.

Da die in Fig. 111 vorliegende Belastung symmetrisch auf den Träger einwirkt, so erhalten die beiden Auflagen A und B je die Hälfte der Gesamtlast, also

$$A = P \quad \text{und} \quad B = P \quad \ldots \ldots \ldots \quad 91$$

Für eine beliebige, im Abstande x von der Auflage A gelegene Querschnittsstelle C ergibt sich das Biegungsmoment zu

$$M_x = A\,x - P\,(x + a) = A\,x - P\,x - P\,a = P\,x - P\,x - P\,a = -P\,a.$$

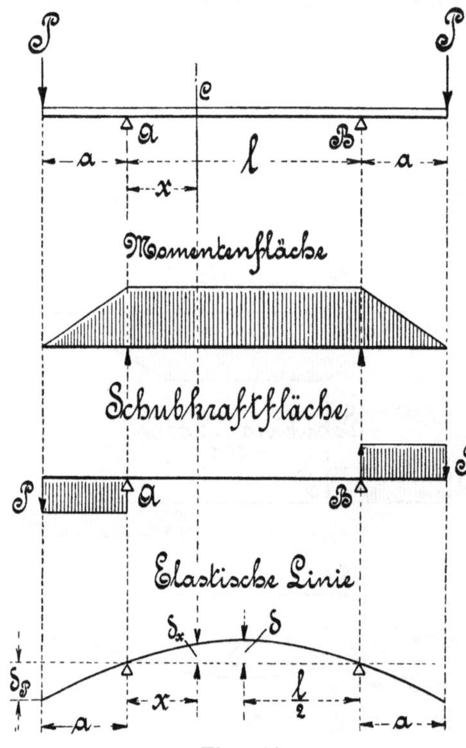

Fig. 111.

Dieses Resultat besagt, daß die Biegungsmomente für alle Querschnitte innerhalb der beiden Unterstützungen A und B gleich groß, dagegen für alle außerhalb der Auflagen gelegenen Querschnitte kleiner werden.

Das größte Moment beträgt deshalb

$$M_{max} = P\,a \quad . \quad . \quad 92$$

Die Gleichung der elastischen Linie lautet

$$\delta_x = \frac{P\,a}{2\,E\,\Theta}\,(lx - x^2)$$

$$,, = \frac{P\,a\,\alpha}{2\,\Theta}\,(lx - x^2).$$

Die größte Durchbiegung ergibt sich für $x = \frac{l}{2}$ zu

$$\delta = \frac{1}{8}\frac{P\,a\,l^2}{E\,\Theta} = \frac{1}{8}\frac{P\,a\,l^2\,\alpha}{\Theta},$$

die Durchbiegung für die an den freien Enden gelegenen Laststellen aus

$$\delta_P = \frac{P}{E\,\Theta}\left(\frac{a^3}{3} + \frac{a^2\,l}{2}\right).$$

Der konstante Krümmungshalbmesser ist

$$\varrho = \frac{E\,\Theta}{P\,a} = \frac{\Theta}{P\,a\,\alpha} = \frac{\Theta}{M\,\alpha}.$$

5. Der Träger ist durch mehrere Einzellasten innerhalb und außerhalb der Lagerstellen belastet.

Um die Reaktion A zu erhalten, nehme man in Fig. 112 den Drehpunkt bei B an, wodurch der daselbst vorhandene Auflagerdruck für die Biegung wirkungslos wird. Es ergibt sich dann

$$A\,l + P_5\,l_5 + P_6\,l_6 = P_1\,(l + l_1) + P_2\,(l - l_2) + P_3\,(l - l_3) + P_4\,(l - l_4)$$

oder

$$A = \frac{P_1\,(l + l_1) + P_2\,(l - l_2) + P_3\,(l - l_3) + P_4\,(l - l_4) - P_5\,l_5 - P_6\,l_6}{l}. \quad 93$$

Die zweite Reaktion B zu

$$A + B = \overset{6}{\underset{1}{\Sigma}} P$$

oder

$$B = \overset{6}{\underset{1}{\Sigma}} P - A \ . \ . \ . \ . \ . \ . \ . \ . \ 94$$

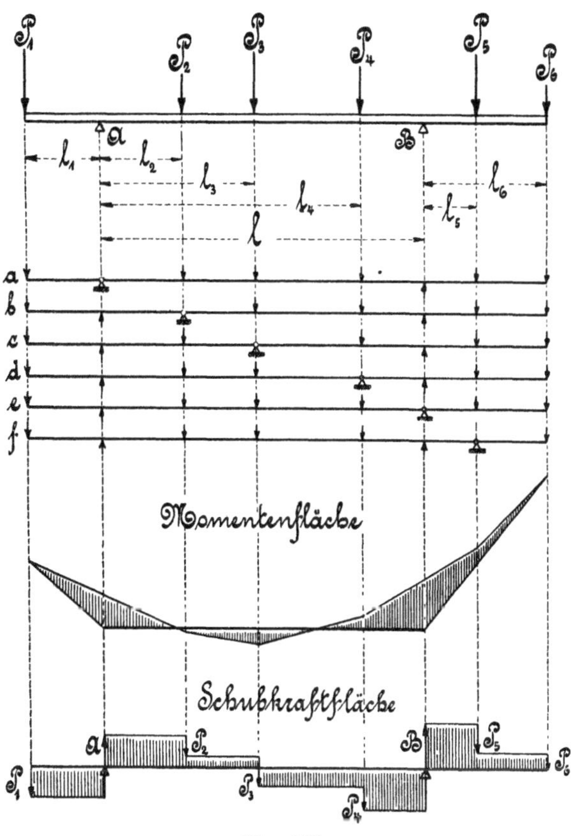

Fig. 112.

Das maximale Biegungsmoment ergibt sich nun, wie unter 3 bereits gesagt worden ist, als das größte der hier in Frage kommenden bei A, P_2, P_3, P_4, B und P_5 gelegenen Momente. Diese 6 Biegungsmomente ergeben sich, wie folgt:

1. an der Laststelle A nach Fig. 112[a] (linke Seite)
$$M_A = P_1 l_1,$$
2. an der Laststelle P_2 nach Fig. 112[b] (linke Seite)
$$M_2 = P_1 (l_1 + l_2) - A l_2,$$

3. an der Laststelle P_3 nach Fig. 112^c (linke Seite)
$$M_3 = P_1(l_1 + l_3) - Al_3 + P_2(l_3 - l_2),$$
4. an der Laststelle P_4 nach Fig. 112^d (linke Seite)
$$M_4 = P_1(l_1 + l_4) - Al_4 + P_2(l_4 - l_2) + P_3(l_4 - l_3),$$
5. an der Laststelle B nach Fig. 112^e (rechte Seite)
$$M_5 = P_5 l_5 + P_6 l_6,$$
6. an der Laststelle P_5 nach Fig. 112^f (rechte Seite)
$$M_6 = P_6(l_6 - l_5).$$

6. Der Träger ist gleichmäßig über seine ganze Länge belastet.

In Fig. 113 sind wegen der symmetrischen Lastverteilung beide Auflagerdrücke gleich groß.

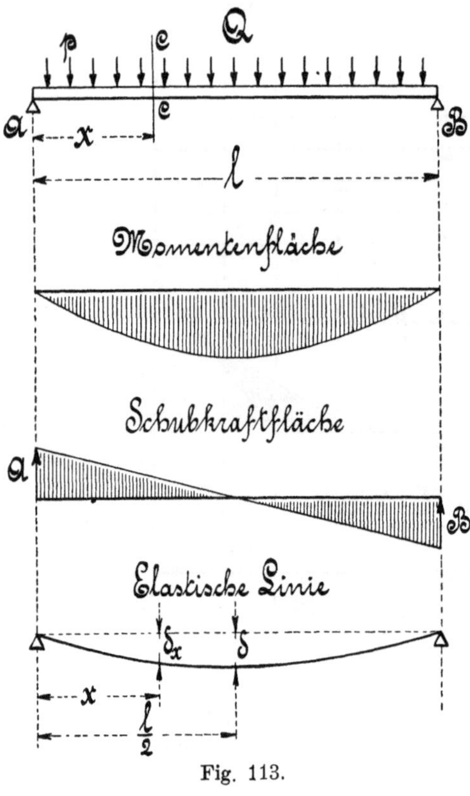

Fig. 113.

Bezeichnet Q die gleichmäßig verteilte Last, so ist
$$A = \frac{Q}{2} \text{ und } B = \frac{Q}{2} \quad . \quad 95$$

Für einen beliebigen, im Abstande x von der Auflage A gelegenen Querschnitt CC, an welcher Stelle man sich den Drehpunkt denken kann, ergibt sich das biegende Moment
$$M_x = Ax - px\frac{x}{2}$$
$$" = \frac{Q}{2}x - \frac{px^2}{2}$$
$$" = \frac{1}{2}x(Q - px),$$

worin p die gleichmäßige Belastung für die Längeneinheit darstellt und die Gesamtlast $Q = pl$ ist.

Das größte Biegungsmoment ergibt sich dann für $x = \frac{l}{2}$ zu

$$M_{max} = \frac{1}{2}\frac{l}{2}\left(Q - p\frac{l}{2}\right) = \frac{l}{4}\left(Q - \frac{Q}{2}\right) = \frac{Ql}{8} \quad . \quad . \quad . \quad 96$$

Die Gleichung der elastischen Linie ist
$$\delta_x = \frac{p}{24\,E\,\Theta}(x^4 - 2lx^2 + l^3x) = \frac{p\,a}{24\,\Theta}(x^4 - 2lx^2 + l^3x).$$

Die größte Durchbiegung für $x = \dfrac{l}{2}$ beträgt

$$\delta = \frac{5}{384}\,\frac{p\,l^4}{E\,\Theta} = \frac{5}{384}\,\frac{Q\,\alpha\,l^3}{\Theta}.$$

7. Der Träger ist gleichmäßig über seine ganze Länge und außerdem durch eine unsymmetrisch gelegene Einzellast belastet.

Die in Fig. 114 vorliegenden Auflagerreaktionen A und B ergeben sich unter der Voraussetzung, daß die Einzellast P allein auf den Träger einwirkt, nach dem Abschnitte b, 2 dieses Paragraphen zu

$$A = \frac{Pb}{l} \quad \text{und}$$

$$B = \frac{Pa}{l}.$$

Dieselben betragen dagegen unter der weiteren Annahme nur gleichmäßiger Belastung nach Abschnitt b, 6 dieses Paragraphen

$$A = \frac{Q}{2} \quad \text{und}$$

$$B = \frac{Q}{2}.$$

Da nun im vorliegenden Falle beide Lasten gleichzeitig auf den Träger einwirken, so ergeben sich die Auflagerreaktionen A und B als die Summe der vorgenannten Lagerdrücke zu

$$A = \frac{Pb}{l} + \frac{Q}{2} \quad \text{und}$$

$$B = \frac{Pa}{l} + \frac{Q}{2}. \quad 97$$

Das biegende Moment

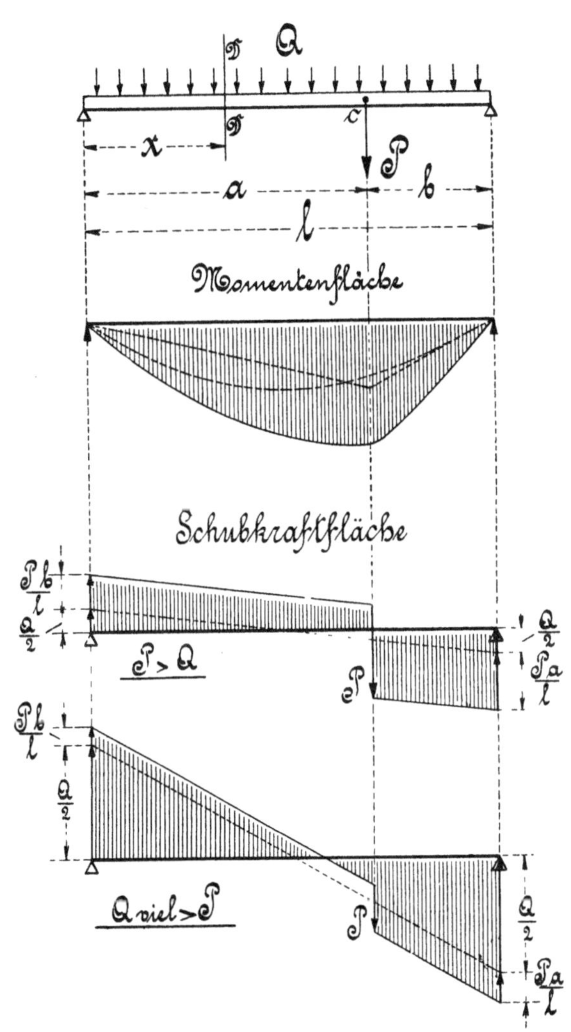

Fig. 114.

ergibt sich dann für einen im Abstande x vom Auflager A gelegenen Querschnitt DD zu

$$M_x = A\,x - p\,x\,\frac{x}{2} = A\,x - \frac{p\,x^2}{2} = \left(\frac{Pb}{l} + \frac{Q}{2}\right)x - \frac{p\,x^2}{2}.$$

Dieses Moment erlangt innerhalb der Strecke a einen größten Wert für

$$A = p\,x$$

oder, was dasselbe ist, für

$$\frac{Pb}{l} + \frac{Q}{2} = p\,x,$$

woraus

$$x = \frac{\dfrac{Pb}{l} + \dfrac{Q}{2}}{p} = \frac{2\,Pb + Ql}{2\,lp} = \frac{2\,Pb + Ql}{2\,l\dfrac{Q}{l}} = \frac{2\,Pb}{2\,Q} + \frac{Ql}{2\,Q}$$

$$\text{''} = \frac{Pb}{Q} + \frac{l}{2} \quad\cdot\quad\cdot\quad\cdot\quad\cdot\quad\cdot\quad\cdot\quad\cdot\quad\cdot\quad\cdot\quad\cdot\quad\cdot\quad\cdot\quad 98$$

folgt, solange die Strecke a größer als die Hälfte der Trägerlänge ist.

1. Der gefährliche Querschnitt könnte danach nur in der größeren der beiden Strecken a und b liegen, und zwar zwischen der Trägermitte und dem Angriffspunkte C der Einzellast P, wobei die Voraussetzung besteht, daß entweder der obige Wert für x kleiner als die Strecke a ist, woraus sich ergibt

$$\frac{Pb}{Q} + \frac{l}{2} < a \quad\text{oder}\quad \frac{Pb}{Q} < a - \frac{l}{2} \quad\text{oder}$$

$$\frac{P}{Q} < \frac{a - \dfrac{l}{2}}{b} < \frac{2\,a - l}{2\,b} < \frac{2\,a - (a + b)}{2\,b} < \frac{a - b}{2\,b},$$

oder, daß die über die Strecke a gleichmäßig verteilte Last größer ist als der Auflagerdruck A, d. h., daß

$$p\,a > \frac{Pb}{l} + \frac{Q}{2}.$$

Mit dieser Annahme ergibt sich das größte Biegungsmoment zu

$$M_{max} = \left(P\frac{b}{l} + \frac{Q}{2}\right)\left(\frac{Pb}{Q} + \frac{l}{2}\right) - \frac{p}{2}\left(\frac{Pb}{Q} + \frac{l}{2}\right)^2$$

$$\text{''} = \left(\frac{P^2b^2}{lQ} + \frac{Pbl}{2l} + \frac{PbQ}{2Q} + \frac{Ql}{4}\right) - \left(\frac{P^2b^2p}{Q^2\,2} + \frac{2\,Pblp}{Q\,2.2} + \frac{l^2p}{4.2}\right)$$

$$\text{''} = \frac{P^2b^2}{lQ} + \frac{Pb}{2} \qquad\qquad + \frac{Ql}{4} - \frac{P^2b^2Q}{Q^2\,2l} \qquad\qquad - \frac{lQ}{8}$$

$$\text{''} = \frac{P^2b^2}{2Ql} + \frac{Pb}{2} + \frac{Ql}{8} = \left(P\frac{b}{l} + \frac{Q}{2}\right)^2\frac{1}{2Q} \quad\cdot\quad\cdot\quad\cdot\quad\cdot\quad\cdot\quad\cdot\quad 99$$

2. Liegt dagegen der weitere Fall vor, daß

$$\frac{P}{Q} \geq \frac{a - b}{2\,b}$$

wird, so ist die Lage des gefährlichsten Querschnittes an der Laststelle C, also im Angriffspunkte der Einzellast P.

Für diesen Querschnitt C ergibt sich dann das größte Biegungs-moment

$$M_{max} = \left(P\frac{b}{l} + \frac{Q}{2}\right)a - \frac{p\,a^2}{2}$$

$$\text{„} \quad = \left(\frac{2\,Pb + Ql}{2l} - \frac{pa}{2}\right)a$$

$$\text{„} \quad = (2\,Pb + Ql - pla)\frac{a}{2l}$$

$$\text{„} \quad = (2\,Pb + Ql - Qa)\frac{a}{2l}$$

$$\text{„} \quad = [2\,Pb + Q\,(l - a)]\frac{a}{2l}$$

$$\text{„} \quad = (2\,Pb + Qb)\frac{a}{2l}$$

$$\text{„} \quad = \frac{2\,P + Q}{2}\frac{ab}{l} = \left(P + \frac{Q}{2}\right)\frac{ab}{l} \quad . \quad . \quad . \quad . \quad 100$$

NB. Dieses letztgenannte Biegungsmoment liefert

1. für $Q = 0$, wieder das bereits im Abschnitte b,2 dieses Para-graphen genannte Moment

$$M_{max} = \left(P + \frac{0}{2}\right)\frac{ab}{l} = P\frac{ab}{l},$$

2. für $Q = 0$ und $a = b = \dfrac{l}{2}$, das im Abschnitte b,1 genannte Moment

$$M_{max} = \left(P + \frac{0}{2}\right)\frac{\frac{l}{2}\frac{l}{2}}{l} = \frac{Pl}{4},$$

3. für $P = 0$, wobei $a = b = \dfrac{l}{2}$ ist, das im Abschnitte b,6 ent-wickelte Moment

$$M_{max} = \left(0 + \frac{Q}{2}\right)\frac{\frac{l}{2}\frac{l}{2}}{l} = \frac{Ql}{8}.$$

Die Gleichung der elastischen Linie für die linke Trägerseite von der Länge a beträgt

$$\delta_x = \frac{\alpha}{\Theta}\left(P\frac{a\,b\,(a + 2\,b)}{6\,l} + \frac{Ql^2}{24}\right),$$

für die rechte Strecke b des Trägers dagegen

$$\delta_y = \frac{\alpha}{\Theta}\left(P\,\frac{a\,b\,(2\,a+b)}{6\,l} + \frac{Q\,l^2}{24}\right).$$

Die Durchbiegung an der Laststelle P ergibt sich dann aus

$$\delta = \left(P + \frac{l^2 + a\,b}{8\,a\,b}\,Q\right)\frac{a^2\,b^2}{3\,E\,\Theta\,l}.$$

1. Anmerkung. Für den Fall, daß der Abstand $a = b = \dfrac{l}{2}$ ist, also die Einzellast P in der Mitte angreift, ergibt sich die Gleichung der elastischen Linie zu

$$\delta_x = \delta_y = \frac{\alpha}{\Theta}\,\frac{l^2}{16}\left(P + \frac{2}{3}\,Q\right)$$

und die größte in der Mitte des Trägers auftretende Durchbiegung

$$\delta = \frac{\alpha}{\Theta}\,\frac{l^3}{48}\left(P + \frac{5}{8}\,Q\right).$$

Wird die gleichmäßige Belastung $Q = 0$, so erhält man wieder den in Fig. 107 dargestellten ersten Belastungsfall.

2. Anmerkung. Wenn das Eigengewicht eines Trägers bei Berechnungen Berücksichtigung finden soll, so kann das Gewicht zumeist als eine gleichmäßig über die ganze Länge des Trägers verteilte Belastung angesehen werden.

Kommt dann zu dem Eigengewichte noch eine beliebige innerhalb der Auflagen befindliche Einzellast hinzu, so liegt, wie bereits im vorhergehenden unter 2 gesagt ist, das größte Biegungsmoment an der Belastungsstelle, so lange das Eigengewicht des Trägers in bezug auf das Gewicht der Einzellast nicht allzugroß ist.

In diesen zumeist vorkommenden Fällen ist mit dem zweiten Maximalmomente zu rechnen, während im umgekehrten Falle, wo das Trägergewicht gegenüber der Einzellast sehr groß ist, das erstgenannte Maximalmoment anzuwenden ist.

8. Der Träger ist durch eine teilweise symmetrisch zu den beiden Auflagen angeordnete, gleichmäßig verteilte Belastung beansprucht.

Da in diesem Falle, wie Fig. 115 zeigt, eine zu den beiden Auflagen A und B symmetrisch gelegene Belastung vorliegt, so sind auch die Auflagen gleich groß, also

$$A = \frac{Q}{2}\ \text{und}\ B = \frac{Q}{2} \quad \cdot\ \cdot\ \cdot\ \cdot\ \cdot\ \cdot\ \cdot\ 101$$

Wie hier ohne weiteres zu erkennen ist, liegt der gefährlichste Querschnitt des Trägers in der Mitte, woselbst auch die größte Biegung eintritt.

Zur Bestimmung des größten Biegungsmomentes denke man sich den Träger in der Mitte drehbar gelagert, wodurch er wieder in zwei Freiträger zerlegt wird, die ihren größten Querschnitt an der Drehpunktstelle haben.

Nach Abschnitt a, 4 dieses Paragraphen ist nun das größte Biegungsmoment

$$M_{max} = A\,\frac{1}{2} - \frac{Q}{2}\,\frac{\lambda}{4}$$

$$\text{„} \quad = A\,\frac{1}{2} - \frac{Q\lambda}{8}$$

$$\text{„} \quad = \frac{Q}{2}\,\frac{1}{2} - \frac{Q\lambda}{8}$$

$$\text{„} \quad = \frac{Q}{8}\,(21 - \lambda)\;.\;102$$

NB. Erhält die gleichmäßig verteilte Last Q

1. eine Länge $\lambda = 1$, so ergibt sich das im Abschnitte b, 6 dieses Paragraphen angegebene Moment

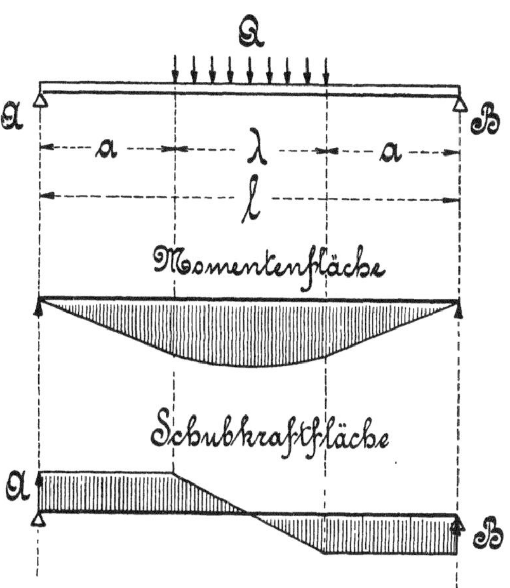

Fig. 115.

$$M_{max} = \frac{Q}{8}\,(21 - \lambda) = \frac{Q}{8}\,(21 - 1) = \frac{Q}{8}\,1 = \frac{Q1}{8},$$

2. für eine Länge $\lambda = 0$, ist das im Abschnitte b, 1 genannte Moment

$$M_{max} = \frac{Q}{8}\,(21 - \lambda) = \frac{Q}{8}\,(21 - 0) = \frac{Q}{8}\,21 = \frac{Q1}{4}.$$

9. Der Träger ist teilweise durch eine unsymmetrisch zu den beiden Auflagen angeordnete, gleichmäßig verteilte Belastung beansprucht.

Die in Fig. 116 auftretenden Auflage- oder Reaktionsdrücke A und B werden nach Abschnitt b, 2 dieses Paragraphen gefunden, indem man die gleichmäßig verteilte Last Q als Einzellast auffaßt, die im Schwerpunkte, d. h. in der Mitte von λ angreift. Es ist dann

$$A\,1 - Q\left(\frac{\lambda}{2} + b\right) = 0, \text{ woraus } A = \frac{Q\left(\frac{\lambda}{2} + b\right)}{1} = \frac{Q\,(\lambda + 2\,b)}{21}$$

$$B\,1 - Q\left(a + \frac{\lambda}{2}\right) = 0, \quad \text{„} \quad B = \frac{Q\left(\frac{\lambda}{2} + a\right)}{1} = \frac{Q\,(\lambda + 2\,a)}{21}$$

$$\left.\right\} 103$$

folgt. Zur Bestimmung des größten Biegungsmomentes ist es zweckmäßig, sich des beistehenden Schubdiagramms zu bedienen, aus dem zu erkennen ist, daß die den gefährlichsten Querschnitt CC bestimmenden Abschnitte x und y im gleichen Verhältnisse stehen, wie die Auflagen A und B.

Es besteht deshalb die Proportion

$$x : y = A : B$$

oder

$$x : (\lambda - x) = A : B,$$

woraus sich dann

$$x\,B = (\lambda - x)\,A = \lambda A - x A$$

oder

$$x\,(B + A) = \lambda A$$

„

$$x = \frac{A}{A + B}\,\lambda \text{ ergibt} \quad . \quad . \quad . \quad . \quad . \quad . \quad . \quad 104$$

Das größte Biegungsmoment ergibt sich dann durch Annahme des Drehpunktes an der gefährlichen Querschnittsstelle CC zu

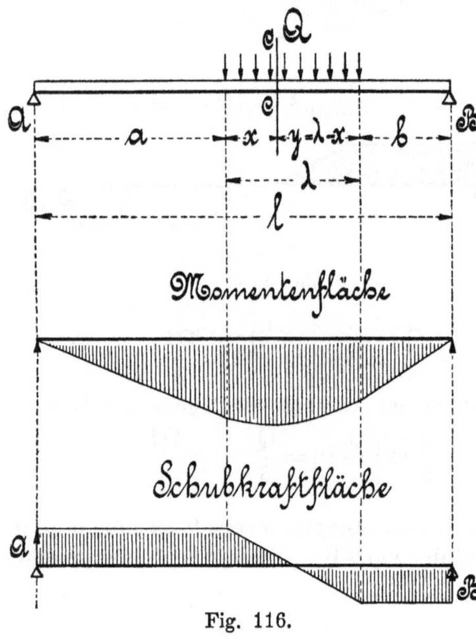

Fig. 116.

$$M_{max} = A\,(a + x) - p x\,\frac{x}{2},$$

worin p wieder die gleichmäßige Belastung für die Längeneinheit bedeutet.

Da nun aber nach Fig. 116 die Proportion

$$x : \lambda = p x : Q$$

besteht, woraus die Belastung

$$p x = \frac{Q x}{\lambda}$$

folgt, so ergibt sich durch Einsetzen dieses Wertes

$$M_{max} = A\,(a + x) - \frac{Q x}{\lambda}\,\frac{x}{2}$$

„

$$= A\,(a + x) - \frac{Q x^2}{2\,\lambda}.$$

Setzt man in diese Gleichung noch die Werte für A und x ein, so ist

$$M_{max} = A \left(a + \frac{A}{A + B}\,\lambda \right) - \frac{Q}{2\,\lambda} \left(\frac{A}{A + B}\,\lambda \right)^2$$

$$„ \quad = \frac{Q\,(\lambda + 2\,b)}{2\,l} \left(a + \frac{\dfrac{Q\,(\lambda + 2\,b)}{2\,l}}{\dfrac{Q\,(\lambda + 2\,b)}{2\,l} + \dfrac{Q\,(\lambda + 2\,a)}{2\,l}}\,\lambda \right) -$$

$$- \frac{Q}{2\,\lambda} \left(\frac{\dfrac{Q\,(\lambda + 2\,b)}{2\,l}}{\dfrac{Q\,(\lambda + 2\,b)}{2\,l} + \dfrac{Q\,(\lambda + 2\,a)}{2\,l}}\,\lambda \right)^2$$

$$M_{max} = \frac{Q(\lambda + 2\,b)}{2\,l}\left(a + \frac{\lambda + 2\,b}{(\lambda + 2\,b) + (\lambda + 2\,a)}\,\lambda\right) -$$

$$- \frac{Q}{2\,\lambda}\left(\frac{\lambda + 2\,b}{(\lambda + 2\,b) + (\lambda + 2\,a)}\,\lambda\right)^2$$

$$\text{„} \quad = \frac{Q(\lambda + 2\,b)}{2\,l}\left(a + \frac{\lambda + 2\,b}{2\,(\lambda + b + a)}\,\lambda\right) - \frac{Q}{2\,\lambda}\left(\frac{\lambda + 2\,b}{2\,(\lambda + b + a)}\,\lambda\right)^2$$

$$\text{„} \quad = \frac{Q(\lambda + 2\,b)}{2\,l}\left(a + \frac{\lambda + 2\,b}{2\,l}\,\lambda\right) - \frac{Q}{2\,\lambda}\left(\frac{\lambda + 2\,b}{2\,l}\right)^2 \lambda^2$$

$$\text{„} \quad = \frac{Q(\lambda + 2\,b)}{2\,l}\left[\left(a + \frac{\lambda + 2\,b}{2\,l}\,\lambda\right) - \frac{1}{2}\,\frac{\lambda + 2\,b}{2\,l}\,\lambda\right]$$

$$\text{„} \quad = \frac{Q(\lambda + 2\,b)}{2\,l}\left(a + \frac{1}{2}\,\frac{\lambda + 2\,b}{2\,l}\,\lambda\right)$$

$$\text{„} \quad = \frac{Q(\lambda + 2\,b)}{2\,l}\,\frac{4\,l\,a + (\lambda + 2\,b)\,\lambda}{4\,l}$$

$$\text{„} \quad = \frac{Q(\lambda + 2\,b)(4\,a\,l + \lambda^2 + 2\,b\,\lambda)}{8\,l^2}$$

$$\text{„} \quad = \frac{Q}{8\,l^2}(\lambda + 2\,b)(\lambda^2 + 2\,b\,\lambda + 4\,a\,l) \quad \ldots \ldots \ldots \ldots \quad 105$$

NB. Diese letzte allgemein gehaltene Entwickelung zeigt, daß trotz der noch sehr einfachen Belastungsweise die Endgleichung schon ziemlich kompliziert wird, so daß es bei noch ungünstigeren Belastungsfällen zweckmäßig erscheint, von der allgemeinen algebraischen Entwickelung abzusehen, dagegen die Rechnung zahlenmäßig zu verfolgen oder, was noch einfacher ist, auf graphischem Wege vorzugehen.

c) Der eingespannte Träger.

Während die im Abschnitte a und b dieses Paragraphen aufgeführten Trägerarten eine elementare Entwickelung der Hauptgleichungen gestatteten, bedingt die im vorliegenden Abschnitte c in Frage kommende Trägerart zu ihrer Untersuchung die Anwendung der bereits im § 14 a, Abs. 4 genannten allgemein gültigen Gleichung der elastischen Linie, die zu ihrer Verwertung die Kenntnis der Differential- und Integralrechnung notwendig macht.

Da die Entwickelungen der Gleichungen der elastischen Linien außerhalb des Rahmens dieses Werkes liegen, mögen an dieser Stelle nur die Ergebnisse genannt sein, damit dem Techniker, dem zumeist die Kenntnis der höheren Mathematik fehlt, die Gesamtübersicht nicht verloren gehe, er sich vielmehr mit Leichtigkeit in den einzelnen Abschnitten zurecht finde.

1. Der Träger ist an beiden Enden eingespannt und in der Mitte belastet.

Die Auflagerdrücke sind nach Fig. 117

$$A = \frac{P}{2} \quad \text{und} \quad B = \frac{P}{2} \qquad \ldots \ldots \ldots \quad 106$$

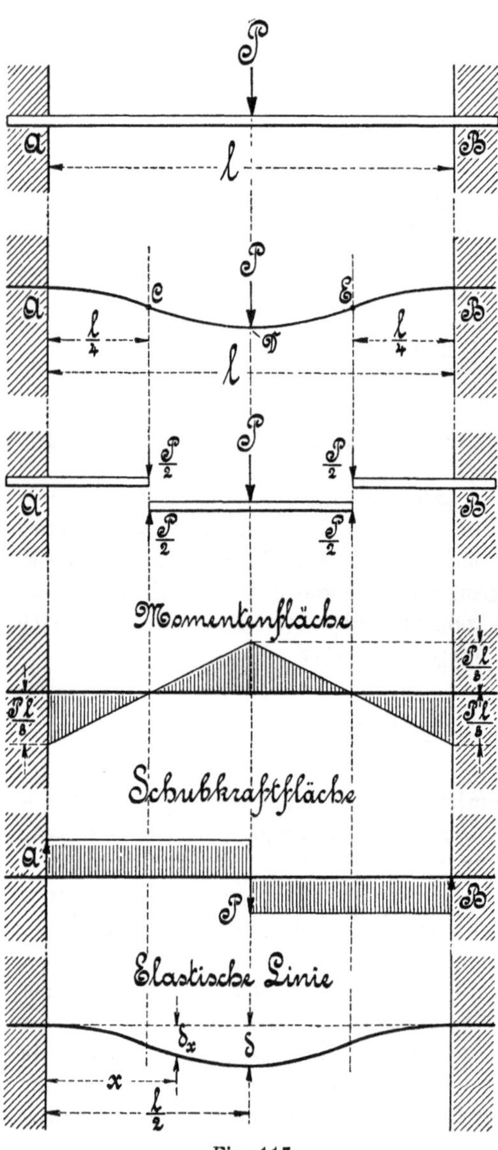

Fig. 117.

Die elastische Linie hat die in der Figur dargestellte Gestalt ACDEB und besitzt an den Stellen C und E sogenannte Wende- oder Inflexionspunkte, in denen keine Biegungsspannung vorhanden ist.

Die Wendepunkte liegen um $\frac{1}{4}$ von den Auflagen A und B entfernt.

Man kann sich nun das Mittelstück CE des Trägers an den Stellen C und E, als den Endpunkten der beiden als Freiträger wirkenden Teile AC und BE, aufgehängt oder gelagert denken, dann ergibt sich das Biegungsmoment $M_A = M_B$ nach Abschnitt a, 1 dieses Paragraphen zu

$$M_A = M_B = \frac{P}{2}\frac{l}{4} = \frac{Pl}{8}.$$

Da auch das Biegungsmoment an der Mittelstelle D den gleichen Wert liefert, so beträgt das größte, der Berechnung des Trägers zugrunde zu legende Moment nach Abschnitt b, 1 dieses Paragraphen

$$M_{max} = \frac{Pl}{8} \quad . \quad . \quad 107$$

Die Gleichung der elastischen Linie beträgt

$$\delta_x = \frac{P\,l^3}{16\,E\,\Theta}\left(\frac{x^2}{l^2} - \frac{4}{3}\frac{x^3}{l^3}\right) = \frac{P\,\alpha}{16\,\Theta}\left(l\,x^2 - \frac{4}{3}\,x^3\right).$$

Die größte Durchbiegung ergibt sich für $x = \dfrac{l}{2}$ zu

$$\delta = \frac{1}{192}\frac{P\,l^3}{E\,\Theta} = \frac{1}{192}\frac{P\,l^3\,\alpha}{\Theta}.$$

2. Der Träger ist an beiden Enden eingespannt und gleichmäßig belastet.

Die Auflagerdrücke in Fig. 118 betragen der symmetrischen Belastung zufolge

$$A = \frac{Q}{2} \quad \text{und}$$

$$B = \frac{Q}{2} \qquad . \quad . \quad 108$$

Die aus Fig. 118ᵃ ersichtliche elastische Linie $ACDEB$ besitzt auch hier zwei Wendepunkte C und E, die von der Mitte des Trägers aus die Abstände von je $\dfrac{l}{2\sqrt{3}}$ haben.

Die auf dem Mittelstücke vorhandene Last Q_1 ergibt sich aus

$$Q_1 = \frac{p\,2l}{2\sqrt{3}} = \frac{p\,l}{\sqrt{3}} = \frac{Q}{\sqrt{3}}.$$

Das Biegungsmoment M_D an der Stelle D des Mittelstückes beträgt dann nach Abschnitt b, 6 dieses Paragraphen

$$M_D = \frac{Q_1\,l_1}{8}$$

$$\text{„} = \frac{Q}{\sqrt{3}}\frac{2l}{2\sqrt{3}\cdot 8} = \frac{Q\,l}{24}.$$

Die auf den Freiträgern ruhende Last Q_2 ist

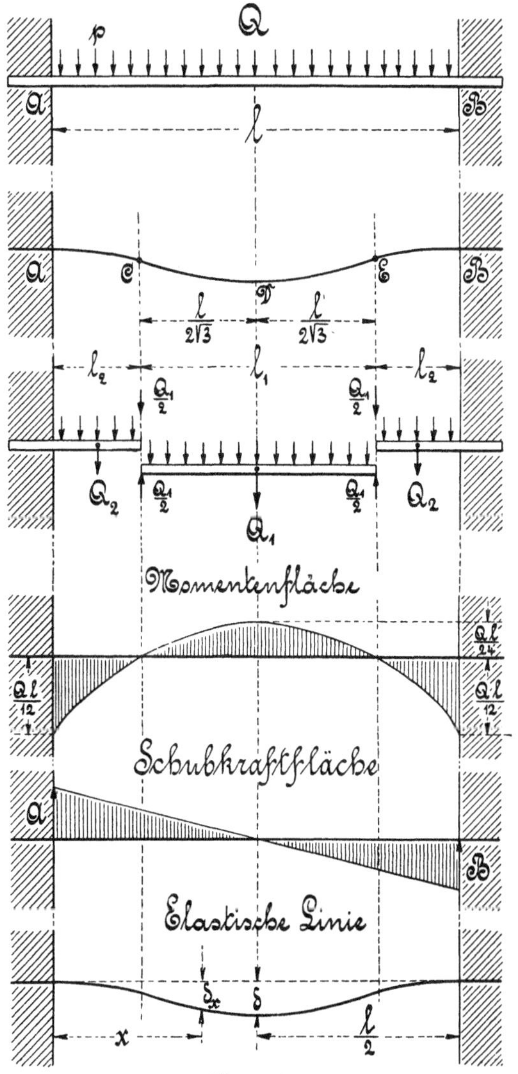

Fig. 118.

$$Q_2 = p\,l_2 = p\left(\frac{1}{2} - \frac{1}{2\sqrt{3}}\right) = pl\left(\frac{1}{2} - \frac{1}{2\sqrt{3}}\right) = pl\,\frac{\sqrt{3}-1}{2\sqrt{3}}$$

$$\text{,,} \quad = Q\,\frac{\sqrt{3}-1}{2\sqrt{3}}.$$

Das Biegungsmoment M_A, bezw. M_B als das größte Moment für die beiden Freiträger ergibt sich nach Abschnitt a, 4 dieses Paragraphen zu

$$M_A = M_B = \frac{Q_1}{2}\,l_2 + Q_2\,\frac{l_2}{2} = (Q_1 + Q_2)\,\frac{l_2}{2}$$

$$\text{,,} \quad = \left(\frac{Q}{\sqrt{3}} + Q\,\frac{\sqrt{3}-1}{2\sqrt{3}}\right)\left(\frac{1}{2} - \frac{1}{2\sqrt{3}}\right)\frac{1}{2}$$

$$\text{,,} \quad = \frac{Ql}{2}\left(\frac{1}{\sqrt{3}} + \frac{\sqrt{3}-1}{2\sqrt{3}}\right)\left(\frac{1}{2} - \frac{1}{2\sqrt{3}}\right)$$

$$\text{,,} \quad = \frac{Ql}{2}\,\frac{2+\sqrt{3}-1}{2\sqrt{3}}\,\frac{\sqrt{3}-1}{2\sqrt{3}} = \frac{Ql}{2\,.\,4\,.\,3}\left(\sqrt{3}+1\right)\left(\sqrt{3}-1\right)$$

$$\text{,,} \quad = \frac{Ql}{24}\,(3-1) = \frac{Ql}{12}.$$

Da das letztere Moment größer ist als das erstere M_D, so ist es auch der Berechnung des Trägers als größtes Biegungsmoment zugrunde zu legen; dasselbe beträgt deshalb

$$M_{max} = \frac{Ql}{12} \quad . \quad . \quad . \quad . \quad . \quad . \quad . \quad . \quad 109$$

Die Gleichung der elastischen Linie beträgt

$$\delta_x = \frac{Ql^3}{24\,E\,\Theta}\left(\frac{x^2}{l^2} - 2\,\frac{x^3}{l^3} + \frac{x^4}{l^4}\right) = \frac{Q\,\alpha}{24\,\Theta}\left(l\,x^2 - 2\,x^3 + \frac{x^4}{l}\right).$$

Die größte Durchbiegung ergibt sich für $x = \frac{l}{2}$ zu

$$\delta = \frac{Ql^3}{384\,E\,\Theta} = \frac{Ql^3\,\alpha}{384\,\Theta}.$$

3. Der Träger ist an beiden Enden eingespannt, gleichmäßig über die ganze Länge und außerdem mit einer in der Mitte angreifenden Einzellast belastet.

Die in Fig. 119 gleichmäßig über die ganze Trägerlänge verteilte Last sei $Q = p\,l$, worin p wieder die Belastung pro Längeneinheit bedeutet.

Die in der Mitte angreifende Einzellast heiße P.

Die Auflagerdrücke sind dann wegen der Symmetrie der Belastung

$$A = \frac{P}{2} + \frac{Q}{2} \quad \text{und} \quad B = \frac{P}{2} + \frac{Q}{2} \quad . \quad . \quad . \quad . \quad . \quad 110$$

Für einen beliebigen im Abstande x von der Einspannstelle A gelegenen Querschnitt erhält man das Biegungsmoment

$$M_x = M_A + A_x - \frac{p\,x^2}{2}.$$

Setzt man für M_x den Wert aus § 14 a, 4 ein, so lautet die vorstehende Gleichung

$$-\frac{\Theta}{\alpha}\frac{d^2y}{d_x^2} = M_A + A x - \frac{p\,x^2}{2}.$$

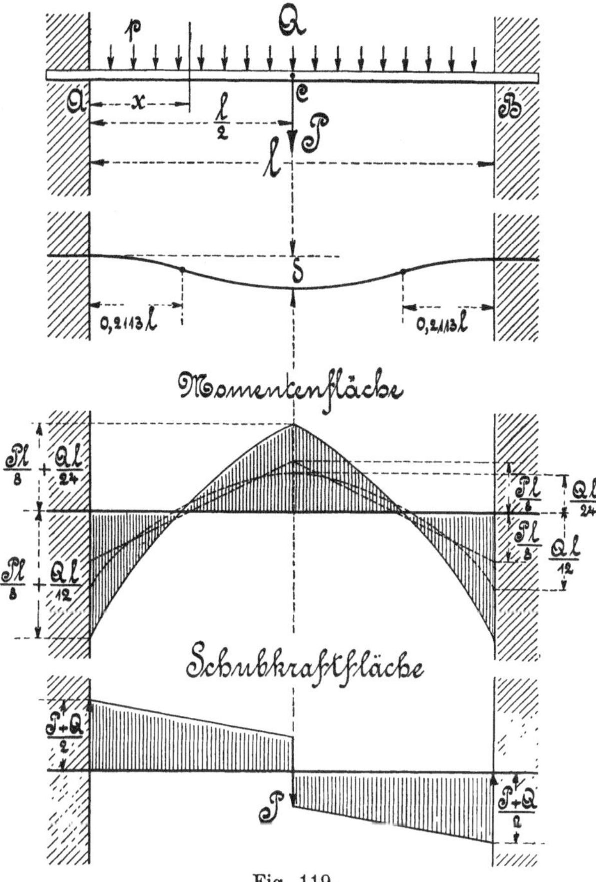

Fig. 119.

Durch einmalige Integration findet man

$$-\frac{\Theta}{\alpha}\frac{dy}{d_x} = M_A x + \frac{A x^2}{2} - \frac{p\,x^3}{6} + C.$$

Die Integrationskonstante C ist aber gleich Null, weil die vorausgesetzte Befestigungsweise zur Folge hat, daß die trigonometrische Tangente $\dfrac{dy}{d_x}$ an der Befestigungsstelle A gleich Null ist oder, mit anderen Worten,

$$\text{für } x = 0 \text{ ist auch } \frac{dy}{d_x} = 0.$$

Da nun aber weiter für $x = \dfrac{l}{2}$ auch $\dfrac{dy}{dx} = 0$ sein muß, so gibt die letzte Gleichung

$$0 = M_A \frac{l}{2} + \frac{A}{2} \frac{l^2}{4} - \frac{p}{6} \frac{l^3}{8},$$

woraus dann das Biegungsmoment an der Einspannstelle A auf folgende Weise erhalten wird:

$$M_A = -\left(\frac{A l^2}{8} - \frac{p l^3}{48}\right)\frac{2}{1} = -\left(\frac{\left(\frac{P}{2} + \frac{Q}{2}\right) l^2}{8} - \frac{p l^3}{48}\right)\frac{2}{1}$$

$$ \text{\textquotedblright} \quad = -\frac{l^2 2}{1}\left(\frac{\frac{P}{2} + \frac{Q}{2}}{8} - \frac{pl}{48}\right) = -2l\left(\frac{P + Q}{16} - \frac{Q}{48}\right)$$

$$ \text{\textquotedblright} \quad = -2l\frac{3P + 3Q - Q}{48} = -2l\frac{3P + 2Q}{48} = -l\frac{3P + 2Q}{24}$$

$$ \text{\textquotedblright} \quad = -\left(\frac{3Pl}{24} + \frac{2Ql}{24}\right) = -\left(\frac{Pl}{8} + \frac{Ql}{12}\right).$$

Das Minuszeichen besagt, daß das Moment M_A ein linksdrehendes ist, wie es den Ausführungen im § 23, Abschnitt a vollkommen entspricht.

Setzt man nunmehr das Moment M_A als auch den Auflagerdruck A in die obige, für den beliebigen im Abstande x gelegenen Querschnitt gültige Biegungsmomentengleichung ein, so erhält man

$$M_x = -\left(\frac{Pl}{8} + \frac{Ql}{12}\right) + \left(\frac{P}{2} + \frac{Q}{2}\right)x - \frac{px^2}{2}.$$

Für den in der Trägermitte C gelegenen Querschnitt, d. h. für $x = \dfrac{l}{2}$, liefert die vorliegende Gleichung das Biegungsmoment

$$M_C = -\left(\frac{Pl}{8} + \frac{Ql}{12}\right) + \left(\frac{P}{2} + \frac{Q}{2}\right)\frac{l}{2} - \frac{pl^2}{2 \cdot 4}$$

$$ \text{\textquotedblright} \quad = -\left(\frac{Pl}{8} + \frac{Ql}{12}\right) + \frac{l}{2}\left(\frac{P}{2} + \frac{Q}{2} - \frac{Q}{4}\right)$$

$$ \text{\textquotedblright} \quad = -\left(\frac{Pl}{8} + \frac{Ql}{12}\right) + \frac{l}{2}\left(\frac{P}{2} + \frac{Q}{4}\right)$$

$$ \text{\textquotedblright} \quad = -\left(\frac{Pl}{8} + \frac{Ql}{12}\right) + \frac{Pl}{4} + \frac{Ql}{8}$$

$$ \text{\textquotedblright} \quad = -\frac{Pl}{8} + \frac{Pl}{4} - \frac{Ql}{12} + \frac{Ql}{8}$$

$$ \text{\textquotedblright} \quad = \frac{Pl}{8} + \frac{Ql}{24}.$$

Dieses rechtsdrehende Moment ist um $\dfrac{Ql}{24}$ geringer als das linksdrehende Moment M_A; das der Dimensionierung des Trägers zugrunde zu legende größte Biegungsmoment ist demnach ohne Rücksicht auf das Vorzeichen

$$M_{max} = \frac{Pl}{8} + \frac{Ql}{12} \ . \ . \ . \ . \ . \ . \ . \ . \ 111$$

Diese verschieden drehenden, d. h. positiven und negativen Momente besagen auch, daß zwischen der Einspannstelle A, bezw. B und der Trägermitte ein sogenannter Wendepunkt der elastischen Linie liegt. Derselbe hat einen von der Befestigungsstelle aus gemessenen Abstand von 0,2113 l.

Die größte Durchbiegung ergibt sich aus der Summe der beiden vorhergehenden Belastungsfälle zu

$$\delta = \frac{1}{192}\frac{Pl^3}{E\,\Theta} + \frac{1}{384}\frac{Ql^3}{E\,\Theta} = \frac{1}{192}\frac{l^3}{E\,\Theta}\left(P + \frac{Q}{2}\right) = \frac{1}{192}\frac{\alpha\,l^3}{\Theta}\left(P + \frac{Q}{2}\right).$$

Anmerkung. Der vorliegende Belastungsfall schließt die zwei vorhergehenden, unter Abschnitt C, Abs. 1 und 2 aufgeführten Belastungsfälle in sich ein, denn

1. für den Fall, daß nur die Einzellast P wirkt, also $Q = 0$ wird, ergibt die Biegungsgleichung

$$M_{max} = \frac{Pl}{8} + \frac{Ql}{12} = \frac{Pl}{8}$$

den ersten Belastungsfall

2. für den Fall, daß nur die gleichmäßig verteilte Belastung Q den Träger beansprucht, also $P = 0$ wird, die den zweiten Belastungsfall darstellende Gleichung

$$M_{max} = \frac{Pl}{8} + \frac{Ql}{12} = \frac{Ql}{12}.$$

4. Der Träger ist an einem Ende horizontal eingespannt, am anderen Ende frei aufliegend und trägt in der Mitte eine Einzellast.

Auch die elastische Linie dieses Trägers besitzt, wie Fig. 120[b] zeigt, an der Stelle C einen Wendepunkt, der von der Einspannstelle A einen Abstand $\frac{3}{11}l$ hat.

Man kann sich daher den in Fig. 120[a] vorgelegten Träger nach Fig. 120[c] aus zwei Teilen zusammengesetzt denken, wovon der eine Teil einen Freiträger von der Länge $\frac{3}{11}l$, der andere Teil einen auf zwei Stützen ruhenden Träger von der Länge $\frac{8}{11}l$ darstellt.

Die Auflagerdrücke A und B ergeben sich dann nach dem Abschnitte a, Abs. 1 und b, Abs. 2, wie folgt:

Man lege den Drehpunkt des Trägerteiles BC an die Stelle C, so ergibt sich der Auflagerdruck B zu

$$B\frac{8}{11}l = P\left(\frac{l}{2} - \frac{3}{11}l\right),$$

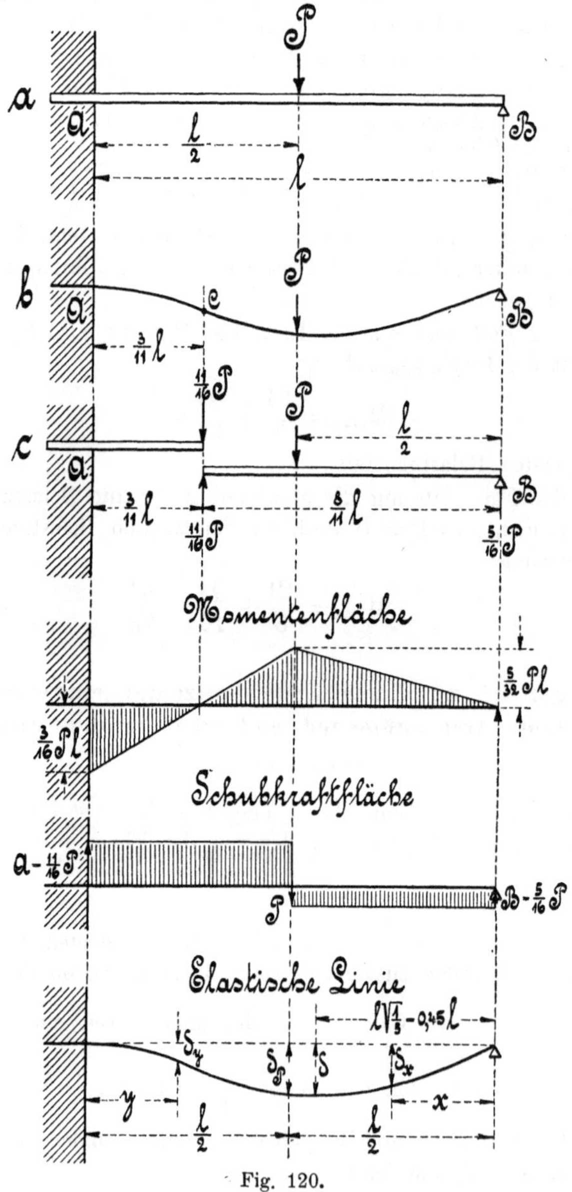

Fig. 120.

woraus
$$B = \frac{P\left(\frac{1}{2} - \frac{3}{11}1\right)}{\frac{8}{11}1} = \frac{P\frac{11.1 - 61}{22}}{\frac{2.8}{22}1} = \frac{P\,51}{161} = \frac{5}{16}P \quad . \quad . \quad 112$$

folgt.

Der Auflagerdruck A ist dann
$$A + B = P,$$
$$A = P - B = P - \frac{5}{16}P = \frac{11}{16}P \quad . \quad . \quad . \quad . \quad 113$$

Das größte Biegungsmoment des Trägerteils BC liegt nach Abschnitt b, Abs. 2 an der Laststelle P und beträgt
$$M_P = B\frac{1}{2} = \frac{5}{16}P\frac{1}{2} = \frac{5}{32}Pl.$$

Das größte an der Einspannstelle A gelegene Biegungsmoment des Freiträgerteiles AC ergibt sich dann zu
$$M_A = \frac{11}{16}P\frac{3}{11}1 = \frac{3}{16}Pl.$$

Da das letzte Moment das größere ist, so ist es auch der Berechnung des vorgelegten Trägers zugrunde zu legen, womit also das maximale Biegungsmoment
$$M_{max} = \frac{3}{16}Pl \quad . \quad . \quad . \quad . \quad . \quad . \quad 114$$

beträgt.

Die Gleichung der elastischen Linie lautet für die rechte Hälfte des Trägers
$$\delta_x = \frac{P}{32\,E\,\Theta}\left(1^2\,x - \frac{5}{3}\,x^3\right) = \frac{P\,\alpha}{32\,\Theta}\left(1^2\,x - \frac{5}{3}\,x^3\right).$$

Die größte Durchbiegung ergibt sich für $x = 1\sqrt{\frac{1}{5}} = 0,45\,1$ zu
$$\delta = \frac{1}{48}P\frac{1^3}{E\,\Theta}\sqrt{\frac{1}{5}} = 0,45\frac{P\,1^3}{48\,E\,\Theta} = 0,45\frac{P\,1^3\,\alpha}{48\,\Theta}.$$

Die Durchbiegung im Angriffspunkte der Last P liefert für $x = \frac{1}{2}$ den Wert
$$\delta_P = \frac{7}{768}\frac{P\,1^3}{E\,\Theta} = \frac{7}{768}\frac{P\,1^3\,\alpha}{\Theta} = \backsim \frac{1}{110}\frac{P\,1^3\,\alpha}{\Theta}.$$

Die Gleichung der elastischen Linie beträgt für die linke Trägerhälfte
$$\delta_y = \frac{P\,1^3}{32\,E\,\Theta}\left(\frac{1}{4}\frac{y}{1} + \frac{5}{2}\frac{y^2}{1^2} - \frac{11}{3}\frac{y^3}{1^3}\right)$$
$$„ = \frac{P}{32\,E\,\Theta}\left(\frac{1}{4}1^2 y + \frac{5}{2}1 y^2 - \frac{11}{3}y^3\right).$$

Auch aus dieser Gleichung ergibt sich für die Laststelle P, und zwar für $x = \frac{1}{2}$ derselbe Wert wie vorher.

5. Der Träger ist an einem Ende horizontal eingespannt, am anderen Ende frei aufliegend und über die ganze Länge gleichmäßig belastet.

Die in Fig. 121^{b} dargestellte elastische Linie des Trägers besitzt an der Stelle C einen Wendepunkt, der von der Einspannstelle A einen Abstand gleich $\dfrac{l}{4}$ hat.

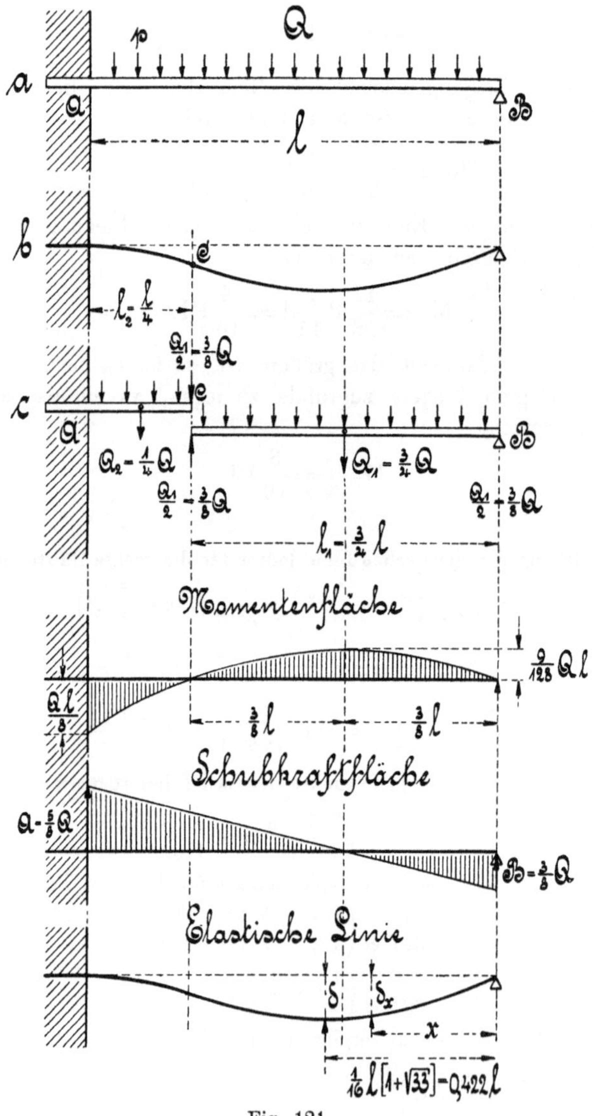

Fig. 121.

Man kann sich deshalb den in Fig. 121^a vorgelegten Träger ebenso wie im vorhergehenden Falle aus zwei Teilen bestehend denken, wie dieses Fig. 121^c zeigt.

Mit Bezugnahme auf Abschnitt a, Abs. 4 und b, Abs. 6 ergeben sich dann die Auflagerdrücke A und B, wie folgt:

Nach Fig. 121^c ist der Auflagerdruck

$$B = \frac{Q_1}{2} = \frac{1}{2}\frac{3}{4}Q = \frac{3}{8}Q \qquad \ldots \ldots \quad 115$$

Der Auflagerdruck A dagegen

$$A + B = Q,$$

woraus

$$A = Q - B = Q - \frac{3}{8}Q = \frac{5}{8}Q \quad \ldots \ldots \quad 116$$

folgt. Das größte Biegungsmoment für den Trägerteil BC beträgt nach Abschnitt b, Abs. 6

$$M_b = \frac{Q_1 l_1}{8} = \frac{\frac{3}{4}Q\,\frac{3}{4}l}{8} = \frac{9}{128}Ql.$$

Das größte Biegungsmoment des Freiträgerteiles A C ergibt sich nach Abschnitt a, Abs. 4 zu

$$M_A = \frac{Q_1}{2}l_2 + Q_2\frac{l_2}{2} = \frac{3}{8}Q\,\frac{1}{4} + \frac{1}{4}Q\,\frac{1}{8} = \frac{3}{32}Ql + \frac{1}{32}Ql = \frac{Ql}{8}.$$

Das letztere Moment bildet als das größere das der Berechnung des Trägers zugrunde zu legende maximale Biegungsmoment

$$M_{max} = \frac{Ql}{8} \qquad \ldots \ldots \ldots \quad 117$$

Die Gleichung der elastischen Linie beträgt

$$\delta_x = \frac{1}{48}\frac{pl}{E\Theta}\left(3x^3 - 2\frac{x^4}{l} - l^2 x\right) = \frac{1}{48}\frac{Q}{E\Theta}\left(3x^3 - 2\frac{x^4}{l} - l^2 x\right).$$

Die größte Durchbiegung ergibt sich für

$$x = \frac{1}{16}l(1 + \sqrt{33}) = 0{,}4215\,l \backsim 0{,}422\,l \text{ zu}$$

$$\delta = \frac{1}{48}\,0{,}261\,\frac{Ql^3}{E\Theta} = 0{,}00544\,\frac{Ql^3}{E\Theta} \backsim \frac{1}{184}\frac{Ql^3}{E\Theta}.$$

6. Der Träger ist an einem Ende horizontal eingespannt, am anderen Ende frei aufliegend und außer einer gleichmäßig über seine ganze Länge verteilten Belastung noch mit einer in der Mitte angreifenden Einzellast belastet.

Der in Fig. 122 vorgelegte Belastungsfall setzt sich aus den beiden vorhergehenden, in Fig. 120 und Fig. 121 angegebenen Fällen zusammen.

Bezeichnen A_1 und B_1 die Auflagerdrücke nach Fig. 120, ferner A_2 und B_2 die gleichen nach Fig. 121, so ergeben sich die Lagerdrücke im vorliegenden Falle zu

$$A = A_1 + A_2 = \frac{11}{16}P + \frac{5}{8}Q = \frac{1}{16}(11P + 10Q) \left.\right\}$$
$$B = B_1 + B_2 = \frac{5}{16}P + \frac{3}{8}Q = \frac{1}{16}(5P + 6Q) \left.\right\} \quad .\ 118$$

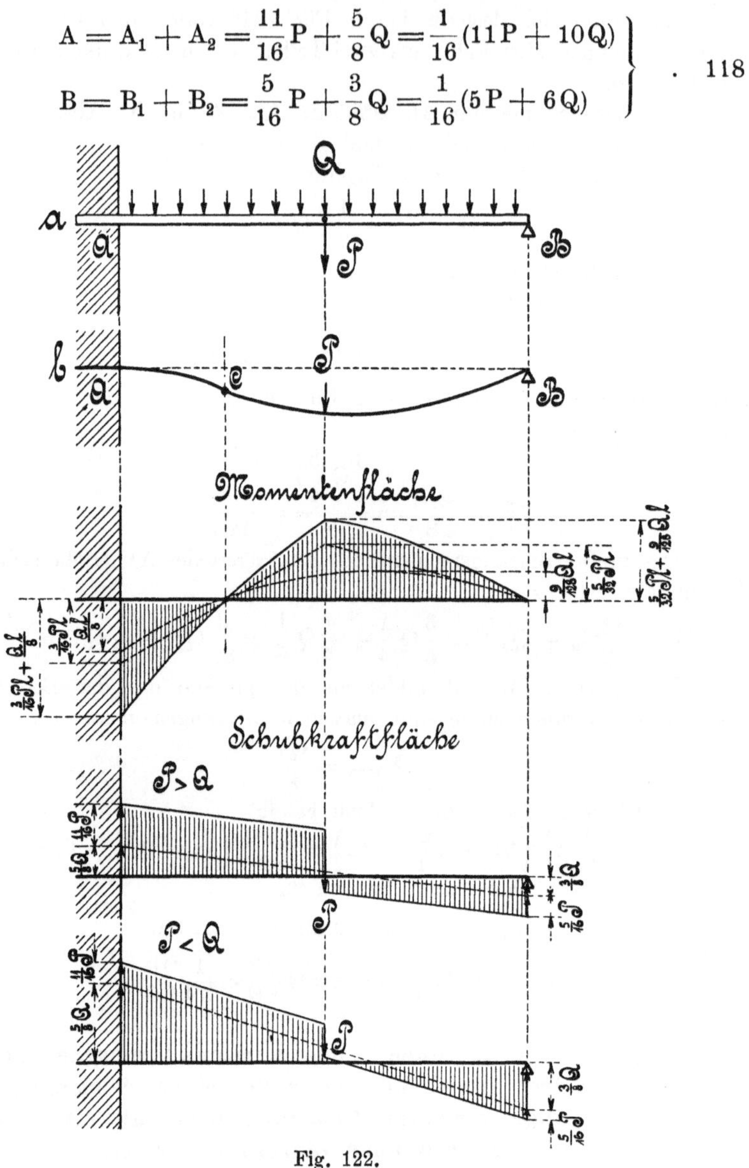

Fig. 122.

Bezeichnet weiter M_1 das größte Biegungsmoment nach Fig. 120 und M_2 das gleiche nach Fig. 121, so erhält man das größte für den vorliegenden Träger in Rechnung zu ziehende Moment aus

$$M_{max} = M_1 + M_2 = \frac{3}{16}Pl + \frac{1}{8}Ql = \frac{1}{16}l(3P + 2Q) \quad .\ 119$$

Der Wendepunkt C liegt zwischen $\dfrac{3}{11}l$ und $\dfrac{1}{4}l$ oder zwischen $\dfrac{12}{44}l$

und $\dfrac{11}{44}l$ von der Einspannstelle A entfernt.

7. Der Träger ist an einem Ende horizontal eingespannt, am anderen Ende aufliegend und trägt an beliebiger Stelle eine Einzellast.

Da hier in Fig. 123 die beiden Reaktionen A und B als auch das Moment an der Einspannstelle A statisch unbestimmbar sind, so kann man mit Hülfe des in diesem Paragraphen unter a, 1 und 2 genannten Prinzipes der Übereinanderlagerung, bezw. der daselbst aufgeführten Durchbiegungs- oder Formänderungsgleichung beispielsweise die Reaktion B, wie folgt, bestimmen:

Man denke sich die Reaktion B als Kraft wirkend, so daß der vorliegende Belastungsfall als ein Freiträger angesehen werden kann, an dem die beiden Kräfte P und B wirken.

Wirkt nun nach Fig. 123c die Kraft P allein, so ergibt sich die größte Durchbiegung am freien Ende zu

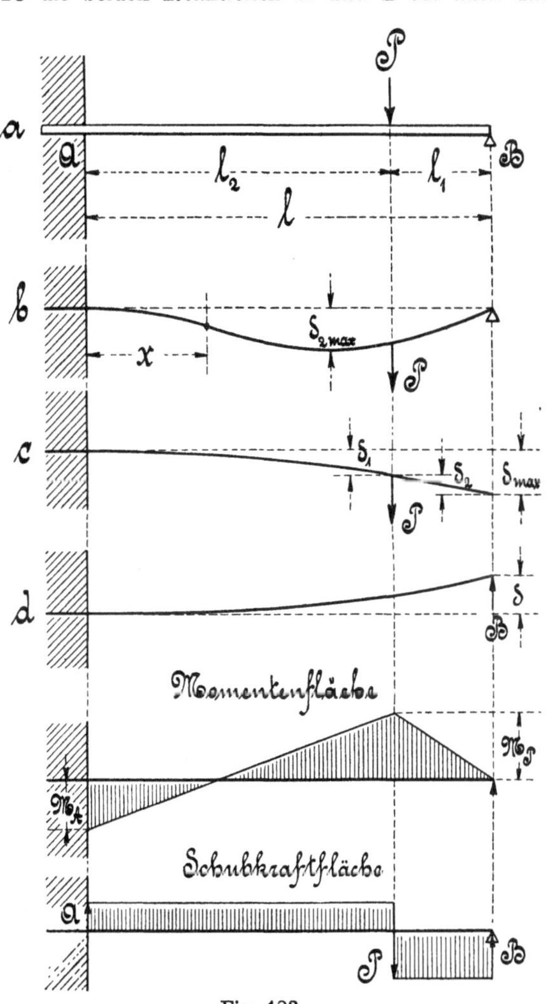

Fig. 123.

$$\delta_{\mathrm{max}} = \delta_1 + \delta_2 = \frac{1}{3}\frac{Pl_2{}^3}{E\Theta} + \frac{1}{2}\frac{Pl_1\,l_2{}^2}{E\Theta}.$$

Wirkt dagegen nach Fig. 123^{d} die Reaktion B allein, so beträgt die Durchbiegung

$$\delta = -\frac{1}{3}\frac{Bl^3}{E\Theta}.$$

Soll nun B eine unbewegliche Stützstelle darstellen, so muß die algebraische Summe der Einzeldurchbiegungen gleich Null sein, d. h. also

$$\delta_{\mathrm{max}} + \delta = 0$$

oder

$$\left(\frac{1}{3}\frac{Pl_2{}^3}{E\Theta} + \frac{1}{2}\frac{Pl_1\,l_2{}^2}{E\Theta}\right) - \frac{1}{3}\frac{Bl^3}{E\Theta} = 0.$$

Aus dieser Gleichung erhält man dann die Reaktion B zu

$$\frac{1}{3}Pl_2{}^3 + \frac{1}{2}Pl_1\,l_2{}^2 = \frac{1}{3}Bl^3$$

$$Pl_2{}^2\,(2l_2 + 3l_1) = 2\,Bl^3$$

$$B = \frac{1}{2}P\frac{l_2{}^2\,(2l_2 + 3l_1)}{l^3} = \frac{1}{2}\frac{Pl_2{}^2\,(3l - l_2)}{l^3} \qquad . \ . \ . \ 120$$

Die zweite Reaktion A folgt aus

$$A + B = P,$$

$$A = P - B \qquad . \ . \ . \ . \ . \ . \ . \ . \ 121$$

Das an der Einspannstelle gelegene Moment ergibt sich zu

$$M_A = -(-Bl + Pl_2) = Bl - Pl_2.$$

Innerhalb der Strecke l_1 ist das an der Laststelle P gelegene Biegungsmoment M_P am größten, es beträgt

$$M_P = -Bl_1 = -\frac{1}{2}\frac{Pl_2{}^2\,(3l - l_2)}{l^3}(l - l_2) \qquad . \ . \ . \ 122$$

Innerhalb der Strecke l_2 erreicht das Biegungsmoment an der Einspannstelle A den größten Wert

$$M_A = -Bl + P(l - l_1) = -\frac{1}{2}\frac{Pl_2{}^2\,(3l - l_2)}{l^3}l + Pl_2$$

$$\text{„} \ = +\frac{1}{2}\frac{Pl_2}{l^2}(2l^2 - 3ll_2 + l_2{}^2)$$

$$\text{„} \ = +\frac{1}{2}\frac{Pl_2\,(l - l_2)\,(2l - l_2)}{l^2} \qquad . \ . \ . \ . \ . \ . \ 123$$

Da die ersten Klammerglieder l als auch $2l > l_2$ sind, so ist das Moment M_A stets positiv, also abwärtswirkend.

Der gefährliche Querschnitt des vorliegenden Trägers kann entweder an der Einspannstelle A oder an der Laststelle P liegen, je nachdem das Moment M_A oder M_P einen größeren Wert besitzt.

Für den Fall, daß beide Momente gleiche Werte erreichen sollen, ergeben sich die Lastabstände l_1 bezw. l_2, wie folgt:

$$M_A = M_P$$

oder
$$\frac{1}{2}\,\frac{P l_2\,(l-l_2)\,(2l-l_2)}{l^2} = \frac{1}{2}\,\frac{P l_2{}^2\,(3l-l_2)\,(l-l_2)}{l^3}$$

$$2l-l_2 = \frac{l_2\,(3l-l_2)}{l}$$

$$2l^2 - l_2 l = 3 l_2 l - l_2{}^2$$

$$2l^2 - 4 l_2 l + l_2{}^2 = 0,$$

woraus sich $l_2 = 2l \pm \sqrt{2l^2} = l\,(2 \pm \sqrt{2}) = l\,(2 - \sqrt{2}) = 0{,}586\,l$
und $\qquad l_1 = l - l_2 = 0{,}414\,l$
ergibt.

In folgender Tabelle sind die Hauptwerte für einige in der Praxis öfters vorkommende Teilungsverhältnisse zwischen l_1 und l_2 aufgeführt.

$l_1 = \dfrac{1}{4}\,l$	$\dfrac{1}{3}\,l$	$\dfrac{1}{2}\,l$	$\dfrac{2}{3}\,l$	$\dfrac{3}{4}\,l$
$l_2 = \dfrac{3}{4}\,l$	$\dfrac{2}{3}\,l$	$\dfrac{1}{2}\,l$	$\dfrac{1}{3}\,l$	$\dfrac{1}{4}\,l$
$B = \dfrac{81}{128}\,P$	$\dfrac{14}{27}\,P$	$\dfrac{5}{16}\,P$	$\dfrac{4}{27}\,P$	$\dfrac{11}{128}\,P$
$A = \dfrac{47}{128}\,P$	$\dfrac{13}{27}\,P$	$\dfrac{11}{16}\,P$	$\dfrac{23}{27}\,P$	$\dfrac{117}{128}\,P$
$M_P = -\dfrac{81}{512}\,Pl$	$-\dfrac{14}{81}\,Pl$	$-\dfrac{5}{32}\,Pl$	$-\dfrac{8}{81}\,Pl$	$-\dfrac{33}{512}\,Pl$
$M_A = \dfrac{15}{128}\,Pl$	$\dfrac{4}{27}\,Pl$	$\dfrac{3}{16}\,Pl$	$\dfrac{5}{27}\,Pl$	$\dfrac{21}{128}\,Pl$

Die Gleichung der elastischen Linie beträgt
1. für den Fall, daß innerhalb der Strecke AP das Maximum der größten Durchbiegung liegt, was nur dann möglich sein kann, sofern $l_2 > 0{,}586\,l$ ist,
$$\delta_{2\,\mathrm{max}} = \frac{1}{3}\,\frac{P l_2{}^3}{E\,\Theta}\,\frac{(2l^2 - 3ll_2 + l_2{}^2)\,(3l-l_2)^2}{(2l^2 + 2ll_2 - l_2{}^2)^2}\,;$$
2. für den Fall, daß innerhalb der Strecke BP die größte Durchbiegung eintritt, was nur für $l_2 < 0{,}586$ möglich ist,
$$\delta_{1\,\mathrm{max}} = \frac{1}{6}\,\frac{P l_2{}^2\,(l-l_2)}{E\,\Theta}\,\sqrt{\frac{l-l_2}{3l-l_2}}\,;$$
3. für den Fall, daß die größte Durchbiegung an der Laststelle P eintritt, d. h., daß die Strecke AP den Wert $l_2 = 0{,}586\,l$ erreicht,
$$\delta = \frac{P l_2{}^2}{6\,E\,\Theta}\left(2 l_2 - \frac{(3l-l_2)^2\,l_2{}^2}{2 l^3}\right).$$

Das für eine Stelle innerhalb der Strecke AP in Frage kommende Biegungsmoment gleich Null ergibt sich aus der Bedingung
$$P\,(l_2 - x) - B\,(l - x) = 0$$
oder $\qquad P l_2 - P x - B l + B x = 0,$

woraus sich die Lage des Wende- oder Inflexionspunktes zu

$$x = \frac{Bl - Pl_2}{B - P}$$

bestimmt.

Anmerkung: Nach der Formänderungsgleichung im § 14, Abs. 3 $\frac{1}{\varrho} = \frac{\alpha M_b}{\Theta}$ ist für $M_b = 0$ der Krümmungsradius $\varrho = \infty$, was einem Wendepunkte an der Stelle x entspricht.

Für den bereits im Abschnitte C, Abs. 4 dieses Paragraphen aufgeführten speziellen Fall der Mittelbelastung, wobei $l_1 = l_2 = \frac{1}{2}$ und das Moment M_A am größten ist, liegt die maximale Durchbiegung innerhalb der Strecke BP, weil $l_2 < 0{,}586\,l$ ist. Diese Durchbiegung beträgt

$$\delta_{1\,(max)} = 0{,}0093\,\frac{Pl^3}{\Theta E}.$$

Der Wendepunkt liegt hier bei $x = \frac{3}{11}\,l$.

§ 24. Körper von gleicher Biegungsfestigkeit.

Im vorhergehenden § 23 kam es darauf an, für die einzelnen unter den verschiedenartigsten Lagerungen und Belastungen angenommenen Trägerarten das größte Biegungsmoment zu bestimmen, wonach die Dimensionierung der Träger nach der im § 14, Abs. 1 aufgestellten Biegungsgleichung „$M = Wk$" geschehen konnte.

Der so ermittelte, gefährlichste Querschnitt, in dem auch die größte Materialspannung auftritt, wurde dann für die ganze Trägerlänge beibehalten, womit eine mehr oder weniger große Materialverschwendung verknüpft war, denn nach der Biegungsgleichung entspricht, bei gleichbleibendem Widerstandsmomente, jeder Querschnittsstelle des Trägers auch ein anderes Biegungsmoment und somit auch eine andere Spannung. Wenn nun in der Praxis trotz der Materialverschwendung, die vielfach durch höhere Bearbeitungskosten wieder aufgehoben wird, die obigen Trägerformen meistens Verwendung finden, so werden doch auch Körperformen verlangt, bei denen die Materialspannung konstant bleibt, der Körper also an allen Stellen gleiche Festigkeit besitzt. Ein solcher Körper bietet aber zugleich auch eine größere Sicherheit gegen Stoßwirkungen als ein Körper mit konstantem Querschnitte, bei dem sich die Formänderung fast nur auf den gefährlichen Querschnitt erstreckt, während sie sich bei einem Körper gleichen Widerstandes fast gleichmäßig über alle Querschnitte verteilt.

Um eine Übersicht zu gewinnen, seien im folgenden einige Körper gleicher Festigkeit bestimmt.

1. Der am freien Ende mit einer Einzellast belastete Freiträger.

Nach § 23 Abschnitt a, 1 beträgt für den in Fig. 124 angenommenen Belastungsfall das an der Einspannstelle **A** gelegene Maximalmoment

$$M_A = Pl.$$

Das Biegungsmoment besitzt für jeden Querschnitt einen anderen Wert, weshalb auch nach der Biegungsgleichung, bei gleichbleibender Spannung, das Widerstandsmoment für jeden Querschnitt einen anderen Wert erhalten muß. Damit ist nun aber auch die Veränderlichkeit des Querschnittes bedingt, für die sich eine allgemeine Beziehungsgleichung in folgender Weise aufstellen läßt.

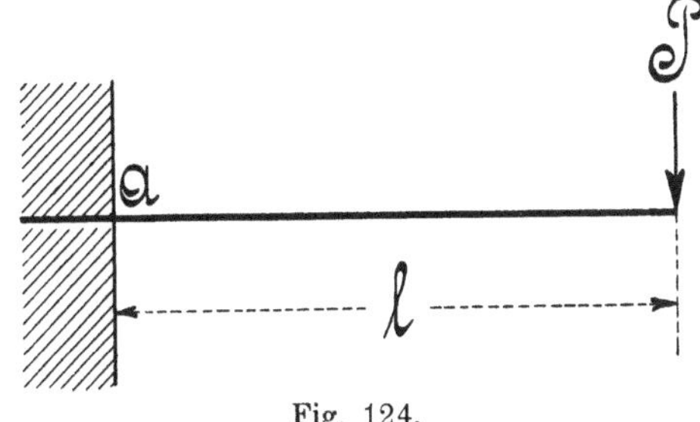

Fig. 124.

Nach Fig. 125ª erhält man für den rechteckigen Querschnitt an der Einspannstelle

$$M_{max} = W_{max}\,k_b = \frac{b\,h^2}{6}\,k_b, \quad \text{woraus} \quad k_b = \frac{6\,M_{max}}{b\,h^2} \quad \text{folgt.}$$

Für einen beliebigen, im Abstande x von dem freien Ende gelegenen Querschnitt gilt dagegen

$$M_x = W_x\,k_b = \frac{z\,y^2}{6}\,k_b,$$

woraus $k_b = \dfrac{6\,M_x}{z\,y^2}$ folgt.

Aus den beiden Gleichungen der konstanten Spannung k_b ergibt sich nun

$$\frac{6\,M_{max}}{b\,h^2} = \frac{6\,M_x}{z\,y^2}$$

oder

$$\left(\frac{y}{h}\right)^2 = \frac{b}{z}\,\frac{M_x}{M_{max}}.$$

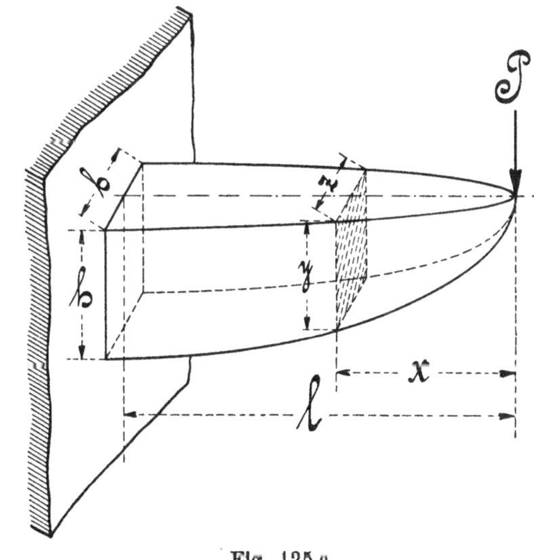

Fig. 125 a.

Da aber $M_{max} = Pl$ und $M_x = Px$ ist, so bildet sich in der Gleichung

$$\left(\frac{y}{h}\right)^2 = \frac{b}{z}\,\frac{Px}{Pl} = \frac{bx}{zl} \quad \cdots \cdots \cdots \cdot \quad 124$$

eine allgemeine Beziehungsgleichung, in der die Breite z und die Höhe y veränderlich sind.

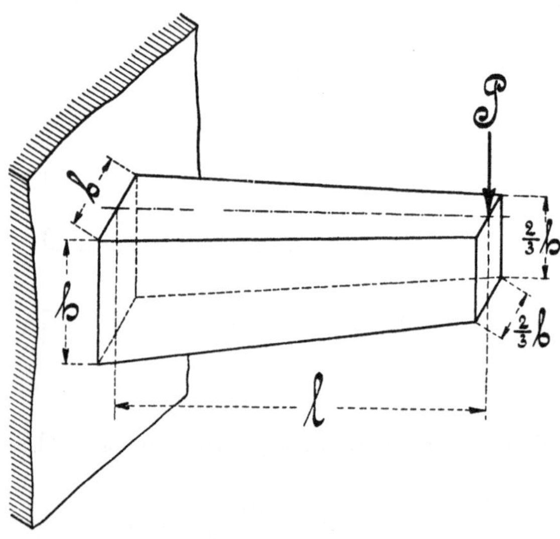

Fig. 125 b.

Für die praktische Verwendung hat diese Körperform, die auch angenähert durch eine in Fig. 125[b] dargestellte, abgestumpfte Pyramide ersetzt werden kann, wenig Bedeutung, dagegen findet sie bei Balanzier- und Kurbelarmen, bei Lagerkonsolen, Ständern etc. häufig für die konstante Breite z Anwendung.

Außerdem kann aber auch die Höhe y konstant gehalten werden.

Oftmals findet man auch kreisförmigen Querschnitt ausgeführt.

Für die einzelnen Querschnittsformen ergeben sich nunmehr die Biegungsgleichungen, mit deren Hilfe sich gegebenenfalls die Profilformen schnell auftragen lassen, wie folgt:

a) Für konstante Breite b (siehe Fig. 126[a] und 126[b]) erhält man die zugehörige Profilgleichung aus der allgemeinen Beziehungsgleichung 124

$$\left(\frac{y}{h}\right)^2 = \frac{b}{z}\frac{x}{l},$$

durch Einsetzen der Breite b an Stelle der sonst Veränderlichen z

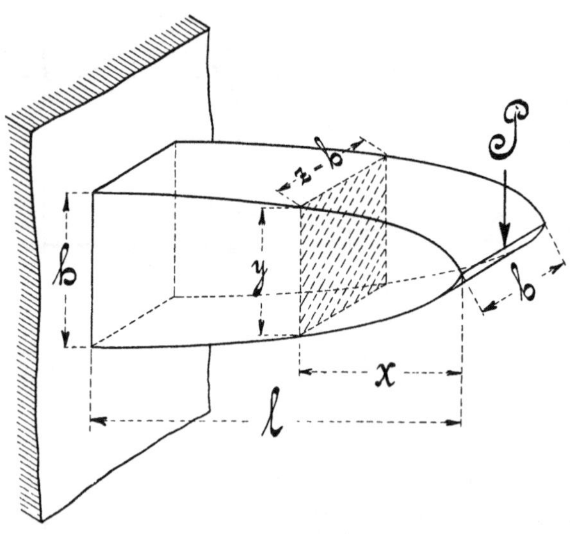

Fig. 126 a.

$$\left(\frac{y}{h}\right)^2 = \frac{b}{b}\,\frac{x}{l} = \frac{x}{l}$$

oder

$$\frac{y}{h} = \sqrt{\frac{x}{l}}$$

oder

$$y = h\,\sqrt{\frac{x}{l}}\,.\quad 125$$

Diese Gleichung besagt, daß die Profilkurve des vorliegenden Trägers eine Parabel darstellt, die nun nach Fig. 126ᵃ als ganze oder nach Fig. 126ᵇ als halbe Parabel aufgetragen werden kann.

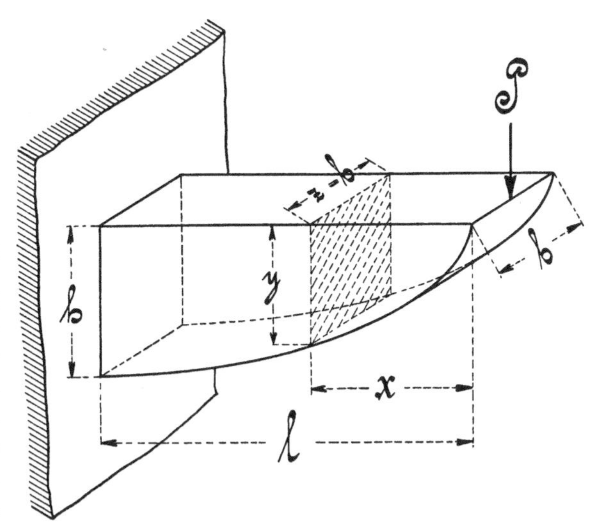

Fig. 126 b.

Angenähert läßt sich auch, wie Fig. 126ᶜ zeigt, der vorliegende Körper durch eine abgestumpfte Pyramide ersetzen.

Die Gleichung der elastischen Linie beträgt

$$\delta_{\mathrm{x}} = \frac{P\,l\,\alpha}{\Theta}\left(2\,l\,\mathrm{x} - \frac{4}{3}\,\mathrm{x}\,\sqrt{l\,\mathrm{x}} - \frac{2}{3}\,l^2\right).$$

Die größte Durchbiegung ergibt sich für $\mathrm{x} = 0$ zu

$$\delta = \frac{2}{3}\,\frac{P\,l^3\,\alpha}{\Theta}$$

$$= \frac{2}{3}\,\frac{P\,l^3\,\alpha}{\dfrac{b\,h^3}{12}} = \frac{8\,P\,l^3\,\alpha}{b\,h^3}\,.$$

b) Für konstante Höhe h (siehe Fig. 127) findet sich die Profilgleichung ebenfalls aus der allgemeinen Beziehungsgleichung 124

$$\left(\frac{y}{h}\right)^2 = \frac{b}{z}\,\frac{x}{l},$$

durch Einsetzen der Höhe h an Stelle der Veränderlichen y

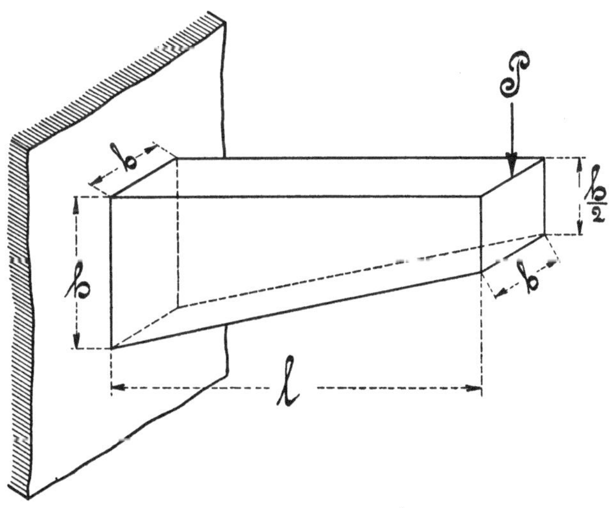

Fig. 126 c.

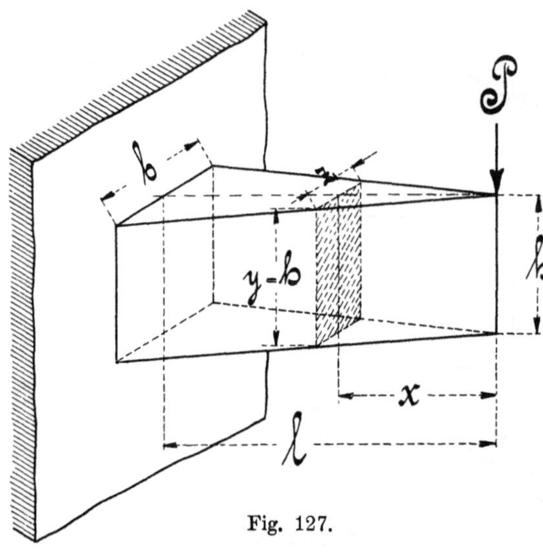

Fig. 127.

$$\left(\frac{h}{h}\right)^2 = \frac{b}{z}\,\frac{x}{l},$$

woraus $1 = \dfrac{b}{z}\,\dfrac{x}{l}$

oder $\quad z = \dfrac{b}{l}\,x \qquad 126$

folgt.

Diese Gleichung stellt als Begrenzungslinie eine gerade Linie dar. Der Grundriß des Körpers ist ein Dreieck.

Die elastische Linie ist, wie bereits in § 14, Abs. b, 1 angegeben, eine Kreislinie mit dem Krümmungsradius

$$\varrho = \frac{e}{\alpha\,k_b} = \frac{e}{\alpha\,\dfrac{M}{W}} = \frac{e\,W}{\alpha\,M} = \frac{e\,\dfrac{\Theta}{e}}{\alpha\,M} = \frac{\Theta}{\alpha\,M}.$$

Die größte Durchbiegung betrug

$$\delta = \frac{l^2}{2\,\varrho} = \frac{l^2\,\alpha\,M}{2\,\Theta} = \frac{P\,l^3\,\alpha}{2\,\Theta} = \frac{P\,l^3\,\alpha}{2\,\dfrac{b\,h^3}{12}} = \frac{6\,P\,l^3\,\alpha}{b\,h^3}.$$

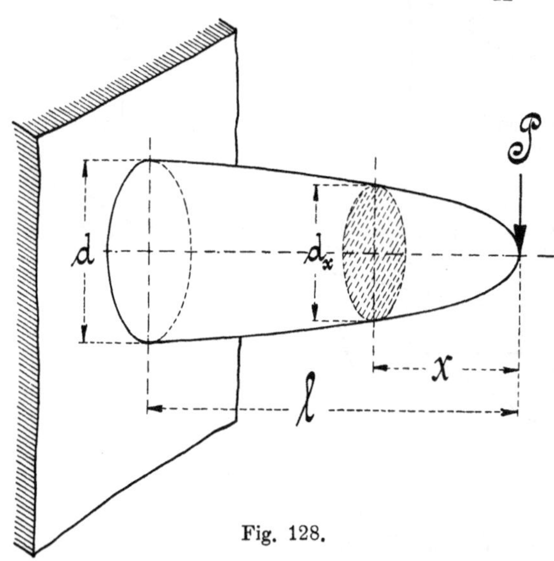

Fig. 128.

c) Für kreisförmigen Querschnitt (siehe Fig. 128) ergibt sich die Profilgleichung, wie folgt:

Es beträgt für die Einspannstelle das Biegungsmoment M_{max}

$$M_{max} = W_{max}\,k_b,$$

woraus

$$k_b = \frac{M_{max}}{W_{max}}$$

$$\text{,,} = \frac{P\,l}{\dfrac{d^3\,\pi}{32}} = \frac{32\,P\,l}{d^3\,\pi},$$

für eine beliebig gelegene Querschnittsstelle gilt das Biegungsmoment M_x

$$M_x = W_x k_b, \quad \text{woraus} \quad k_b = \frac{M_x}{W_x} = \frac{Px}{\dfrac{d_x{}^3 \pi}{32}} = \frac{32\,Px}{d_x{}^3 \pi}.$$

Da nun wieder die Materialspannungen gleichen Wert haben sollen, so ergibt sich durch Gleichsetzen beider Gleichungen

$$\frac{32\,Pl}{d^3 \pi} = \frac{32\,Px}{d_x{}^3 \pi}$$

oder

$$\frac{l}{d^3} = \frac{x}{d_x{}^3}$$

„

$$d_x = \sqrt[3]{\frac{x\,d^3}{l}} = d \sqrt[3]{\frac{x}{l}} \quad \ldots \ldots \ldots \quad 127$$

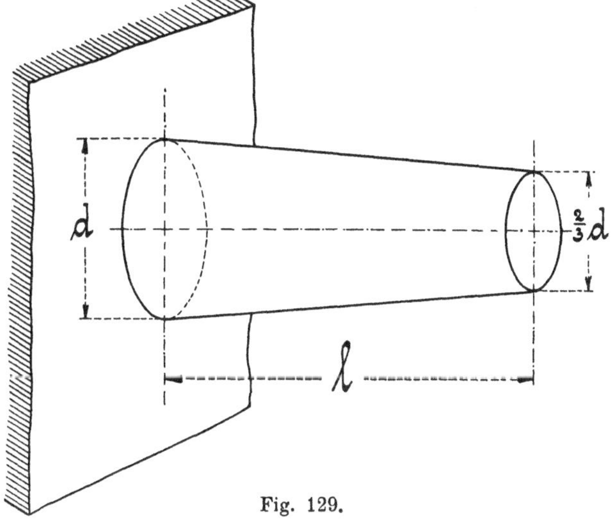

Fig. 129.

Diese Gleichung stellt eine kubische Parabel als Profilkurve dar. Die Körperform selbst ist ein Rotationsparaboloid, das auch die theoretische Grundform der Tragachsen bildet.

Eine angenäherte Körperform gibt der in Fig. 129 dargestellte abgestumpfte Kegel, der bis auf $^2/_3\,d$ verjüngt ist.

2. Der über seine Länge gleichmäßig belastete Freiträger.

Nach § 23, Abs. a, 3 beträgt das größte, an der Einspannstelle der Fig. 130 gelegene Biegungsmoment

$$M_{max} = \frac{Ql}{2} = \frac{pll}{2} = \frac{pl^2}{2},$$

für eine andere im Abstande x vom freien Ende aus gelegene Querschnittsstelle ergibt sich nach Fig. 131 das Biegungsmoment M_x zu

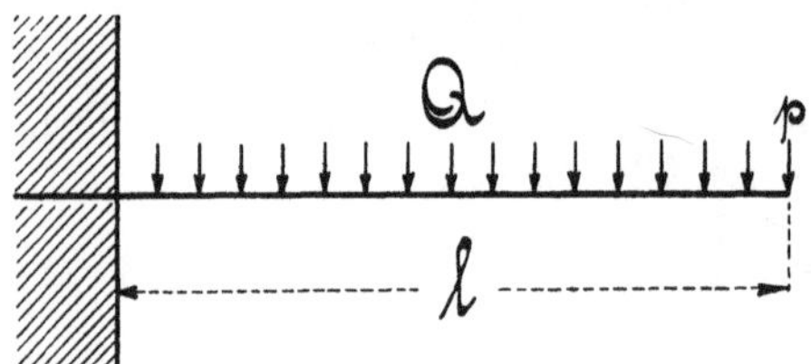

Fig. 130.

$$M_x = px\,\frac{x}{2} = \frac{px^2}{2}.$$

Setzt man nun diese Biegungsmomente nebst den zugehörigen Widerstandsmomenten in Beziehung zueinander, so lautet die Profilgleichung:

$$M_{max} = W_{max}\,k_b,\quad \text{woraus}\quad k_b = \frac{M_{max}}{W_{max}} = \frac{\dfrac{pl^2}{2}}{\dfrac{bh^2}{6}} = \frac{3\,pl^2}{bh^2},$$

$$M_x = W_x\,k_b,\qquad \text{,,}\qquad k_b = \frac{M_x}{W_x} = \frac{\dfrac{px^2}{2}}{\dfrac{zy^2}{6}} = \frac{3\,px^2}{zy^2}.$$

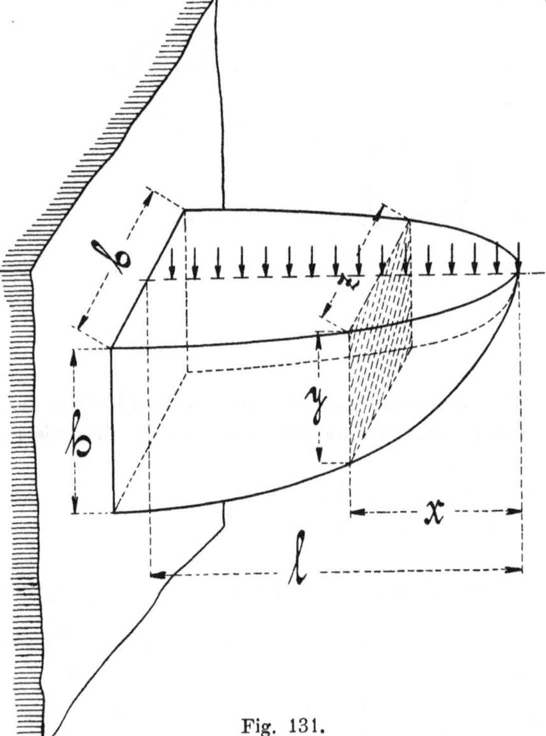

Fig. 131.

Durch Gleichsetzung erhält man

$$\frac{3\,pl^2}{bh^2} = \frac{3\,px^2}{zy^2}$$

oder

$$\frac{l^2}{bh^2} = \frac{x^2}{zy^2}$$

oder

$$\left(\frac{y}{h}\right)^2 = \frac{b}{z}\left(\frac{x}{l}\right)^2. \qquad 128$$

In dieser Profilgleichung sind die Abmessungen y und z veränderliche Werte, was weniger Bedeutung für die praktische Verwertung hat.

Dagegen kommen die nachgenannten Körper mit konstanter Breite oder auch konstanter Höhe häufig vor.

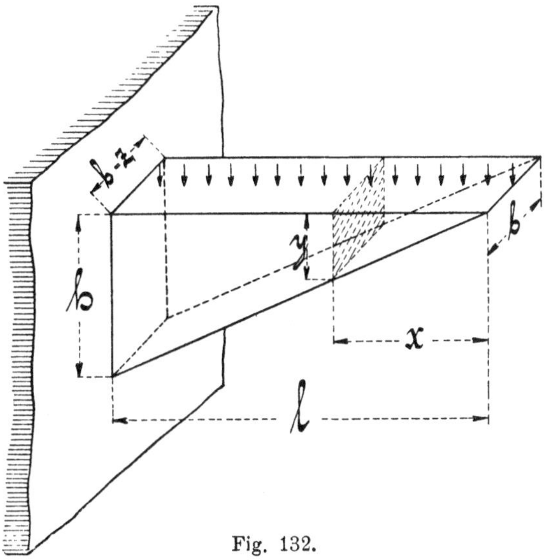

a) Für konstante Breite (siehe Fig. 132) ergibt sich aus der vorliegenden, für rechteckigen Querschnitt gültigen Beziehungsgleichung 128

$$\left(\frac{y}{h}\right)^2 = \left(\frac{x}{l}\right)^2 \frac{b}{b}$$

der Wert

$$\left(\frac{y}{h}\right)^2 = \left(\frac{x}{l}\right)^2$$

oder $y = \sqrt{\left(\frac{x}{l}\right)^2 h^2}$

$$\text{„} = \frac{h}{l}\, x \,. \ . \ 129$$

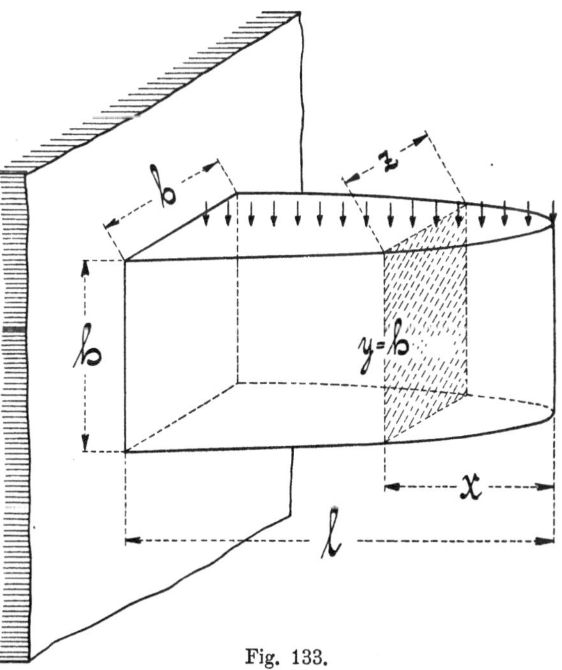

Fig. 132.

Diese Profilgleichung besagt, daß die Begrenzungslinie eine gerade Linie ist.

b) Für konstante Höhe (siehe Fig. 133) entwickelt sich aus der allgemeinen Gleichung 128

$$\left(\frac{h}{h}\right)^2 = \frac{b}{z}\left(\frac{x}{l}\right)^2$$

der Ausdruck

$$1 = \frac{b}{z}\left(\frac{x}{l}\right)^2$$

oder

$$z = b\left(\frac{x}{l}\right)^2 , \ 130$$

der eine parabelförmige Begrenzung andeutet.

c) Für architektonische Zwecke, z. B. bei Anwendungen von Tragsteinen, macht man auch noch die Breite z und die Höhe y so veränderlich, daß sich nach beiden Richtungen hin parabo

Fig. 133.

lische Begrenzungslinien ergeben. Dieses geschieht, wenn man in der allgemeinen Gleichung 128

$$\left(\frac{y}{h}\right)^2 = \frac{b}{z}\left(\frac{x}{l}\right)^2$$

folgende Werte einsetzt:

$$1.\quad y = \frac{z \cdot h}{b},\ \text{gefunden aus } y:h = z:b,$$

$$2.\quad z = \frac{b \cdot y}{h},\quad \text{\textquotedbl}\qquad \text{\textquotedbl}\quad y:h = z:b.$$

Den ersten Wert eingeführt, gibt

$$\left(\frac{\frac{z\,h}{b}}{h}\right)^2 = \frac{b}{z}\left(\frac{x}{l}\right)^2,\ \text{woraus sich}\ \left(\frac{z}{b}\right)^2 = \frac{b}{z}\left(\frac{x}{l}\right)^2$$

oder

$$\left(\frac{z}{b}\right)^3 = \left(\frac{x}{l}\right)^2$$

„　　　　$$z = \sqrt[3]{b^3\left(\frac{x}{l}\right)^2} = b\sqrt[3]{\left(\frac{x}{l}\right)^2}\ \ldots\ldots\ldots\ \text{131}$$

entwickelt.

Mit dem zweiten Werte erhält man

$$\left(\frac{y}{h}\right)^2 = \frac{b}{\frac{b\,y}{h}}\left(\frac{x}{l}\right)^2,\ \text{woraus}\ \left(\frac{y}{h}\right)^2 = \frac{h}{y}\left(\frac{x}{l}\right)^2$$

oder　　　　$$\left(\frac{y}{h}\right)^3 = \left(\frac{x}{l}\right)^2$$

„　　　　$$y = h\sqrt[3]{\left(\frac{x}{l}\right)^2}\ \ldots\ldots\ldots\ \text{132}$$

folgt.

Die Gleichungen 131 und 132 ergeben die semiparabolische Form des in Fig. 134 dargestellten Körpers.

d) Für kreisförmigen Querschnitt ergibt sich nach Fig. 135a die Profilgleichung in folgender Weise:

Das größte Biegungsmoment für den an der Einspannstelle gelegenen Querschnitt beträgt

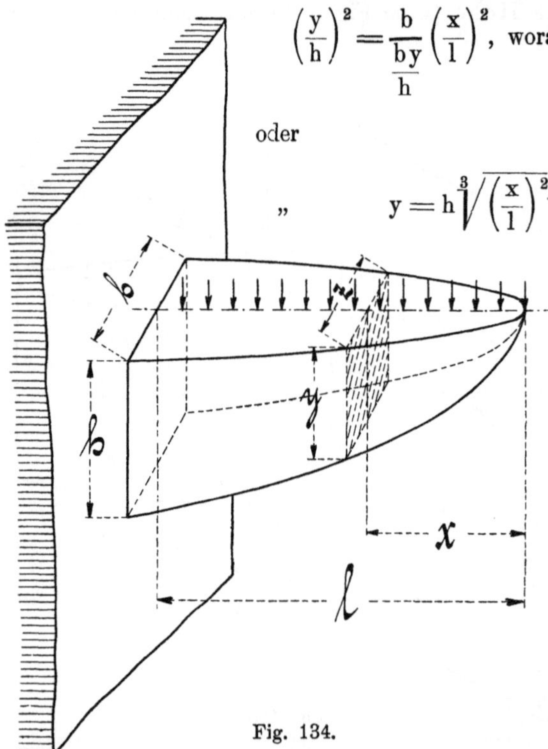

Fig. 134.

$$M_{max} = \frac{Ql}{2} = \frac{pll}{2} = \frac{pl^2}{2}.$$

Das Biegungsmoment für einen beliebigen, im Abstande x vom freien Ende aus gelegenen Querschnitt ist

$$M_x = px\,\frac{x}{2} = \frac{px^2}{2}.$$

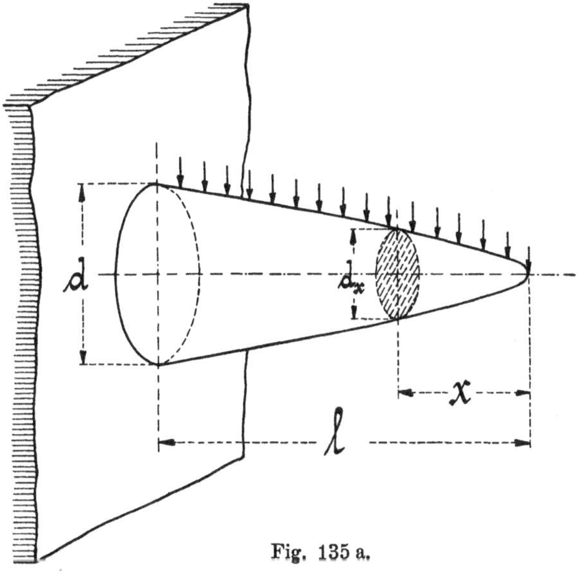

Fig. 135 a.

Diese Momente mit den zugehörigen Widerstandsmomenten in Beziehung gesetzt, liefert

$$M_{max} = W_{max}\,k_b = \frac{d^3\pi}{32}\,k_b, \quad \text{woraus} \quad k_b = \frac{32\,M_{max}}{d^3\pi} = \frac{32\,\dfrac{pl^2}{2}}{d^3\pi} = \frac{16\,pl^2}{d^3\pi}.$$

$$M_x = W_x\,k_b = \frac{d_x{}^3\pi}{32}\,k_b, \quad \text{,,} \quad k_b = \frac{32\,M_x}{d_x{}^3\pi} = \frac{32\,\dfrac{px^2}{2}}{d_x{}^3\pi} = \frac{16\,px^2}{d_x{}^3\pi}.$$

Die beiden Spannungswerte gleichgesetzt, gibt

$$\frac{16\,pl^2}{d^3\pi} = \frac{16\,px^2}{d_x{}^3\pi},$$

woraus

$$\frac{l^2}{d^3} = \frac{x^2}{d_x{}^3}$$

oder

$$\frac{d_x{}^3}{d^3} = \frac{x^2}{l^2}$$

oder

$$d_x = \sqrt[3]{d^3 \frac{x^2}{l^2}} = d \sqrt[3]{\frac{x^2}{l^2}} \quad \ldots \ldots \ldots \quad 133$$

folgt.

Auch durch diese Gleichung ist eine semikubische Parabel als Be-

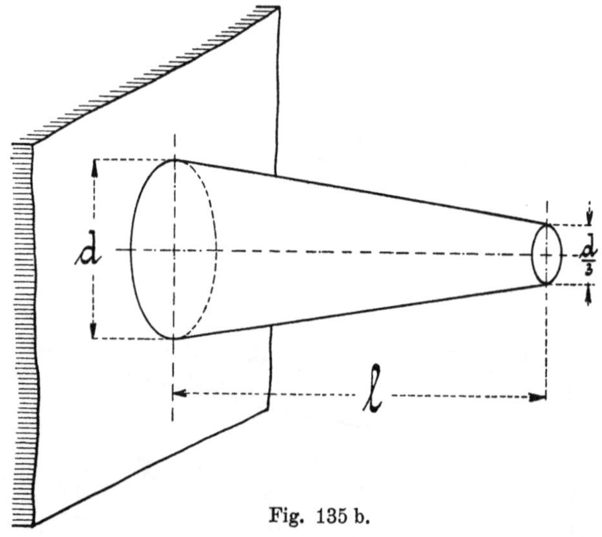

Fig. 135 b.

grenzung gekennzeichnet, die annäherungsweise durch einen in Fig. 135[b] dargestellten, abgestumpften Kegel ersetzt werden kann, der sich bis auf $^1/_3$ d verjüngt.

3. Der auf zwei Stützen ruhende, durch eine festliegende Einzellast belastete Träger.

Wie bereits in § 23, Abschnitt b, sub **2** gesagt, kann man sich den in Fig. 136 vorgelegten Träger aus zwei Freiträgern zusammengesetzt

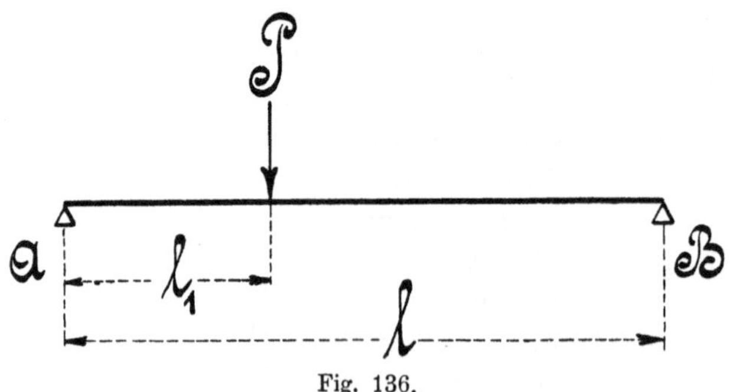

Fig. 136.

denken, die an der Laststelle unterstützt und an den beiden Enden mit den Reaktionen A und B beansprucht werden.

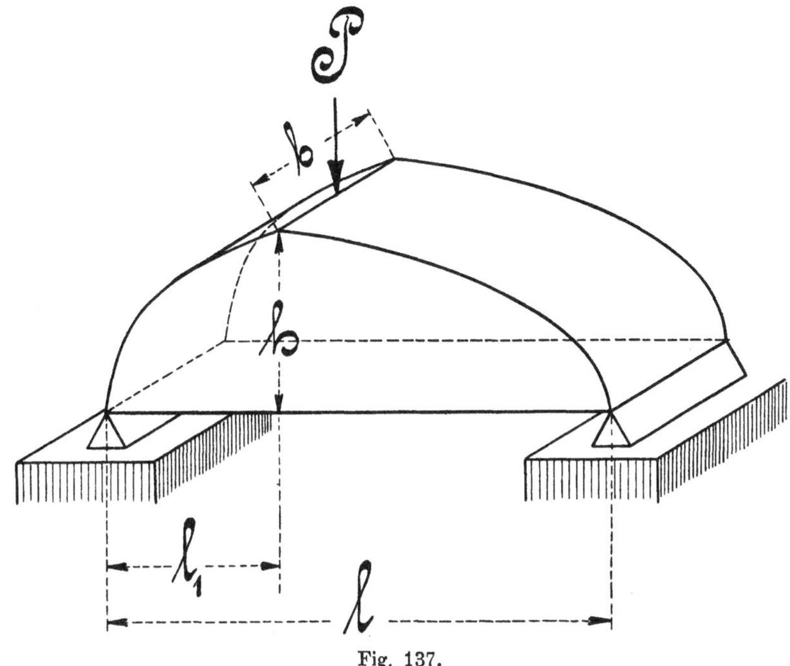

Fig. 137.

Jeder der beiden Freiträger erhält dann nach der Fig. 126[b] im Abschnitte 1, sub a dieses Paragraphen je eine Parabel als Begrenzungslinie, die an der Laststelle ihre größte Höhe h erreicht.

Die Fig. 137 zeigt einen Träger von rechteckigem Querschnitte und von konstanter Breite, bei dem die Parabel nach einer Seite hin aufgetragen worden ist.

Die Fig. 138 stellt einen Körper von rundem Querschnitte dar, wie er als Grundkörper der Tragachsen charakterisiert ist. Er bildet ein Rotationsparaboloid.

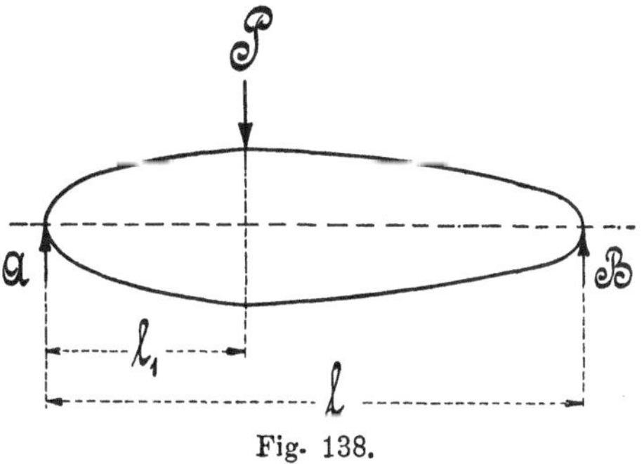

Fig. 138.

Bemerkung: Da diese reinen Biegungskörper für die Auflagerstellen A und B keinen Querschnitt ergeben, so sind die Stellen noch besonders gegen die abscherenden Kräfte A und B zu dimensionieren.

4. Der auf zwei Stützen ruhende, durch eine wandelbare Einzellast belastete Träger mit rechteckigem Querschnitte.

Für die aus Fig. 139 ersichtliche momentane Laststelle C ergibt sich die Auflagereaktion A aus

$$Al = Px$$

oder

$$A = \frac{Px}{l}.$$

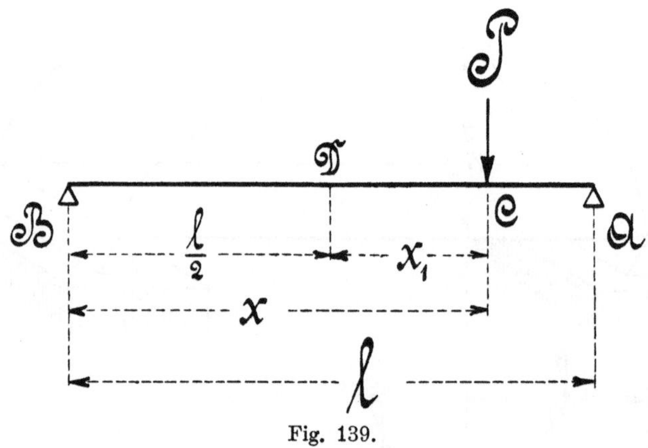

Fig. 139.

Diese Reaktion liefert für die Stelle C das Biegungsmoment

$$M_C = A\,(l - x) = \frac{Px}{l}\,(l - x),$$

das für $x = \dfrac{1}{2}$ das größte, in der Mittelstellung D auftretende Moment

$$M_D = \frac{Pl}{1.2}\left(1 - \frac{1}{2}\right) = \frac{Pl}{4}$$

ergibt.

Aus den Biegungs- und den zugehörigen Widerstandsmomenten läßt sich nach Fig. 140 die Profilgleichung, wie folgt, bestimmen.

$$M_C = W_C\,k_b, \quad \text{woraus} \quad k_b = \frac{M_C}{W_C} = \frac{\dfrac{P.x}{l}(l - x)}{\dfrac{zy^2}{6}} = \frac{6\,Px\,(l - x)}{l\,zy^2},$$

$$M_D = W_D\,k_b, \quad\quad ,, \quad\quad k_b = \frac{M_D}{W_D} = \frac{\dfrac{Pl}{4}}{\dfrac{bh^2}{6}} = \frac{6\,Pl}{4\,bh^2}.$$

Werden nun wieder die Werte von k_b gleich gesetzt, so ergibt sich

$$\frac{6\,P\,x\,(l-x)}{l\,z\,y^2} = \frac{6\,P\,l}{4\,b\,h^2},$$

oder

$$\frac{x\,(l-x)}{l\,z\,y^2} = \frac{l}{4\,b\,h^2}$$

oder

$$\frac{z\,y^2}{4\,b\,h^2} = \frac{x\,(l-x)}{l^2}.$$

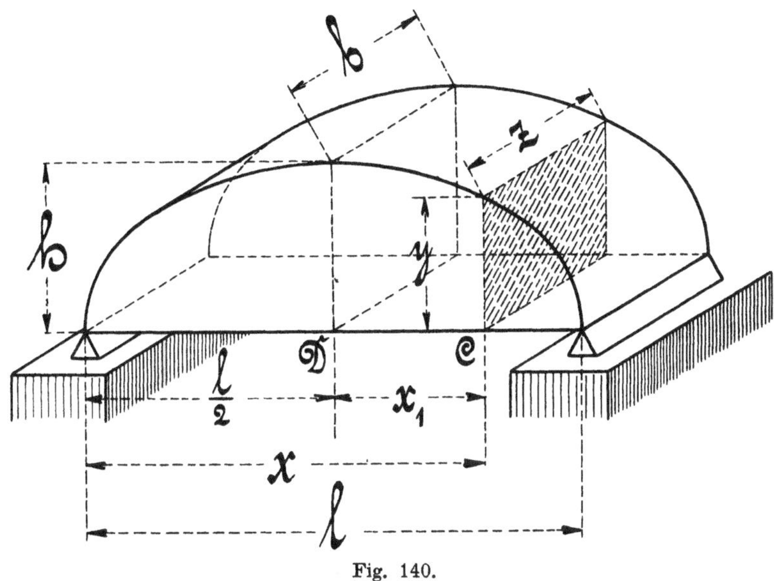

Fig. 140.

Um nun die Form des vorgelegten Trägers besser beurteilen zu können, lege man den Koordinatenanfang nach der Trägermitte D, wofür der Querschnittsabstand $x = \dfrac{l}{2} + x_1$ beträgt. Setzt man den Wert in die letzte Gleichung ein, so ist

$$\frac{z\,y^2}{4\,b\,h^2} = \frac{\left(\dfrac{l}{2}+x_1\right)\left[l-\left(\dfrac{l}{2}+x_1\right)\right]}{l^2} = \frac{\left(\dfrac{l}{2}\right)^2 - x_1^2}{l^2} = \frac{\dfrac{l^2-4\,x_1^2}{4}}{l^2}$$

$$„\quad = \frac{l^2-4\,x_1^2}{4\,l^2},$$

woraus

$$\frac{z\,y^2}{b\,h^2} = \frac{l^2-4\,x_1^2}{l^2} \qquad \dots \dots \dots \quad 134$$

folgt.

In dieser Gleichung sind die Werte z und y veränderlich. Je nachdem man nun z oder y konstant annimmt, ergeben sich die folgenden beiden Fälle:

a) **für konstante Breite**, d. h. $z = b$, erhält man

$$\frac{b}{b}\frac{y^2}{h^2} = \frac{l^2 - 4\,x_1{}^2}{l^2} = 1 - \frac{4\,x_1{}^2}{l^2}$$

oder

$$\left(\frac{y}{h}\right)^2 + \left(\frac{x_1}{\frac{1}{2}l}\right)^2 = 1 \quad \ldots \ldots \ldots \quad 135$$

Die Gleichung besagt, daß die Begrenzungslinie des vorliegenden Trägers eine Ellipse sein muß, deren kleine Halbachse h und die halbe große Achse $\frac{1}{2}l$ beträgt.

b) **für konstante Höhe**, d. h. $y = h$, ergibt sich die aus Fig. 141 ersichtliche Profilform,

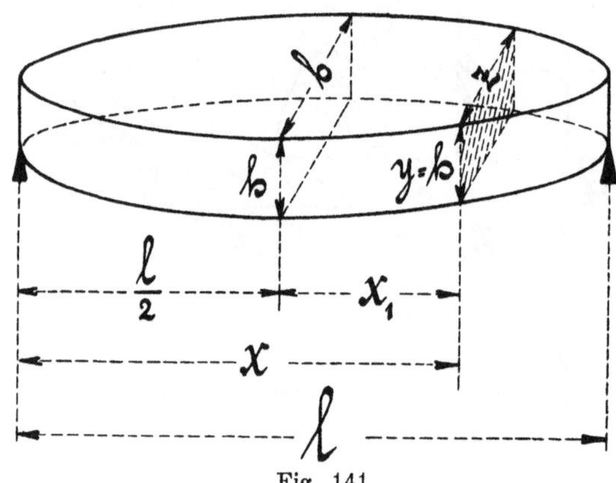

Fig. 141.

$$\frac{z}{b}\frac{h^2}{h^2} = \frac{l^2 - 4\,x_1{}^2}{l^2}$$

$$\text{,,} \quad = 1 - \frac{x_1{}^2}{\left(\frac{1}{2}l\right)^2},$$

woraus

$$\frac{z}{b} = 1 - \left(\frac{x_1}{\frac{1}{2}l}\right)^2$$

folgt; setzt man wieder

$$x_1 = x - \frac{l}{2}, \text{ so ist}$$

$$\frac{z}{b} = 1 - \left(\frac{x - \frac{l}{2}}{\frac{1}{2}l}\right)^2 = 1 - \left(\frac{2x - l}{l}\right)^2 = 1 - \left(\frac{2x}{l} - 1\right)^2$$

oder

$$\frac{z}{b} = 1 - \left(\frac{2x}{l}\right)^2 + \frac{4x}{l} - 1 = \frac{4x\,(l - x)}{l^2} \quad \ldots \ldots \quad 136$$

Diese Gleichung gibt eine Parabel als Begrenzungslinie an.

5. Der auf 2 Stützen ruhende und gleichmäßig belastete Träger mit rechteckigem Querschnitte.

Auch für den in Fig. 142 dargestellten Belastungsfall hat die Ausführung unter 4 Geltung.

Bei konstanter Breite ist die Begrenzungslinie eine Ellipse, bei konstanter Höhe dagegen eine Parabel.

Die beiden Auflagerreaktionen A und B als Schubkräfte bedingen an den beiden Seiten des Trägers eine Mindesthöhe, die sich nach der Schubfestigkeit folgendermaßen bestimmen läßt.

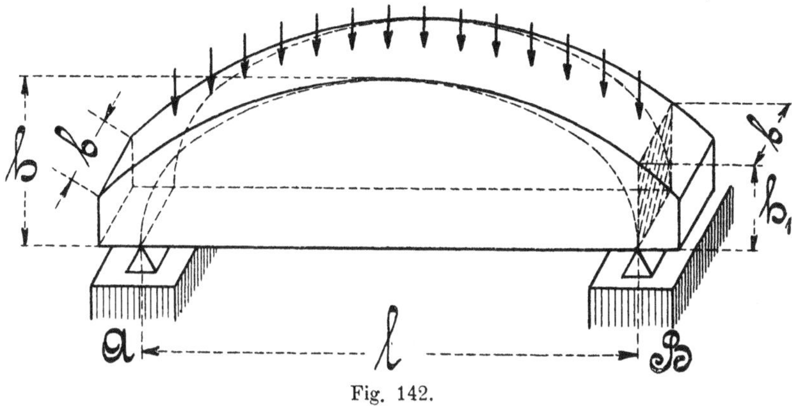

Fig. 142.

Der größte Wert der Auflagen beträgt

$$A = B = \frac{Q}{2}.$$

Da nun z. B.
$$A = f k_s = b h_1 k_s,$$

so ist
$$h_1 = \frac{A}{b k_s} = \frac{\frac{Q}{2}}{b k_s} = \frac{Q}{2 b k_s} \quad \ldots \ldots \ldots 137$$

Fünfter Abschnitt.

Knickung.

§ 25. Die Knickfestigkeit.

1. Allgemeines über Knickung.

Bei der in § 1 und 2 erläuterten Druckfestigkeit wurde angenommen, daß die einen Körper auf Druck beanspruchende Kraft P sich gleichmäßig über den ganzen Querschnitt verteilt. Diese Annahme kann nun aber nur dann richtig sein, wenn

1. das Material des Körpers überall gleichartig und gleich dicht ist,
2. der Körper so ausgerichtet ist, daß er den Bedingungen einer geraden Linie entspricht,
3. daß die Druckkraft P genau mit der geometrischen Achse des Körpers zusammenfällt und
4. daß der Körper von keinerlei Seitenkräften beeinflußt wird.

Obwohl nun diese Voraussetzungen niemals vollständig erfüllt sind, konnte dennoch bei verhältnismäßig kurzen, auf Druck beanspruchten Körpern das Fehlen dieser Eigenschaften übersehen werden, denn der Bruch dieser Körper erfolgte den Erwartungen gemäß lediglich durch Zerdrücken derselben.

Ganz anders erscheint nun aber der Bruch eines ebenfalls auf Druck beanspruchten Körpers, der im Verhältnis zum Querschnitt eine große Länge besitzt, wie es allen stabförmigen Körpern, z. B. Säulen, Fachwerkstreben, Pleuelstangen etc. eigentümlich ist. Bei diesen Körpern tritt niemals ein Bruch durch Zerdrücken ein, sondern es biegen sich dieselben infolge der oben genannten fehlerhaften Eigenschaften schon bei kleineren Belastungen durch, als die Bruchlast des Materials beträgt. Es tritt also in diesen Fällen eine aus Druck und Biegung zusammengesetzte Festigkeit auf, die man als Knickungsfestigkeit bezeichnet hat.

2. Bestimmung der allgemeinen Knickungsgleichung.

1. Der weiteren Betrachtung sei zunächst ein in Fig. 143 dargestellter stabförmiger Körper unterzogen, der, am unteren Ende A eingespannt, d. h. unwandelbar befestigt, am oberen Ende B dagegen frei beweglich und in der Achsenrichtung mit einer Kraft P belastet ist.

Unter der Belastung P wird sich nun der Stab am freien Ende um die Strecke δ ausbiegen, wobei eine Seitenkraft Q überwunden wird, die, an der Stablänge l angreifend, den Stab auf Biegung beansprucht. Da die Ausbiegung δ in Wirklichkeit nur einen sehr kleinen Wert erhalten darf, so kann auch der gekrümmte Stab ohne merkbaren Fehler durch seine Sehnenlänge s ersetzt werden, die mit der ursprünglichen geraden Stabachse den Winkel α einschließt.

Zerlegt man nun noch die Kraft P in die beiden parallel zur Sehne s und Seitenkraft Q gerichteten Komponenten, so ergibt sich

$$\sin \alpha = \frac{Q}{P}.$$

Andererseits ist $\sin \alpha = \frac{\delta}{s} = \infty \frac{\delta}{l}$, weil $\sin \alpha = \operatorname{tg} \alpha$ für kleine Winkel α gesetzt werden kann.

Aus den beiden Gleichungen folgt nun

$$\frac{Q}{P} = \frac{\delta}{l},$$

woraus man das Biegungsmoment $Ql = P\delta = M_b$ erhält.

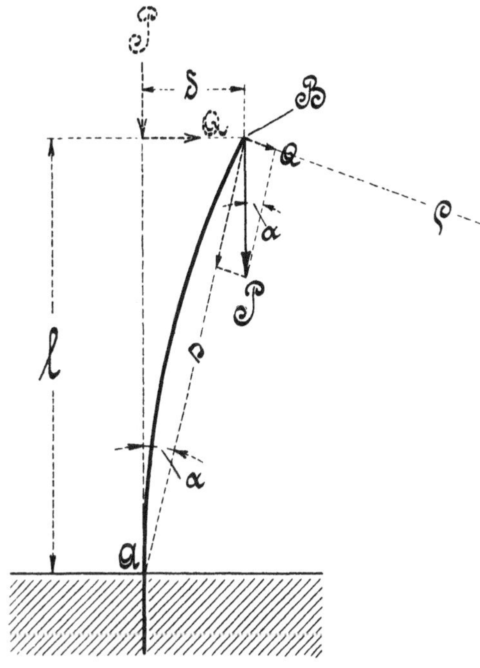

Fig. 143.

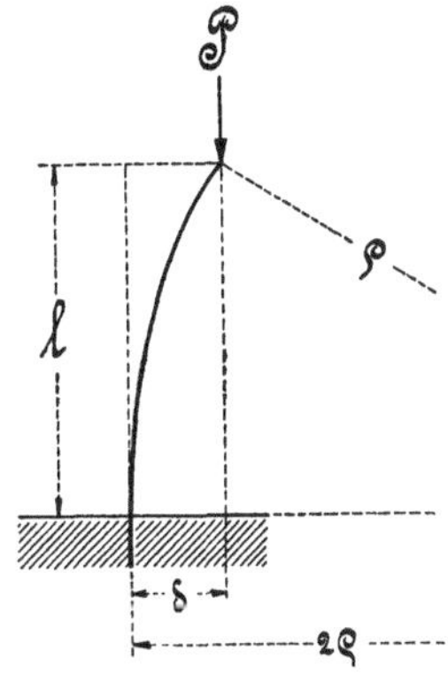

Fig. 143 a.

Nach § 14, 3 ergibt sich der Krümmungshalbmesser

$$\varrho = \frac{\Theta}{\alpha M_b} = \frac{\Theta}{\alpha P \delta},$$

woraus die Belastung

$$P = \frac{\Theta}{\alpha \varrho \delta} \quad \text{folgt.}$$

Unter der weiteren Annahme einer kreisbogenförmigen Krümmung, siehe Fig. 143^a, beträgt nach § 14, Abschnitt 4, sub b, 1

$$l^2 = \delta(2\varrho - \delta) = 2\varrho\delta - \delta^2,$$

woraus mit Vernachlässigung von δ^2 sich

$$l^2 = 2\varrho\delta$$

oder $\varrho\delta = \dfrac{l^2}{2}$ bestimmt.

Wird dieser Wert oben eingeführt, so ergibt sich die folgende Näherungsgleichung

$$P = \frac{\Theta}{\alpha \dfrac{l^2}{2}} = \frac{2\Theta}{\alpha l^2} = 2\frac{1}{\alpha}\frac{\Theta}{l^2},$$

die mit der allgemeinen, mit Hilfe der höheren Analysis entwickelten

Knickungsgleichung bis auf die Zahl 2, für die der Wert $\dfrac{\pi^2}{4} = 2{,}46$ zu setzen ist, vollständig übereinstimmt.

In der Gleichung bedeutet P die Bruchbelastung, weshalb noch der Sicherheitsgrad m in die Gleichung einzuführen ist, um sie praktisch verwendbar zu machen.

Hiernach erhält man die zulässige Belastung P für den in Fig. 143 vorliegenden Belastungsfall zu

$$P = \frac{\pi^2}{4} \frac{1}{m} \frac{1}{\alpha} \frac{\Theta}{l^2} \quad \dots \dots \dots \dots \quad 138$$

In gewöhnlichen Fällen nimmt man bei ruhender Belastung den Sicherheitsgrad m für

$$\begin{aligned}
\text{Schmiedeeisen} &= 5, \\
\text{Gußeisen} &= 6, \\
\text{Holz} &= 10.
\end{aligned}$$

Bei wechselnder Belastung zwischen Null und max. oder zwischen minus und plus max. rechnet man das 2, bezw. 3fache dieser Werte.

2. Weitere, in der Praxis vielfach verwendete Belastungsfälle zeigen die Fig. 144[b], [c] und [d], unter denen der in Fig. 144[b] dargestellte Fall am

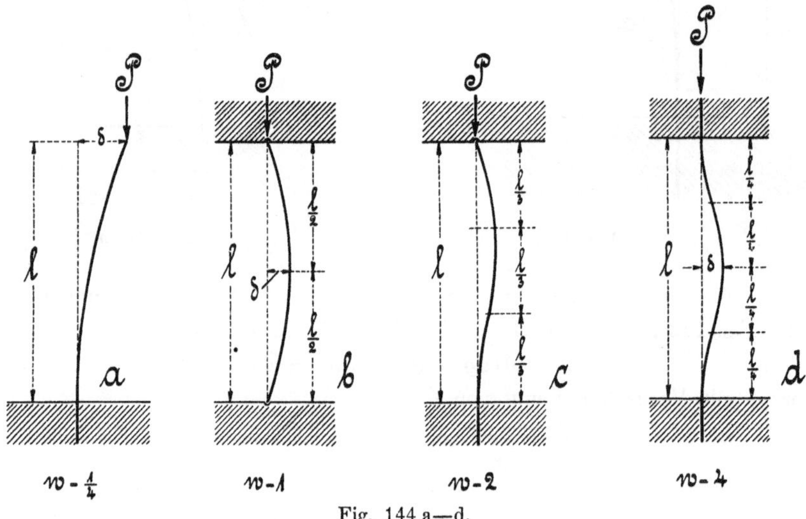

Fig. 144 a—d.

meisten in Rechnung gezogen wird. Die Enden dieses Stabes sind in ihrer Lage festgelegt, ohne daß der Stab selbst an der Durchbiegung verhindert wird.

Da hierbei die größte Durchbiegung δ in der Mitte des Stabes liegt, so kann man jede Stabhälfte für sich als den in Fig. 144[a] genannten

Belastungsfall ansehen, und es ergibt sich daher die zugehörige Knickungsgleichung, wenn man in die für den Fall a entwickelte Gleichung 138 an Stelle der ganzen Länge l nur die halbe Länge $\dfrac{l}{2}$ einführt,

$$P = \frac{\pi^2}{4}\frac{1}{m}\frac{1}{\alpha}\frac{\Theta}{\left(\dfrac{l}{2}\right)^2} = \frac{\pi^2}{4}\frac{1}{m}\frac{1}{\alpha}\cdot\frac{\Theta}{l^2}\,. \qquad \ldots \quad 139$$

Die infolge der Durchbiegung δ in der Mitte auftretende Seitenkraft Q beansprucht den Stab ebenso, wie § 23, Abschnitt b, 1 zeigt.

3. Der in Fig. 144ᶜ dargestellte Stab biegt sich erfahrungsmäßig so durch, daß er annähernd aus drei einzelnen Stäben von je $\dfrac{l}{3}$ der Länge gedacht werden kann, die sich wie der Stab in Fig. 144ᵃ verhalten. Führt man deshalb in die Gleichung 138 den Wert $\dfrac{l}{3}$ ein, so ergibt sich die zu Fig. 144ᶜ gehörige angenäherte Knickungsgleichung

$$P = \frac{\pi^2}{4}\frac{1}{m}\frac{1}{\alpha}\frac{\Theta}{\left(\dfrac{l}{3}\right)^2} = \frac{9}{4}\pi^2\frac{1}{m}\frac{1}{\alpha}\frac{\Theta}{l^2},$$

die mit der mit Hilfe der höheren Analysis entwickelten Gleichung bis auf die Zahl $\dfrac{9}{4}$, für die der Wert 2 zu treten hat, vollständig übereinstimmt.

Setzt man noch den letzten Wert ein, so erhält man die genaue Gleichung

$$P = 2\,\pi^2\frac{1}{m}\frac{1}{\alpha}\frac{\Theta}{l^2} \qquad \ldots \quad 140$$

Bezüglich der Seitenkraft Q sei auf § 23, Abschnitt c, 7 verwiesen.

4. Der in Fig. 144ᵈ vorgelegte Stab erreicht in der Mitte seine größte Durchbiegung δ, an welcher Stelle auch die Seitenkraft Q überwunden wird.

In § 23, Abschnitt C, 1 wurde bereits gesagt, daß ein solcher Stab, im Abstande $\dfrac{l}{4}$ von den Einspannstellen aus gemessen, je einen Wendepunkt besitzt.

Man kann sich deshalb den ganzen Stab in 4 gleiche Teile geteilt denken, wobei jeder Teil den Belastungsfall a darstellt.

Setzt man daher in die Gleichung 138 an Stelle der Länge l nur den 4. Teil derselben ein, so ergibt sich die Knickungsgleichung für den hier vorliegenden Fall

$$P = \frac{\pi^2}{4}\frac{1}{m}\frac{1}{\alpha}\frac{\Theta}{\left(\dfrac{l}{4}\right)^2} = 4\pi^2\frac{1}{m}\frac{1}{\alpha}\frac{\Theta}{l^2} \qquad \ldots \quad 141$$

Allgemein. Wie ein Vergleich der 4 aufgestellten Knickungsgleichungen erkennen läßt, stimmen sie bis auf die ersten, von den einzelnen Belastungsfällen abhängigen Zahlenwerten vollständig überein.

Werden nun diese Werte noch mit ω bezeichnet, so erhält man die für alle 4 Belastungsfälle gültige Knickungsgleichung

$$P = \frac{\omega}{m} \frac{\pi^2}{\alpha} \frac{\Theta}{l^2}, \quad \cdot \quad \cdot \quad \cdot \quad \cdot \quad \cdot \quad \cdot \quad \cdot \quad \cdot \quad 142$$

worin $\omega = \dfrac{1}{4}$ für den Belastungsfall in Fig. 144ª,

$$\omega = 1 \; \text{,,} \quad \text{,,} \quad \quad \text{,,} \quad \quad \text{,,} \quad \text{,,} \quad 144^{\text{b}} \; (\text{Eulersche Gleichung}),$$
$$\omega = 2 \; \text{,,} \quad \text{,,} \quad \quad \text{,,} \quad \quad \text{,,} \quad \text{,,} \quad 144^{\text{c}},$$
$$\omega = 4 \; \text{,,} \quad \text{,,} \quad \quad \text{,,} \quad \quad \text{,,} \quad \text{,,} \quad 144^{\text{d}}.$$

3. Bestimmung der Grenze zwischen Druck und Knickung.

Setzt man in der vorstehenden Knickungsgleichung vorübergehend den konstanten Wert

$$\frac{\omega}{m} \frac{\pi^2}{\alpha} = a,$$

so lautet die Gleichung

$$P = a \frac{\Theta}{l^2},$$

woraus sich

$$\Theta = \frac{P}{a} l^2$$

ergibt. Diese Gleichung liefert nun für verschiedene Werte von l verschiedene Trägheitsmomente oder Querschnitte, die für $l = 0$ auch den Wert Null erreichen.

Da nun aber die am Eingang dieses Paragraphen erwähnte Druckfestigkeit, die vollständig unabhängig von der Länge ist, bereits einen Mindestquerschnitt bedingt, so ist es von besonderem Interesse zu wissen, welche Länge diesem Mindestquerschnitte entspricht.

Diese Länge wird dann zugleich auch die Grenze zwischen Druck und Knickung insofern darstellen, als ein auf Druck beanspruchter Körper auf Knickung berechnet werden muß, sobald die Grenzlänge überschritten wird; dagegen liefert bei Unterschreitung dieser Länge die einfache Druckfestigkeit einen größeren Querschnitt.

An der Grenze selbst ist es einerlei, ob auf Druck oder Knickung gerechnet wird.

Um eine darauf bezügliche Gleichung zu erhalten, verfahre man in folgender Weise:

1. Die zulässige Belastung bei **K n i c k u n g** ist $P = \dfrac{\omega}{m} \dfrac{\pi^2}{\alpha} \dfrac{\Theta}{l^2},$

2.   ,,   ,,   ,,   ,,   **D r u c k**   ,, $P = f k_{\text{d}}.$

Da nun beide Belastungen P gleiche Werte darstellen, so ergibt sich die Grenzlänge

$$\frac{\omega}{m}\frac{\pi^2}{\alpha}\frac{\Theta}{l^2} = fk_d$$

oder

$$l = \sqrt{\frac{\omega}{m}\frac{\pi^2}{\alpha}\frac{\Theta}{fk_d}} = \pi\sqrt{\frac{\omega\,\Theta}{m\,\alpha\,fk_d}}. \quad \ldots \ldots 143$$

4. Bestimmung der Knickungsgleichung von Navier.

Die in Abschnitt 2 dieses Paragraphen aufgestellte Knickungsgleichung 142 enthält, entgegen der sonstigen Gewohnheit, keine Materialbeanspruchung k, sondern einen Sicherheitsgrad m, der, den verschiedenartigsten Verhältnissen entsprechend, größer oder kleiner zu wählen ist.

Will man nun aber die Materialspannung k, wie es oftmals gewünscht worden ist, in einer Gleichung darstellen, so verfahre man nach Navier, wie folgt:

Man denke sich, so wie es in Wirklichkeit auch mehr oder weniger zutrifft, den in Fig. 145 dargestellten Stab von der Kraft P so angegriffen, daß sie exzentrisch auf den Querschnitt einwirkt, dann ergibt sich infolge der dadurch veranlaßten Durchbiegung des Stabes nach § 14, Abs. 1 und § 25, Abs. 2, 1 das für den mittleren Querschnitt des Stabes gültige Biegungsmoment

$$M_b = Pi = Wk_1 = \frac{\Theta}{e}k_1,$$

wobei $k_1 = \dfrac{Pie}{\Theta}$ den Druck auf die innere Faserschicht darstellt.

Da nun der Stab außer der Biegung auch noch auf Druck beansprucht wird, so ist

$$P = fk_2,$$

woraus $k_2 = \dfrac{P}{f}$ ebenfalls als Druck auf die innere Faserschicht folgt.

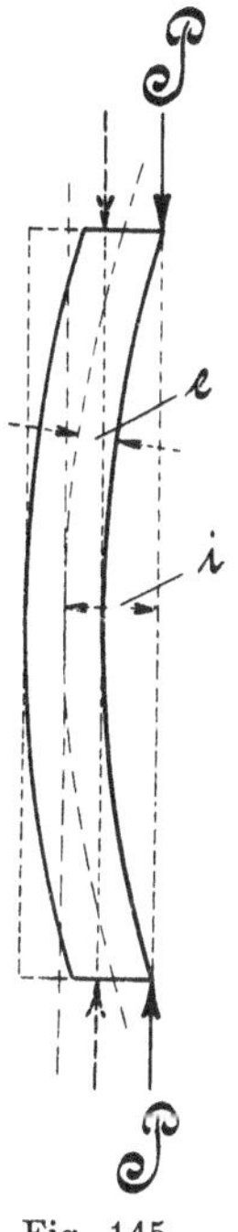

Fig. 145.

Die genannte Faserschicht erleidet daher eine Pressung von

$$k = \frac{P}{f} + \frac{Pie}{\Theta} = \frac{P}{f}\left(1 + \frac{ief}{\Theta}\right)$$

oder

$$P = f\frac{k}{1 + \dfrac{ief}{\Theta}}.$$

Die in der Gleichung einzige Unbekannte i hat nun die Bestimmung, alle die im Abschnitte 1 dieses Paragraphen aufgeführten und sonstigen Voraussetzungen, die außerhalb der theoretischen Betrachtungen liegen, zu berücksichtigen.

Um nun dennoch eine Unterlage für diese Größe zu erhalten, ist weiter darauf hinzuweisen, daß infolge des Biegungsmomentes „$M_b = Pi$" in der äußersten Faserschicht eine Spannung von

$$k_1 = \frac{Pie}{\Theta}$$

auftritt, zu der eine Dehnung von

$$\varepsilon = \alpha k_1, \text{ woraus } k_1 = \frac{\varepsilon}{\alpha} \text{ folgt, gehört.}$$

Werden die letzten beiden Werte von k_1 gleichgesetzt, so erhält man

$$\frac{Pie}{\Theta} = \frac{\varepsilon}{\alpha}$$

oder

$$P = \frac{\varepsilon}{\alpha} \frac{\Theta}{ie}.$$

Setzt man den Wert mit der in Abschnitt 2 entwickelten Knickungsgleichung 142 gleich, so ist

$$P = \frac{\varepsilon}{\alpha} \frac{\Theta}{ie} = \frac{\omega}{m} \frac{\pi^2}{\alpha} \frac{\Theta}{l^2}$$

oder

$$ie = \frac{\varepsilon m}{\pi^2 \omega} l^2 = \chi l^2.$$

Hierin bedeutet

$$\chi = \frac{\varepsilon m}{\pi^2 \omega}.$$

Wird dieser Wert in obige Gleichung für P eingesetzt, so erhält man

$$P = f \frac{k}{1 + \frac{\chi l^2 f}{\Theta}} = f \frac{k}{1 + \chi \left(\frac{l}{r}\right)^2}, \quad \ldots \ldots 144$$

worin r den Trägheitshalbmesser bezeichnet, der sich aus der Momentengleichung $\Theta = fr^2$ bestimmen läßt.

Sechster Abschnitt.

Torsion.

§ 26. Die Torsionsfestigkeit.

1. Vorgang beim Verdrehen.

Ist ein Körper, wie beistehende Fig. 146 zeigt, an einem Ende in irgend einer Weise eingeklemmt oder festgehalten und wird das andere Ende durch ein Kräftepaar von der Größe $M = Pr$, dessen Drehungsebene senkrecht zur Achse des vorliegenden Körpers gerichtet ist, verdrehend beansprucht, so verdrehen und verschieben sich die Querschnitte so gegeneinander, daß die Verschiebungen der einzelnen Querschnitte gegenüber dem in Ruhe verbleibenden eingeklemmten Querschnitte direkt

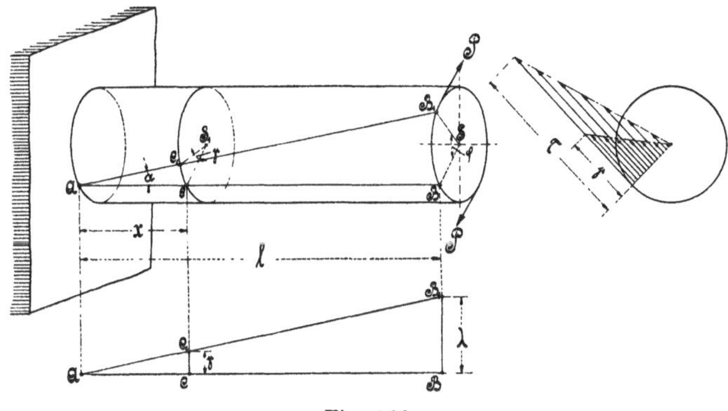

Fig. 146.

proportional den zugehörigen Abständen sind. Die größte Verschiebung, bezw. Verdrehung erleidet demnach der äußerste, im Abstande l befindliche Querschnitt mit $\lambda = BB_1$.

Den genannten Verdrehungen oder Verschiebungen entsprechen nun aber auch sogenannte Verdrehungs- oder Torsionswinkel, die sich ergeben, sobald man die Anfangs- und Endpunkte der Verschiebungen, wie z. B. in Fig. 146, die Punkte CC_1, bezw. BB_1 mit den sogenannten Torsionsmittelpunkten S_1, bezw. S verbindet.

Die von Null an stetig zunehmenden, bis zu einem im freien Endquerschnitte erreichten größten Winkel φ besagen, daß die Verdrehungen am Umfange des Körpers am größten sind und nach der Mitte zu bis auf Null abnehmen. Die Scheitelpunkte sämtlicher Torsionswinkel liegen, wie nachfolgend unter 2 nachgewiesen wird, auf der durch die Schwerpunkte der einzelnen Querschnitte gehenden geometrischen Achse, die auch, da sie schiebungs- und damit auch spannungsfrei ist, als neutrale Achse bezeichnet werden kann.

Nach dem Umfange zu nehmen, wie Fig. 146[a] zeigt, auch die Maximalspannungen, die hierbei als Schubspannungen auftreten, proportional den Schiebungen zu.

Diese Schubspannungen, die nach § 13, Abs. 2 stets paarweise auftreten, wirken sowohl in der Querschnittsrichtung als auch, wie das in Fig. 147 dargestellte Körperelement zeigt, senkrecht dazu, also in Achsenrichtung. Die letzte Kraft ist auch die Ursache dafür, daß bei gewalztem Schweißeisen, Draht etc. infolge der ausgeprägten Faserrichtung und des damit verknüpften geringen Widerstandes sehr leicht Längsrisse auftreten.

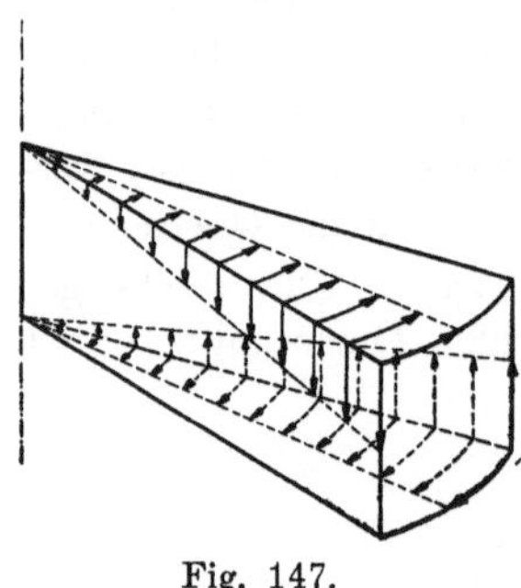

Fig. 147.

Die Querschnitte selbst bleiben beim zylindrischen Körper auch während der Verdrehung eben und senkrecht zur Achse gerichtet, dagegen wölben sich die Querschnitte beim elliptischen, rechteckigen oder quadratischen stabförmigen Körper, während die beiden Hauptachsen ihre Lage in der ursprünglichen Ebene und ihre senkrechte Richtung beibehalten haben.

2. Lage des Drehungsmittelpunktes.

Denkt man sich in Fig. 148 den beliebig gestalteten Querschnitt eines auf Drehung beanspruchten Körpers vorgelegt und bezeichnet S den Drehungs- oder Torsionsmittelpunkt, so ergibt sich für ein durch den Punkt S gelegtes Koordinatensystem folgendes:

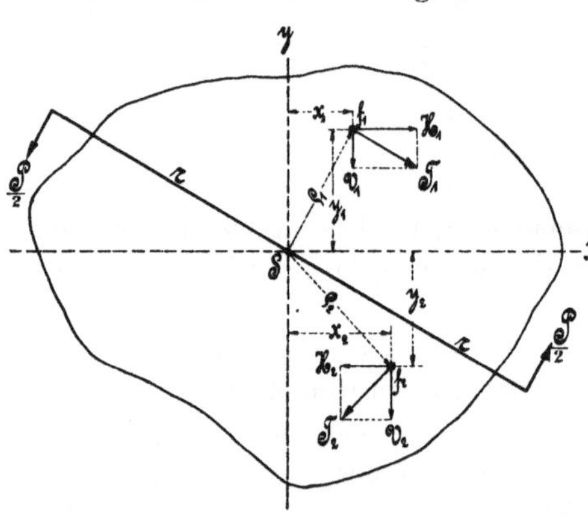

Fig. 148.

Bezeichnen f_1, f_2, f_3 etc. beliebige Flächenelemente, die vom Punkte S die Abstände ϱ_1, ϱ_2, ϱ_3 etc. haben, und stellen τ_1, τ_2, τ_3 etc. die in den einzelnen Flächenelementen wirkenden Schubspannungen dar, so ergeben sich die in den Elementen wirkenden Tangentialkräfte T_1, T_2, T_3 etc. zu

$$T_1 = f_1 \tau_1 \qquad T_2 = f_2 \tau_2 \qquad T_3 = f_3 \tau_3 \text{ etc.,}$$

die die im Querschnitte wirkenden inneren Momente

$$m_1 = T_1 \varrho_1 \qquad m_2 = T_2 \varrho_2 \qquad m_3 = T_3 \varrho_3 \text{ etc.}$$

hervorrufen, deren Summe sich mit dem äußeren Drehmomente $M = Pr$ das Gleichgewicht halten muß.

Es besteht somit die Gleichgewichtsbedingung

$$M_d = m_1 + m_2 + m_3 + \ \ldots \ = \sum_1^n m$$

$$\text{„} \ = T_1 \varrho_1 + T_2 \varrho_2 + T_3 \varrho_3 + \ \cdot \ = \sum_1^n T\varrho.$$

Zerlegt man nun die Tangentialkräfte T in die Seitenkräfte H und V, die den Koordinatenachsen parallel gerichtet sind, so veranlassen

1. die Momente $m_{h1} = H_1 y_1$, $m_{h2} = H_2 y_2$, $m_{h3} = H_3 y_3$ etc. eine Verschiebung gegen die x-Achse,

2. die Momente $m_{v1} = V_1 x_1$, $m_{v2} = V_2 x_2$, $m_{v3} = V_3 x_3$ etc. eine Verschiebung gegen die y-Achse.

Da nun aber der Torsionsmittelpunkt S weder eine Verschiebung in der Richtung der x-Achse, noch senkrecht dazu erleiden darf, so müssen sich die letztgenannten Momente, für sich allein betrachtet, gegenseitig aufheben. Es bestehen somit die beiden Bedingungsgleichungen

$$\left. \begin{array}{l} 1. \ \Sigma m_h = \Sigma Hy = 0 \\ 2. \ \Sigma m_v = \Sigma Vx = 0 \end{array} \right\} \quad \ldots \ldots \quad 145$$

Die beiden Gleichungen besagen, daß die x- und die y-Achse, wie es in § 14, Abs. 2 bereits gesagt worden ist, sogenannte Schwerlinien des Querschnittes darstellen, die ihren· gemeinschaftlichen Schwerpunkt im Durchschnittspunkte S haben.

Damit ist nun aber die Übereinstimmung des Torsionsmittelpunktes mit dem Schwerpunkte des auf Verdrehen beanspruchten Querschnittes gegeben.

3. Entwickelung der Festigkeitsgleichung der Drehung.

a) Für kreisförmigen Querschnitt.

Wie bereits vorher unter 2 ausgeführt worden ist, sind die Tangentialkräfte T_1, T_2, T_3 etc. abhängig von den Flächenelementen f_1, f_2, f_3 etc. und den Schubspannungen τ_1, τ_2, τ_3 etc., die nun ihrerseits wieder von den Abständen ϱ_1, ϱ_2, ϱ_3 etc. abhängen. Nach dem unter 1 Gesagten besteht zwischen den Schubspannungen und den zugehörigen Abständen Proportionalität, so daß der aus Fig. 149 ersichtlichen äußersten Faserschicht auch die größte Spannung τ zugehört.

Die in den einzelnen Elementen herrschenden Spannungen ergeben sich zu:

$$\tau_1 : \tau = \varrho_1 : r \qquad \tau_2 : \tau = \varrho_2 : r \qquad \tau_3 : \tau = \varrho_3 : r \text{ etc.}$$

$$\tau_1 = \frac{\tau \varrho_1}{r} \qquad \tau_2 = \frac{\tau \varrho_2}{r} \qquad \tau_3 = \frac{\tau \varrho_3}{r} \text{ etc.}$$

Setzt man diese Werte in die unter 2 genannte Gleichgewichts-bedingung

$$M = T_1 \varrho_1 + T_2 \varrho_2 + T_3 \varrho_3 + \ldots \ldots \ldots = \Sigma T \varrho$$

$$\text{,,} = f_1 \tau_1 \varrho_1 + f_2 \tau_2 \varrho_2 + f_3 \tau_3 \varrho_3 + \ldots \ldots = \Sigma f \tau \varrho$$

ein, so ergibt sich

$$M_d = f_1 \frac{\tau \varrho_1}{r} \varrho_1 + f_2 \frac{\tau \varrho_2}{r} \varrho_2 + f_3 \frac{\tau \varrho_3}{r} \varrho_3 + \ldots \ldots$$

$$\text{,,} = \frac{\tau}{r} \left(f_1 \varrho_1{}^2 + f_2 \varrho_2{}^2 + f_3 \varrho_3{}^2 + \ldots \right) = \frac{\tau}{r} \Sigma f \varrho^2.$$

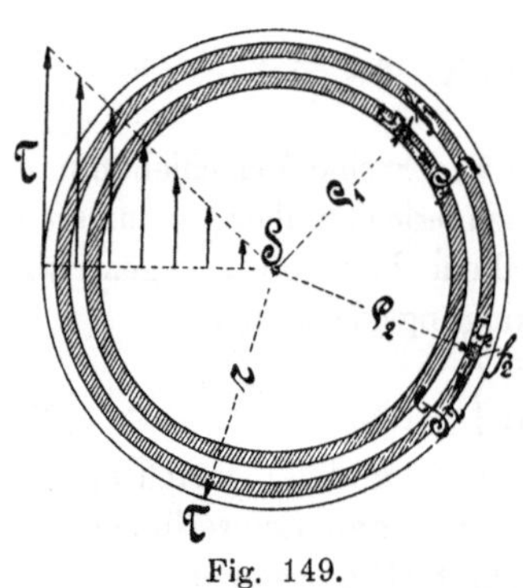

Fig. 149.

Der Klammerwert stellt aber das bereits in § 15, Abs. 4 erwähnte polare Trägheitsmoment Θ_p dar, dem das polare Widerstandsmoment $W_p = \dfrac{\Theta_p}{r}$ zur Seite steht. Führt man diese Bezeichnungen in die Momentengleichung ein und wird noch die Spannung τ durch die zulässige Spannung k_d ersetzt, so ergibt sich die der Drehung zugrunde liegende Festigkeits-gleichung

$$M_d = \frac{k_d}{r} \Theta_p = \frac{\Theta_p}{r} k_d = W_p k_d \quad . \quad 146$$

Die Gleichung setzt nun einen konstanten Schubkoeffizienten voraus, was bei dem in der Praxis zumeist verwendeten Material Schmiedeeisen und Stahl fast vollständig zutrifft.

Handelt es sich dagegen um Gußeisen, beï dem der Schubkoeffizient β mit wachsender Schiebung, bezw. Spannung zunimmt, so braucht man nur in der vorliegenden Momentengleichung die Schubspannung τ durch den veränderlichen Koeffizienten β nach der im § 13, Abs. 1 aufgeführten Elastizitätsgleichung $\gamma = \beta \tau$, woraus $\tau = \dfrac{\gamma}{\beta}$ folgt, zu ersetzen.

An Stelle des polaren Trägheitsmomentes kann man auch nach § 15, Abs. 4 das äquatoriale Trägheitsmoment in die Festigkeitsgleichung einführen, wie es die allgemeine Gleichung in dem folgenden Abschnitte b erkennen läßt.

NB. Setzt man in der vorstehenden Gleichung 146 das polare Widerstandsmoment für den Kreisquerschnitt ein, so ergibt sich der Durchmesser von schmiedeeisernen Wellen aus

$$M_d = W_p\, k_d = \frac{d^3 \pi}{16}\, k_d$$

zu
$$d = \sqrt[3]{\frac{16\, M_d}{\pi}\, \frac{}{k_d}} = 1{,}72 \sqrt[3]{\frac{M_d}{k_d}} \quad \ldots \ldots \quad 147$$

Wählt man für normale Verhältnisse die Schubspannung $k_d =$ 2,11 kg/qmm als einen praktisch viel gebrauchten Mittelwert, so erhält man den nur auf Festigkeit berechneten Wellendurchmesser

$$d = 1{,}72 \sqrt[3]{\frac{M_d}{2{,}11}} = 1{,}341 \sqrt[3]{M_d} \quad \ldots \ldots \quad 148$$

Da nun nach den Regeln der Mechanik die Arbeit aus Kraft mal Weg gefunden wird, so ergibt sich nach Fig. 150 für einen Punkt am Umfange der Welle, in dem die Umfangskraft P am Radius r wirkt, die Arbeit in einer Sekunde

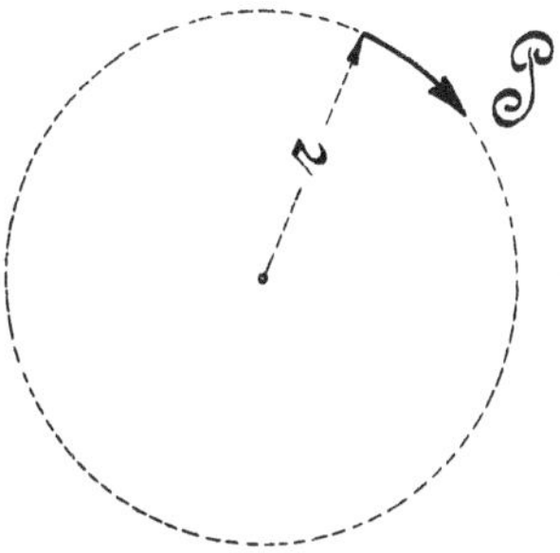

$$A = P s = P\, \frac{2 r \pi n}{60} \text{ kgmm}$$

$$\text{,,} = \frac{P\, 2 r \pi n}{60 \cdot 1000} \text{ kgm}$$

$$\text{,,} = \frac{P\, 2 r \pi n}{60 \cdot 1000 \cdot 75}\, PS$$

oder
$$N = \frac{P r\, 2 \pi n}{60 \cdot 1000 \cdot 75} = \frac{2 \pi n\, M_d}{60 \cdot 1000 \cdot 75}$$

Fig. 150.

$$\text{,,} \quad M_d = \frac{60 \cdot 1000 \cdot 75}{2 \pi}\, \frac{N}{n} = \sim 716\,200\, \frac{N}{n} \quad \ldots \ldots \quad 149$$

Setzt man diesen Wert in die Gleichung 148 ein, so berechnet sich der Wellendurchmesser, ausgedrückt durch Pferdestärken und Tourenzahl, aus

$$d = 1{,}341 \sqrt[3]{716200\, \frac{N}{n}} = 120 \sqrt[3]{\frac{N}{n}} \quad \ldots \ldots \quad 150$$

b) *Für elliptischen und rechteckigen Querschnitt.*

In früherer Zeit hat man die vorher für den Kreisquerschnitt aufgestellte Festigkeitsgleichung auch für andere Querschnitte angewandt, indem man für den Halbmesser r den größten Abstand des Querschnittes, vom Torsionsmittelpunkte aus gemessen, einführte, womit angenommen wurde, daß im größten Abstande auch die größte Spannung vorhanden sei. Die weiteren Erfahrungen haben indessen ergeben, daß nicht im größten, sondern im kleinsten Faserabstande eines Querschnittes die größten Spannungen auftreten.

Eine solche Spannungsverteilung zeigen die Figuren 151 und 152, und zwar zeigt die Figur 151, daß für Flächenteilchen in der Richtung

einer beliebigen Halbachse des elliptischen Querschnittes Proportionalität
zwischen den Schubspannungen und den zugehörigen, vom Mittelpunkte
aus gemessenen Abständen besteht.

Ebenso zeigt die Fig. 152 eine Proportionalität für die beiden Hauptachsen des rechteckigen Querschnittes; außerdem gibt diese Figur noch
eine Übersicht über die Spannungsverteilungen in den Querschnittselementen
der Umfangs- und der Diagonalrichtung.

Während nun jede Querschnittsform eine eigene Entwickelung nötig
macht, deren Durchführung selbst für die beiden vorliegenden Querschnitte
außerhalb der Grenzen dieses Buches liegt, so sei doch an dieser Stelle

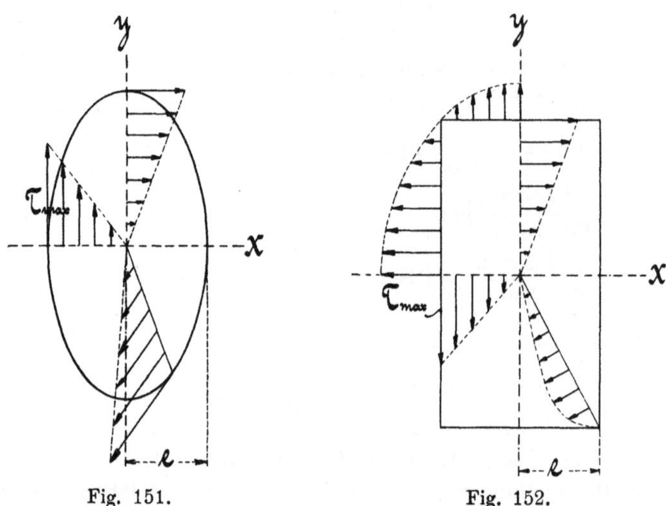

Fig. 151.   Fig. 152.

darauf aufmerksam gemacht, daß sich die Resultate der Festigkeits-
gleichungen für die Ellipse und das Rechteck in der bereits unter a dieses
Abschnittes für den Kreis aufgestellten Festigkeitsgleichung 146 darstellen
lassen, sofern man noch einen Faktor ω einführt, der die einzelnen Querschnitte zu berücksichtigen hat.

Die allgemeine Gleichung lautet

$$M_d \leqq \omega \frac{\Theta}{e} k_d \quad . \quad . \quad . \quad . \quad . \quad . \quad . \quad 151$$

Hierin bedeutet

M_d = das Moment des drehenden Kräftepaares,

Θ = das kleinere der beiden Hauptträgheitsmomente,

e = den kleineren der beiden in den Hauptachsenrichtungen zu messen-
den äußersten Faserabstand, falls die Abstände verschieden sein sollten,

k_d = die zulässige Materialspannung gegen Drehung,
ω = einen Zahlenwert, der

    1. für den Kreis und den Kreisring $\omega = 2$,

    2. für die Ellipse und den Ellipsenring $\omega = 2$,

    3. für das Rechteck $\omega = \dfrac{4}{3}$

beträgt.

    NB. Der allgemeineren Festigkeitsgleichung 151 folgen auch gerade stabförmige Körper, deren Querschnitte ein gleichseitiges Dreieck oder ein gleichseitiges Sechseck darstellt;

        für den ersteren Fall ist $\omega = 1{,}385$,

        „   „ letzteren   „   „ $\omega = 1{,}694$.

4. Entwickelung der Formänderungsgleichung. Verdrehungswinkel.

    In der praktischen Anwendung kommen viele Fälle vor, wo die Dimensionierung der auf Drehung beanspruchten Körper nach der unter 3 aufgestellten Festigkeitsgleichung allein nicht genügt. Die so erhaltenen Resultate können bei großem Drehmomente und langen Körpern, wie es bei Triebwerkswellen meistens der Fall ist, zu kleine Werte erreichen, so daß die Körper eine praktisch unzulässige Verdrehung erleiden könnten. Es macht sich deshalb notwendig, alle auf Festigkeit berechneten Körper noch auf Verdrehung zu untersuchen. Um eine solche Gleichung für kreisförmigen Querschnitt zu erhalten, verfahre man, wie folgt:

    Nach Fig. 153 beträgt die größte Verdrehung λ des Endquerschnittes gegenüber dem festgeklemmten

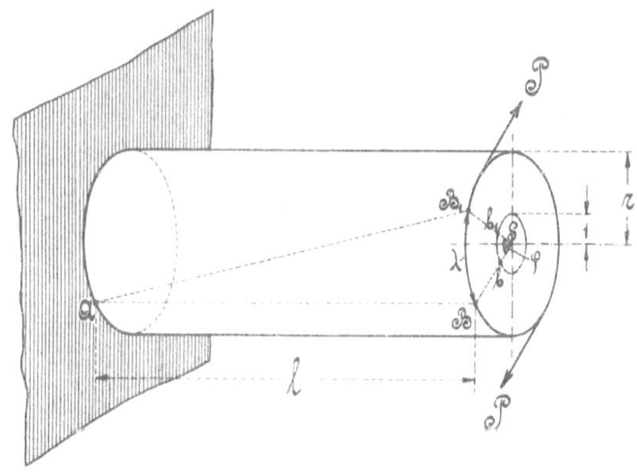

Fig. 153.

$$\lambda = \widehat{BB_1} = r\,\mathrm{arc}\,\varphi.$$

    Nach der im § 13, Abs. 1 vorliegenden Schubelastizitätsgleichung 43 ist die Verdrehung

$$\lambda = \gamma l = \beta \tau l.$$

Durch Gleichsetzen der beiden λ-Werte erhält man

$$r\,\mathrm{arc}\,\varphi = \beta \tau l,$$

woraus $$\mathrm{arc}\,\varphi = \frac{\beta \tau l}{r}\ \text{folgt.}$$

Die Schubspannung τ beträgt nun nach der im Abschnitte 3, a dieses Paragraphen entwickelten Gleichung 146 $M_d = \dfrac{\Theta_p}{r}\,\tau$,

$$\tau = \frac{M_d r}{\Theta_p}.$$

Den Wert oben eingesetzt, gibt

$$\mathrm{arc}\,\varphi = \frac{\beta\,\dfrac{M_d r}{\Theta_p}\,l}{r} = \frac{\beta M_d l}{\Theta_p}.$$

Führt man nun den letzten Wert in die Verhältnisgleichung des Einheitskreises

$$\mathrm{arc}\,\varphi : \varphi^0 = 2\pi : 360^0$$

ein, so ergibt sich der Verdrehungswinkel

$$\varphi^0 = \frac{360\,\mathrm{arc}\,\varphi}{2\pi} = \frac{180}{\pi}\,\mathrm{arc}\,\varphi$$

$$„ = \frac{180}{\pi}\,\frac{\beta M_d l}{\Theta_p} \qquad\qquad\qquad\qquad \dots\ 152$$

Hierin bedeutet

M_d = das Drehmoment,

l = die Länge des auf Drehung beanspruchten zylindrischen Körpers,

Θ_p = das polare Trägheitsmoment,

β = den Schubkoeffizienten.

Erfahrungsmäßig läßt man bei schmiedeeisernen Wellen eine Verdrehung von $^1/_4{}^0$ für den laufenden Meter zu, was bei einer 1 Meter langen Welle einem Verdrehungswinkel von

$$\varphi = \frac{1}{4}\,l = \frac{1}{4}\ \text{Grad entspricht.}$$

Für eine 1 Millimeter lange Welle beträgt dann der Verdrehungswinkel

$$\varphi = \frac{1}{4\,.\,1000}\ \text{Grad.}$$

Diesen Wert in die Formänderungsgleichung 152 eingesetzt, gibt

$$\varphi^0 = \frac{180}{\pi}\,\frac{\beta M_d l}{\Theta_p} = \frac{1}{4000}.$$

Da ferner nach § 13, Abs. 1 $\quad \beta = \dfrac{1}{G} = \dfrac{1}{\dfrac{2}{5}E} = \dfrac{1}{\dfrac{2}{5}\,20000} = \dfrac{1}{8000}$

und nach § 16, Abs. 3 $\quad \Theta_p = \dfrac{d^4 \pi}{32}$ ist, so liefert die vorstehende Gleichung einen Wellendurchmesser von

$$\frac{1}{4000} = \frac{180}{\pi}\frac{\beta\,M_d l}{\Theta_p} = \frac{180}{\pi}\frac{1}{8000}\frac{M_d l}{\dfrac{d^4\pi}{32}}$$

oder
$$d = \sqrt[4]{\frac{180}{\pi}\frac{4000}{8000}M_d\frac{32}{\pi}} = 4{,}125\sqrt[4]{M_d} \ \ . \ \ . \ \ . \ \ . \ \ 153$$

Mit Bezugnahme auf die der Mechanik angehörenden Arbeitsgleichung 149 „$M_d = 716\,200\dfrac{N}{n}$“, womit das drehende Moment durch Pferdestärken und Tourenzahl ersetzt werden kann, ergibt sich der Wellendurchmesser

$$d = 4{,}125\sqrt[4]{716\,200\frac{N}{n}} = \sim 120\sqrt[4]{\frac{N}{n}} \ . \ \ . \ \ . \ \ 154$$

NB. Eine für kreisförmige, elliptische und rechteckige Querschnitte gültige Formänderungsgleichung erhält man in der Form

$$\varphi^0 = \omega\,\frac{180}{\pi}\frac{\Theta_x + \Theta_y}{4\,\Theta_x\Theta_y}\beta\,M_d l = \omega\,\frac{180}{\pi}\frac{\Theta_p}{4\,\Theta_x\Theta_y}\frac{M_d}{G}l, \ \ . \ \ . \ \ 155$$

worin

　　Θ_x und Θ_y die beiden Hauptträgheitsmomente,

　　　Θ_p das polare Trägheitsmoment,

　　　l die Länge des Körpers,

und　　　$\omega = 1$ für kreis- und kreisringförmige Querschnitte,

　　　$\omega = 1$ für elliptische Querschnitte,

　　　$\omega = 1{,}2$ für alle rechteckigen Querschnitte

darstellt.

5. Grenzwertbestimmung zwischen Festigkeit und Formänderung.

Da eine nach Abschnitt 3 nur auf Festigkeit berechnete Welle in den meisten Fällen auch einer gegebenen Formänderung entsprechen soll, umgekehrt aber auch eine nach Abschnitt 4 auf Verdrehung bestimmte Welle der Festigkeitsgleichung Genüge leisten muß, so geht daraus hervor, daß von beiden Rechnungsarten stets der größte Wert für die praktische Anwendung zu benutzen ist.

Da man nun aber nicht immer voraussehen kann, welche Gleichung den größten Wert liefert, so ist es von Interesse zu wissen, was für einen Grenzwert beide Gleichungen gemeinsam haben.

Dieser Wert ergibt sich in folgender Weise:

1. Nach der Festigkeit ist　　$M_d = W_p\,k_d = \dfrac{d^3\pi}{16}k_d,$

2. nach der Formänderung　　$\varphi^0 = \dfrac{180}{\pi}\dfrac{\beta\,M_d l}{\Theta_p}$

$$\quad\quad\quad\quad\quad„ = \frac{180}{\pi}\frac{1}{G}\frac{1}{\dfrac{d^4\pi}{32}}M_d,$$

woraus
$$M_d = \frac{\pi^2 G \varphi d^4}{180.32\,l} \text{ folgt.}$$

Da in beiden Fällen M_d dasselbe Moment ist, so erhält man durch Gleichsetzen

$$\frac{\pi^2 G \varphi d^4}{180.32\,l} = \frac{d^3 \pi}{16} k_d$$

oder
$$\frac{\pi G \varphi d}{180.2.l} = k_d,$$

woraus
$$d = \frac{180.2.l k_d}{\pi G \varphi} = 114{,}588 \frac{l k_d}{\varphi G} \quad . \quad . \quad . \quad . \quad . \quad 156$$

folgt.

Dieser Grenzdurchmesser besagt, daß bei Unterschreitung desselben die Wellen auf Verdrehung, bei Überschreitung dagegen auf Festigkeit berechnet werden müssen.

Der genannte Durchmesser beträgt unter den in Abschnitt 3 und 4 gemachten Annahmen, nämlich $k_d = 2{,}11$ kg pro qmm, $G = 8000$ kg pro qmm und $\varphi = \dfrac{0{,}25\,l}{1000} = \dfrac{25}{100\,000}l$,

$$d = 114{,}588 \frac{l.2{,}11}{\dfrac{25}{100000}l.8000} = \frac{114{,}588.2{,}11.100\,000}{25.8000}$$

$$\text{,,} = 120{,}89 \sim \underline{121 \text{ mm}} \quad . \quad . \quad . \quad . \quad . \quad . \quad . \quad . \quad . \quad . \quad 157$$

Unter Einsetzung dieses Durchmessers in eine der beiden Torsionsgleichungen 146, bezw. 152 kann man auch einen Grenzwert für das drehende Moment bestimmen.

Aus der Festigkeitsgleichung 146 ergibt sich

$$M_d = \frac{d^3 \pi}{16} k_d = \frac{\pi\,2{,}11}{16} d^3 = \frac{\pi\,2{,}11}{16} 121^3 = \underline{733\,900 \text{ kgmm}} \quad . \quad 158$$

Wird das Moment unterschritten, so muß auf Verdrehung, im anderen Falle dagegen auf Festigkeit gerechnet werden.

Im übrigen ergeben auch die im Abschnitte 3 und 4 aufgestellten speziellen Gleichungen, nämlich $d = 120 \sqrt[3]{\dfrac{N}{n}}$ und $d = 120 \sqrt[4]{\dfrac{N}{n}}$, für das Verhältnis $\dfrac{N}{n} = 1$ ein und denselben Wellendurchmesser. Wird das Verhältnis kleiner als eins, so liefert die 4. Wurzel der Formänderungsgleichung den größten Wert, ist aber das Verhältnis größer als eins, so gibt die 3. Wurzel der Festigkeitsgleichung den größten Wert.

NB. Zu beachten ist immer, daß für jede andere Materialspannung oder einen anderen Verdrehungswinkel die Grenzwerte andere Werte annehmen.

Anwendungen der Festigkeitslehre.

Erste Aufgabengruppe.

Zu § 2. Zug- und Druckfestigkeit.

1. Beispiel. Für einen auf 5 Atmosphären Überdruck beanspruchten Dampfzylinder von 600 mm Durchmesser soll der Kerndurchmesser der Deckelschrauben für den Fall bestimmt werden, daß 10 Stück derselben bei einer zulässigen Materialbeanspruchung von 3 kg pro qmm zur Verwendung kommen sollen.

Lösung: Nach Formel 7.

1. Der Dampfdruck P.

$$P = \frac{D^2 \pi}{4}\, p$$

2. Der Kerndurchmesser d_1.

$$P - f k_z - \frac{d_1^2 \pi}{4}\, i k_z ,$$

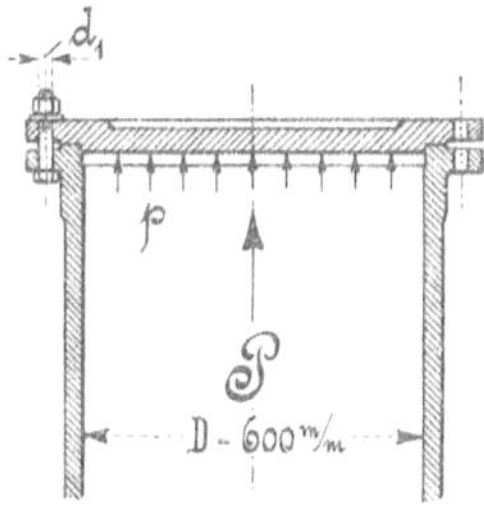

Fig. 154.

woraus

$$d_1 = \sqrt{\frac{4}{\pi i k_z}\, P} = \sqrt{\frac{4}{\pi i k_z}\, \frac{D^2 \pi}{4}\, p} = D \sqrt{\frac{p}{i k_z}}$$

$$„ = 60 \sqrt{\frac{5}{10 \cdot 3}} = \underline{24,49}\ \text{mm}\ \text{folgt.}$$

Dieser Durchmesser entspricht einer $1^1/_4{''}$ Schraube nach Whitworth mit $d_1 = \underline{27,10\ \text{mm}}$ Kerndurchmesser.

2. Beispiel. Eine aus 4 gleichschenkligen Winkeleisen hergestellte kreuzförmige Zugstange werde mit 700 kg/cm² Querschnitt beansprucht. Die Schenkelhöhe der Winkeleisen sei mit 130 mm, die mittlere Dicke der Schenkel mit 16 mm und der Durchmesser der zur Verbindung benutzten Nieten mit 25 mm gegeben.

Welche Belastung kann die Stange erhalten?

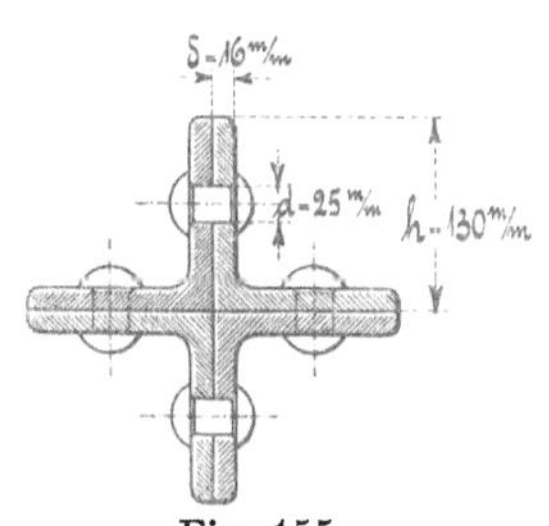

Fig. 155.

11*

Lösung: Nach Formel 7.

$$P = f\,k_z = i\,\{h\delta + (h - \delta - d)\,\delta\}\,k_z = i\delta k_z\,(h + h - \delta - d)$$
$$„ = i\delta k_z\,(2h - \delta - d) = 4\,.\,16\,.\,7\,(2\,.\,130 - 16 - 25)\cdot$$
$$„ = 448\,.\,219 = \underline{98\,112}\ \text{kg}.$$

3. Beispiel. Es soll die Bruchfestigkeit eines vorhandenen Förderseiles bestimmt werden. Dasselbe besteht aus 7 Litzen, wobei jede Litze aus 18 Drähten von je 2,5 mm Durchmesser hergestellt ist. Die bei 5 facher Sicherheit in Frage kommende Tragfähigkeit des Seiles betrage 12 000 kg.

Lösung: Nach den Formeln 6 und 7.

$$P = f\,k = f\,\frac{s}{m},$$

$$s = \frac{P\,m}{f} = \frac{P\,m}{7\,i\,\dfrac{\delta^2\,\pi}{4}} = \frac{12\,000\,.\,5}{7\,.\,18\,.\,\dfrac{2,5^2\,\pi}{4}} = \underline{97\ \text{kg pro qmm.}}$$

4. Beispiel. Für einen Riemenzug von 72 kg soll die Dicke des Riemens ermittelt werden, wenn die Breite desselben 120 mm und die Materialspannung 12 kg pro qcm beträgt.

Lösung: Nach Formel 7.

$$P = f\,k_z = b\,\delta\,k_z,$$

$$\delta = \frac{P}{b\,k_z} = \frac{72}{120\,.\,0,12}$$

$$„ = \underline{5\ \text{mm.}}$$

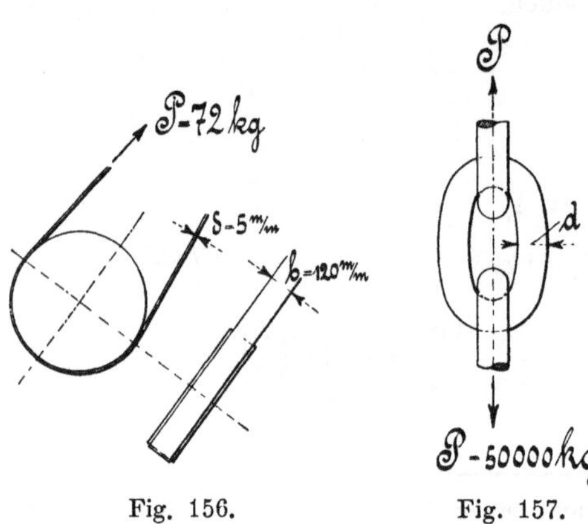

Fig. 156.   Fig. 157.

5. Beispiel. Ein Kettenglied zerreißt bei einer Zugbelastung von 30 Tonnen.

Welche Bruchfestigkeit besitzt das **Material**, wenn der Durchmesser des aus Rundeisen hergestellten Ketteneisens 20 mm beträgt?

Lösung: Nach Formel 7.

Gegeben: $P = 30\,\text{t}$
$ d = 20$ mm

Gesucht: $s = ?$

$$P = f\,s = 2\,\frac{d^2\,\pi}{4}\,s$$

$$s = \frac{P\,.\,4}{2\,.\,d^2\pi} = \frac{30\,000\,.\,4}{2\,.\,20^2\,.\,\pi}$$

$$„ = \underline{48\ \text{kg pro qmm.}}$$

6. Beispiel. Ein auf 2 Mauern gelagerter I-Eisenträger werde in der Mitte mit 12 000 kg belastet.

Welche Auflagelänge muß derselbe erhalten, wenn die Flanschbreite 18,5 cm beträgt und eine besondere Druckplatte nicht angewendet werden soll? Die Beanspruchung des Mauerwerks sei mit 12 kg pro qcm vorgeschrieben.

Lösung: Nach Formel 8.

$$P = f\,k_d = b\,l\,2\,k_d$$

$$l = \frac{P}{2\,b\,k_d} = \frac{12\,000}{2\cdot18,5\cdot12} = \frac{100}{3,7} = \underline{27}\ \text{cm.}$$

7. Beispiel. Es soll der lichte Durchmesser einer kurzen, hohlen, gußeisernen Säule bestimmt werden, die bei einem äußeren Durchmesser von 140 mm und 500 kg Materialspannung eine Belastung von 40 t tragen kann.

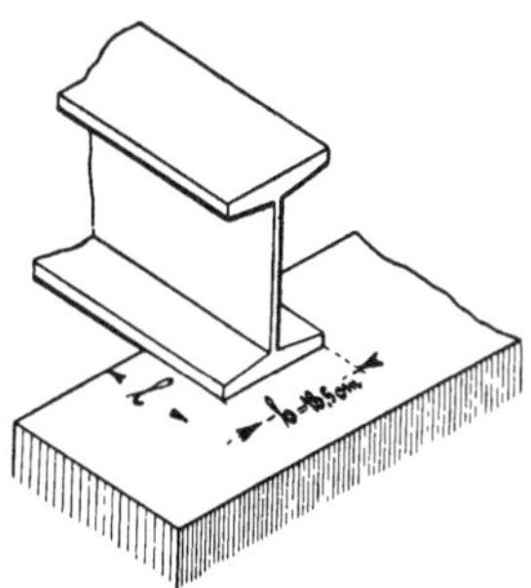

Fig. 158.

Lösung: Nach Formel 8.

$$P = f\,k_d = \left(\frac{D^2\pi}{4} - \frac{d^2\pi}{4}\right)k_d$$

$$\text{,,} = (D^2 - d^2)\frac{\pi}{4}\,k_d,$$

woraus

$$\frac{4\,P}{\pi\,k_d} - D^2 = -\,d^2,$$

$$d = \sqrt{D^2 - \frac{4\,P}{\pi\,k_d}} = \sqrt{140^2 - \frac{4\cdot40\,000}{\pi\cdot5}}$$

$$\text{,,} = 20\sqrt{49 - \frac{80}{\pi}} = 20\sqrt{49 - 25,48}$$

$$\text{,,} = 20\sqrt{23,52}$$

$$\text{,,} = 20\cdot4,85 = \underline{97,00}\ \text{mm folgt.}$$

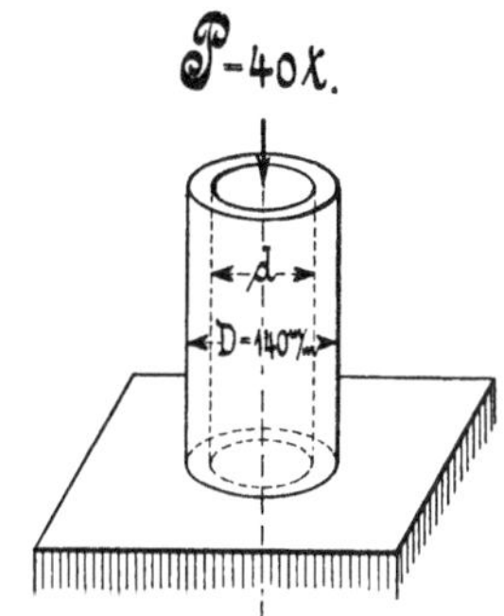

Fig. 159.

8. Beispiel. Ein schmiedeeiserner Zapfen beanspruche den Lagerkörper mit 2000 kg. Die Länge des Zapfens sei gleich dem 1,4 fachen Durchmesser desselben, der mit 40 mm gegeben ist.

Wie groß ist der Flächendruck zwischen Zapfen und Lager?

Lösung: Nach Formel 8.

$$P = f\,p = d\,l\,p = d\cdot1,4\,d\cdot p$$

$$\text{,,} = 1,4\,d^2\,p,$$

$$p = \frac{P}{1,4\,d^2} = \frac{2000}{1,4\cdot40^2} = \frac{5}{5,6}$$

$$\text{,,} = \underline{0,893}\ \text{kg.}$$

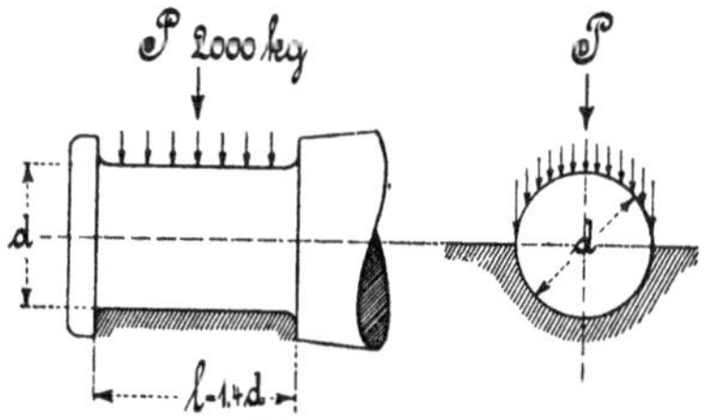

Fig. 160.

9. Beispiel. Für eine in der Achsenrichtung mit 12 500 kg belastete Welle soll der Durchmesser des Spurzapfens für den Fall bestimmt

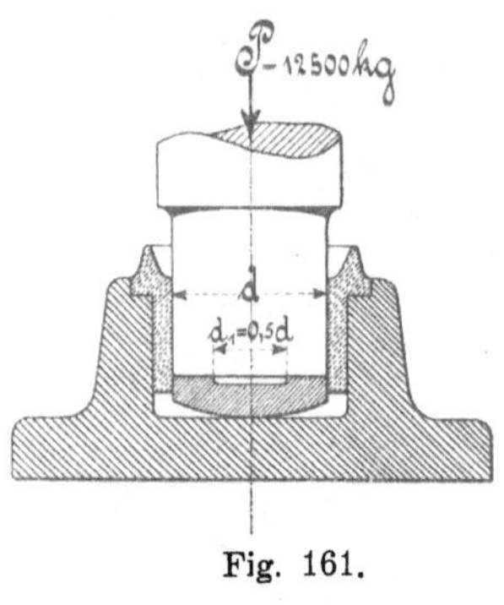

Fig. 161.

werden, daß die aus Bronze hergestellte Spurplatte als Ringplatte mit einer Bohrung gleich dem halben Zapfendurchmesser ausgebildet ist und daß der Flächendruck 0,35 kg pro qmm nicht überschreitet.

Lösung: Nach Formel 8.

$$P = fp = (d^2 - d_1{}^2)\frac{\pi}{4}\,p$$

$$\text{„} = \{d^2 - (0,5\ d)^2\}\frac{\pi}{4}\,p$$

$$\text{„} = d^2(1 - 0,25)\frac{\pi}{4}\,p = 0,75\,\frac{\pi}{4}\,d^2 p,$$

woraus

$$d = \sqrt{\frac{4\,P}{0,75\,\pi\,p}} = 4\cdot 0,564\,\sqrt{\frac{P}{3\,p}} = 2,256\,\sqrt{\frac{12500}{3\cdot 0,35}}$$

$$\text{„} = 245,99 = \sim 246\ \text{mm folgt.}$$

10. Beispiel. Wie groß muß der Wellendurchmesser eines Kammzapfens ausgeführt werden, wenn die aufzunehmende Kraft 7500 kg, die Tourenzahl 200 beträgt und 5 Ringe in Frage kommen? Die Ringbreite soll hierbei das 0,1fache des Zapfendurchmessers betragen; der von der Tourenzahl abhängig zu machende Flächendruck sei nach der empirischen Gleichung $p = \dfrac{33}{n}$ festzustellen.

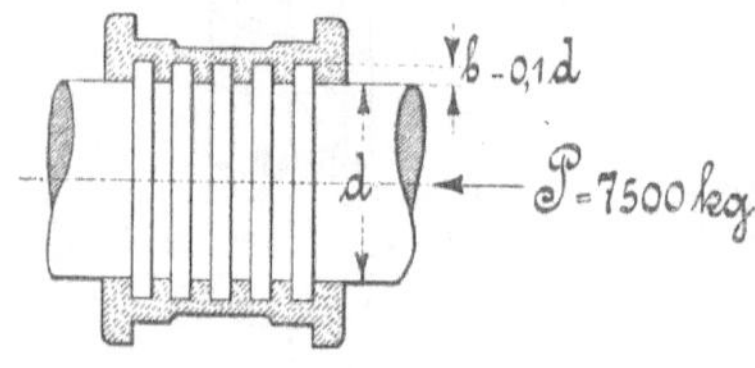

Fig. 162.

Gegeben: P = 7500 kg
       i = 5
       n = 200
       $p = \dfrac{33}{n}$
       b = 0,1 d
Gesucht: d = ?

Lösung: Nach Formel 8.

$$P = fp = i\,\{(d + 2\,b)^2 - d^2\}\frac{\pi}{4}\,\frac{33}{n}$$

$$\text{„} = \frac{i\pi\,33}{4\,n}\{(d + 2\cdot 0,1\,d)^2 - d^2\}$$

$$\text{„} = \frac{i\pi\,33}{4\,n}\{(1,2\,d)^2 - d^2\}$$

$$\text{„} = \frac{i\pi\,33}{4\,n}(1,44\,d^2 - d^2)$$

$$\text{„} = \frac{33\,i\,\pi}{4\,n}\,0,44\,d^2 = 3,63\,\pi\,\frac{i\,d^2}{n},$$

woraus

$$d = \sqrt{\frac{P\,n}{3,63\,\pi\,i}} = \sqrt{\frac{7500\cdot 200}{3,63\cdot\pi\cdot 5}} = 100\cdot 0,564\,\sqrt{\frac{150}{3,63\cdot 5}}$$

$$\text{„} = 56,4\,\sqrt{\frac{1000}{121}} = \frac{564}{11}\,\sqrt{10} = 51,27\cdot 3,16$$

$$\text{„} = 162\ \text{mm folgt.}$$

11. Beispiel. Eine gußeiserne Säule vom lichten Durchmesser 12 cm beansprucht ein aus Ziegelsteinen hergestelltes Fundament mit 50000 kg.

Welche Seitenlänge muß die quadratische Fußplatte erhalten, wenn die runde Aussparung berücksichtigt und 1 qcm Mauerwerk mit 12 kg belastet werden soll?

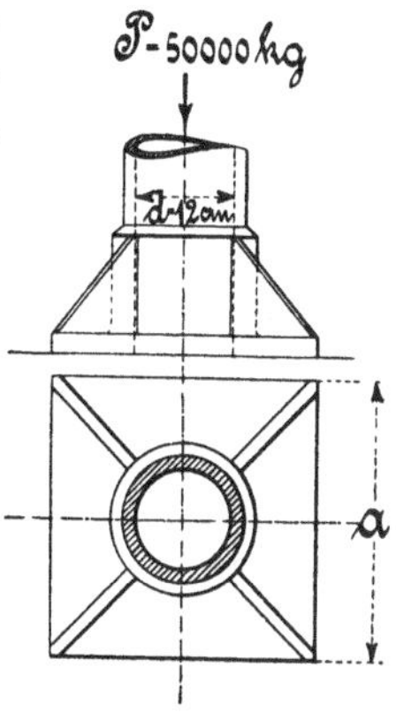

Gegeben:

$P = 50\,000$ kg

$k_d = 12$ kg pro qcm

Gesucht:

$a = ?$

Lösung: Nach Formel 8.

$$P = f\,k_d = \left(a^2 - \frac{d^2\pi}{4}\right)k_d,$$

$$a = \sqrt{\frac{P}{k_d} + \frac{d^2\pi}{4}}$$

$$„ = \sqrt{\frac{50\,000}{12} + \frac{12^2\pi}{4}}$$

$$„ = \sqrt{4166,67 + 113,09}$$

$$„ = \sqrt{4279,76}$$

$$„ = \underline{65,4 \text{ cm.}}$$

Fig. 163.

Zweite Aufgabengruppe.

Zu § 3. Elastizität.

12. Beispiel. Eine schmiedeeiserne Rundeisenstange von 2,7 m Länge werde mit 6500 kg beansprucht. Der Durchmesser der Stange sei 1,8 cm. Der Dehnungskoeffizient des vorliegenden Materials beträgt $\dfrac{1}{2\,000\,000}$.

Um wieviel wird sich unter der Belastung die Stange ausdehnen?

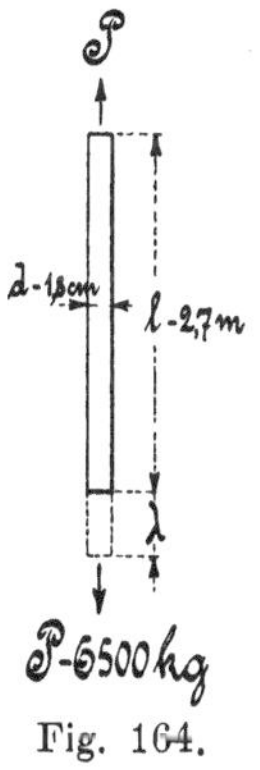

Gegeben: $P = 6500$ kg

$l = 2,7$ m

$\alpha = \dfrac{1}{2\,000\,000}$

$d = 1,8$ cm

Gesucht: $\lambda = ?$

Lösung: Nach Formel 11.

$$\lambda = \alpha\sigma l = \alpha\frac{P}{f}l = \alpha\frac{P}{\dfrac{d^2\pi}{4}}l$$

$$„ = \frac{1}{2\,000\,000}\frac{6500}{\dfrac{1,8^2\pi}{4}}2,7$$

$$„ = 0,0034 \text{ m} = \underline{3,4 \text{ mm.}}$$

Fig. 164.

13. Beispiel. Eine Zugstange von Flacheisen mit $2,5 \times 7$ cm Querschnitt und 3,5 m Länge werde mit einer Kraft von 18 t beansprucht.

1. Welcher Anstrengung ist das Material ausgesetzt, und
2. welche Verlängerung wird die Stange erleiden?

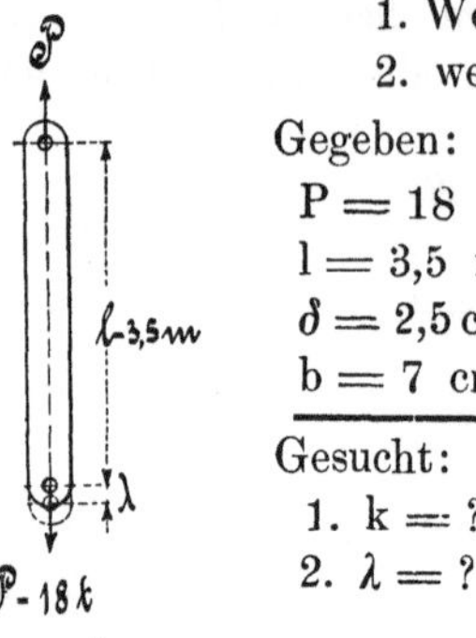

Fig. 165.

Gegeben:	Lösung: Nach den Formeln 7 und 11.

Gegeben:

$P = 18$ t
$l = 3,5$ m
$\delta = 2,5$ cm
$b = 7$ cm

Gesucht:
1. $k = ?$
2. $\lambda = ?$

Lösung: Nach den Formeln 7 und 11.

1. $P = fk = \delta b k$

$$k = \frac{P}{\delta b} = \frac{18\,000}{2,5 \cdot 7}$$

$$\text{,,} = 1028,6 \text{ kg pro qcm}$$

2. $\lambda = \alpha \sigma l = \frac{1}{2\,000\,000}\, 1028,6 \cdot 350$

$$\text{,,} = 0,18 \text{ cm.}$$

14. Beispiel. Es soll die Länge eines mit 450 kg pro qcm beanspruchten Kupferdrahtes bestimmt werden, der sich unter der Belastung um 5 cm verlängert hat.

Der Elastizitätsmodul beträgt 1 300 000 kg pro qcm.

Gegeben: $k = 450 \dfrac{\text{kg}}{\text{cm}^2}$

$\lambda = 5$ cm

$E = 1\,300\,000 \dfrac{\text{kg}}{\text{cm}^2}$

Gesucht: $l = ?$

Lösung: Nach den Formeln 11 und 12

$$\lambda = \alpha \sigma l = \frac{1}{E} k l$$

$$l = \frac{\lambda E}{k}$$

$$\text{,,} = \frac{5 \cdot 1\,300\,000}{450}$$

$$\text{,,} = 14\,444,4 \text{ cm}$$

$$\text{,,} = 144,444 \text{ m.}$$

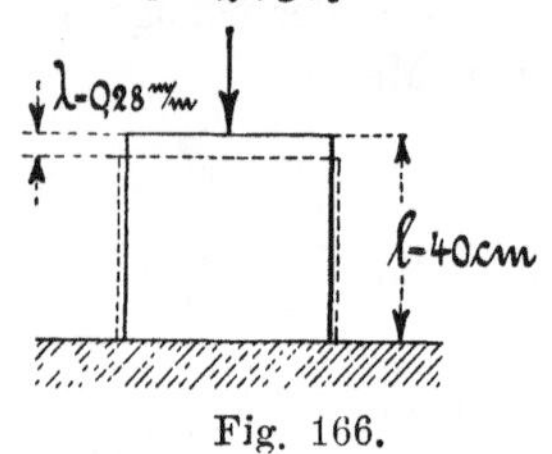

Fig. 166.

Gegeben: $P = 245$ t
$f = 350$ qcm
$\lambda = 0,28$ mm
$l = 40$ cm

Gesucht: $E = ?$

15. Beispiel. Unter der Belastung von 245 t drückt sich eine 40 cm lange Gußeisenstange von 350 qcm Querschnitt um 0,28 mm zusammen.

Welchen Elastizitätsmodul besitzt das vorliegende Material?

Lösung: Nach den Formeln 11 und 12.

$$\lambda = \alpha \sigma l = \frac{1}{E}\frac{P}{f} l$$

$$E = \frac{Pl}{\lambda f} = \frac{245\,000 \cdot 40}{0,028 \cdot 350}$$

$$\text{,,} = 1\,000\,000 \text{ kg pro qcm.}$$

16. Beispiel. Für eine Kraft von 2500 kg soll bei 6 kg pro qmm Materialinanspruchnahme eine 2 m lange Zugstange von Rundeisen hergestellt werden.

1. Wie groß ist der Durchmesser der Stange zu wählen?

2. Um welchen Betrag wird sich dieselbe unter der genannten Belastung verlängern?

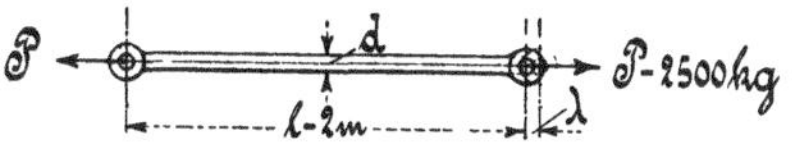

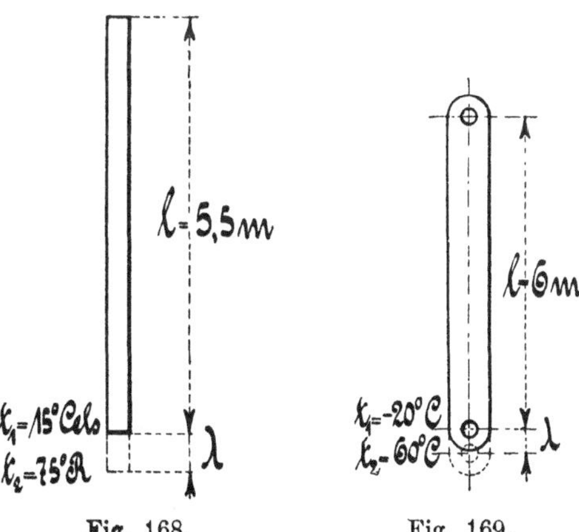

Fig. 167.

Gegeben: $P = 2500$ kg

$$k = 6 \frac{\text{kg}}{\text{qmm}}$$

$$l = 2 \text{ m}$$

Gesucht: 1. $d = ?$

2. $\lambda = ?$

Lösung: Nach den Formeln 7 und 11.

1. $P = f k = \dfrac{d^2 \pi}{4} k$

$$d = \frac{4 P}{\pi k} = \frac{4 \cdot 2500}{\pi \cdot 6}$$

$$„ = \underline{23 \text{ mm.}}$$

2. $\lambda = \alpha \sigma l = \dfrac{1}{2\,000\,000} 600 \cdot 2$

$$„ = 0{,}0006 \text{ m} = \underline{0{,}6 \text{ mm.}}$$

Dritte Aufgabengruppe.

Zu § 4. Ausdehnung durch Wärme.

17. Beispiel. Eine 5,5 m lange Eisenstange habe eine Temperatur von 15^0 C, die auf 75^0 R erhöht werden soll. Die Längenzunahme der Stange soll nun für den Fall bestimmt werden, daß der Ausdehnungskoeffizient des vorliegenden Materials 0,000012 beträgt.

Lösung: Nach Formel 13.

$$\lambda = \alpha (t_2 - t_1) l = 0{,}000012 \left(75 \cdot \frac{5}{4} - 15 \right) \cdot 5{,}5$$

$$„ = 0{,}000012 \frac{315}{4} 5{,}5 = 0{,}0051975 \text{ m} = \underline{5{,}1975 \text{ mm.}}$$

18. Beispiel. Eine schmiedeeiserne Fachwerkstrebe von 6 m Länge ist einer Temperaturschwankung von $t_1 = -20^0$ C bis $t_2 = 60^0$ C ausgesetzt.

Um wieviel wird sich die Strebe ausdehnen, wenn der Ausdehnungskoeffizient für das vorliegende Material $0{,}1231 \cdot 10^{-4}$ beträgt?

Fig. 168.   Fig. 169.

Lösung: Nach Formel 13.

$$\lambda = \alpha\,(t_2 - t_1)\,l = 0{,}1231 \cdot 10^{-4}\,\{60 - (-20)\}\,6$$
$$\text{„} = 0{,}1231 \cdot 10^{-4} \cdot 80 \cdot 6 = 0{,}0059088 \text{ m}$$
$$\text{„} = \underline{5{,}9088} \text{ mm.}$$

19. Beispiel. Eine massive Kugel aus Kupfer hat bei einer Temperatur von 170^0 C einen Radius von 4,5 cm.

Um wieviel verkleinert sich infolge der Zusammenziehung

1. der Radius,
2. die Oberfläche und
3. der Rauminhalt der Kugel, wenn die Temperatur bis auf 10^0 C abgekühlt wird und der Ausdehnungskoeffizient des Kupfers $18 \cdot 10^{-6}$ beträgt.

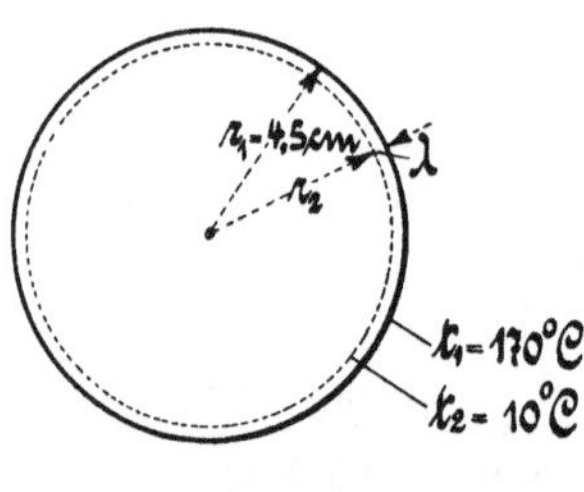

Fig. 170.

Lösung: Nach Formel 13.

1. $\lambda = \alpha\,(t_1 - t_2)\,l = 18 \cdot 10^{-6}\,(170 - 10)\,4{,}5 = \underline{0{,}01296}$ cm.

2. $\omega = 4\,r_1{}^2\pi - 4\,r_2{}^2\pi = 4\pi\,(r_1{}^2 - r_2{}^2)$
$\quad\text{„} = 4\pi\,\{4{,}5^2 - (4{,}5 - 0{,}01296)^2\} = \underline{1{,}46289}$ qcm.

3. $v = \dfrac{4}{3}\,r_1{}^3\pi - \dfrac{4}{3}\,r_2{}^3\pi = \dfrac{4\pi}{3}\,(r_1{}^3 - r_2{}^3)$

$\quad\text{„} = \dfrac{4\pi}{3}\,\{4{,}5^3 - (4{,}5 - 0{,}01296)^3\} = \underline{3{,}2969}$ ccm.

20. Beispiel. Ein aus Schweißeisen hergestellter Schrumpfring habe bei 750^0 R einen lichten Durchmesser von 50 cm. Die Breite des Ringes betrage 12 cm und die Dicke 6 cm.

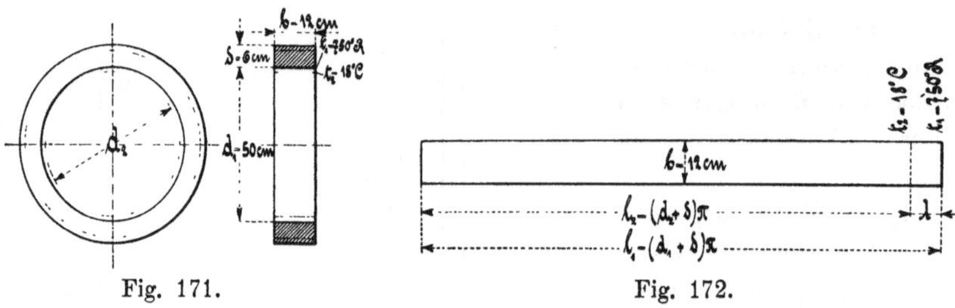

Fig. 171.　　　　　　　　　　　Fig. 172.

Auf welchen lichten Durchmesser wird sich der Ring zusammenziehen, wenn er sich auf 18^0 C abgekühlt hat und von der kleinen Zusammenziehung in Richtung des Querschnittes abgesehen werden soll? Der Ausdehnungskoeffizient beträgt $0{,}1212 \cdot 10^{-4}$.

Lösung: Nach den Formeln 1 und 13.

$$l_2 = l_1 - \lambda = l_1 - \alpha\,(t_1 - t_2)\,l_1 = l_1\,\{1 - \alpha\,(t_1 - t_2)\},$$

oder die Werte eingesetzt,

$$(d_2 + \delta)\,\pi = (d_1 + \delta)\,\pi\,\{1 - \alpha\,(t_1 - t_2)\},$$

woraus $\quad d_2 = (d_1 + \delta)\,\{1 - \alpha\,(t_1 - t_2)\} - \delta$

$$\text{„} = (50 + 6)\left\{1 - 0{,}1212 \cdot 10^{-4}\left(750 \cdot \frac{5}{4} - 18\right)\right\} - 6$$

$$\text{„} = 56\,(1 - 0{,}1212 \cdot 10^{-4} \cdot 919{,}5) - 6 = 56 \cdot 0{,}9889 - 6$$

$$\text{„} = 55{,}3784 - 6 = 49{,}3784 = \sim \underline{49{,}38 \text{ cm}} \text{ folgt.}$$

21. Beispiel. Es soll 1. die Kraft ermittelt werden, die bei der Ausdehnung einer Flacheisenstange von 25 mm Dicke und 70 mm Breite überwunden werden kann, wenn die Stange eine Länge von 3,5 m besitzt und von Flußeisen hergestellt ist. Die Temperatur der Stange erhöht sich von 12^0 R auf 50^0 C.

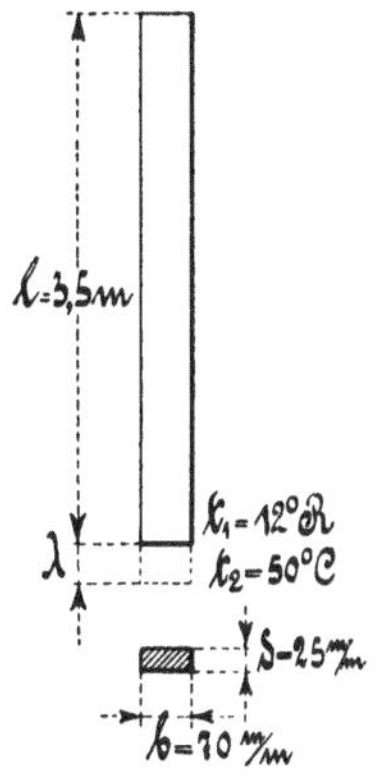

Der Elastizitätsmodul des vorliegenden Materials beträgt 2 000 000 kg pro qcm, der Ausdehnungskoeffizient $0{,}1176 \cdot 10^{-4}$.

2. Welche Arbeitsleistung kann bei der fraglichen Erwärmung geleistet werden?

$l = 3{,}5$ m, λ, $t_1 = 12^0$ R, $t_2 = 50^0$ C, $\delta = 25$ mm, $b = 70$ mm

Fig 173.

Lösung:

1. $P = \alpha E\,(t_2 - t_1)\,f = \alpha E\,(t_2 - t_1)\,b\,\delta$

$$\text{„} = 0{,}1176 \cdot 10^{-4} \cdot 2\,000\,000 \left(50 - 12 \cdot \frac{5}{4}\right) 7 \cdot 2{,}5$$

$$\text{„} = \underline{14\,406 \text{ kg}}.$$

2. $A = P\,\lambda = P\,\alpha\,(t_2 - t_1)\,l$

$$\text{„} = 14\,406 \cdot 0{,}1176 \cdot 10^{-4} \cdot \left(50 - 12 \cdot \frac{5}{4}\right) 3{,}5$$

$$\text{„} = \underline{20{,}753 \text{ kgm}}.$$

Vierte Aufgabengruppe.

Zu § 5.   Erweitertes Hookesches Gesetz.

22. Beispiel. Ein neuer Lederriemen von 10 m Länge werde mit 27 kg pro qcm beansprucht.

Welche Ausdehnung wird der Riemen erleiden, wenn der Dehnungskoeffizient $\dfrac{1}{1250}$ beträgt?

Lösung: Nach den Formeln 11 und 15.

$$\lambda = \varepsilon l = \alpha \sigma^m l = \frac{1}{1250} \cdot 27^{0,7} \cdot 10 = \frac{10}{1250} \cdot 27^{0,7}$$

$$\text{„} = \overline{\mathrm{N}0,7 \log 27 + \log 10 - \log 1250}$$

$$\text{„} = \overline{\mathrm{N}0,7 \cdot 1,43136 + 1 - 3,09691} = \overline{\mathrm{N}2,00195 - 3,09691}$$

$$\text{„} = \overline{\mathrm{N}0,90504 - 2} = 0,08036 \text{ m} = \underline{8,036 \text{ cm}.}$$

23. Beispiel. Es soll die Höhe eines Fundamentes aus Granit bestimmt werden, wenn das Material mit 45 kg pro qcm beansprucht wird und eine Zusammendrückung von 0,0004 m erfährt.

Der Dehnungskoeffiziént beträgt $\dfrac{1}{240000}$.

Lösung: Nach den Formeln 11 und 15.

$$\lambda = \varepsilon l = \alpha \sigma^m l$$

$$l = \frac{\lambda}{\alpha \sigma^m} = \overline{\mathrm{N}\log \lambda - \log \alpha - \mathrm{m} \log \sigma}$$

$$\text{„} = \overline{\mathrm{N}\log 0,0004 - \log 1 + \log 240000 - 1,374 \log 45}$$

$$\text{„} = \overline{\mathrm{N}0,60296 - 4 - 0,0 + 5,38021 - 1,374 \cdot 1,65321}$$

$$\text{„} = \overline{\mathrm{N}5,98227 - 6,27151} = \overline{\mathrm{N}0,71076 - 1}$$

$$\text{„} = \underline{0,51376 \text{ m}.}$$

Fünfte Aufgabengruppe.

Zu § 7. Gehinderte Dehnung.

24. Beispiel. Ein schmiedeeiserner Körper habe eine Länge von 1,2 m, eine Breite von 0,4 m und eine Höhe von 0,8 m.

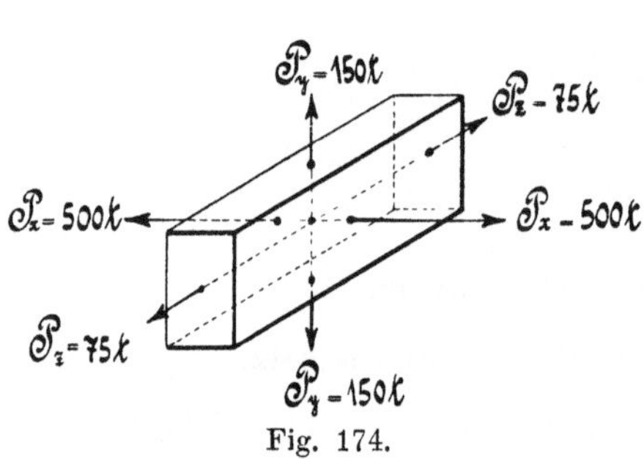

Fig. 174.

Der Körper werde in der Längsrichtung mit einer Kraft von 75 t, in der Breitenrichtung mit 500 t und in Richtung der Höhe mit 150 t auf Zug beansprucht.

Der Erfahrungswert m sei mit 3,5 angenommen.

Um wieviel wird sich der Körper in der Längsrichtung ausdehnen?

Lösung: Nach Formel 18.

$$\varepsilon_1 = \varepsilon_{\mathrm{x}} - \frac{\varepsilon_{\mathrm{q(y)}} + \varepsilon_{\mathrm{q(z)}}}{\mathrm{m}} = \alpha \sigma_{\mathrm{x}} - \frac{\alpha \sigma_{\mathrm{y}} + \alpha \sigma_{\mathrm{z}}}{\mathrm{m}} = \alpha \left(\sigma_{\mathrm{x}} - \frac{\sigma_{\mathrm{y}} + \sigma_{\mathrm{z}}}{\mathrm{m}} \right),$$

worin $\sigma_x = \dfrac{P_x}{f_x} = \dfrac{P_x}{l\,h} = \dfrac{500\,000}{120\,.\,80} = \dfrac{625}{12} = 52{,}08$ kg pro qcm

$\sigma_y = \dfrac{P_y}{f_y} = \dfrac{P_y}{b\,l} = \dfrac{150\,000}{40\,.\,120} = \dfrac{125}{4} = 31{,}25$ kg „   „

und $\sigma_z = \dfrac{P_z}{f_z} = \dfrac{P_z}{b\,h} = \dfrac{75\,000}{40\,.\,80} = \dfrac{187{,}5}{8} = 23{,}44$ kg „   „ ist.

Nach Einsetzung der Werte ergibt sich

$$\varepsilon_1 = \frac{1}{2\,000\,000}\left(52{,}08 - \frac{31{,}25 + 23{,}44}{3{,}5}\right) = \frac{1}{2\,000\,000}(52{,}08 - 15{,}63)$$

$$„ = \frac{1}{2\,.\,10^6}\,36{,}45 = \frac{18{,}225}{10^6} = 18{,}225\,.\,10^{-6}$$

$$„ = 0{,}000\,018\,225 \text{ cm.}$$

Sechste Aufgabengruppe.

Zu § 8. Zugfestigkeit mit Berücksichtigung des Eigengewichtes.

25. Beispiel. Es soll der Querschnitt eines 250 m langen schmiedeeisernen Schachtgestänges für den Fall bestimmt werden, daß es außer seinem Eigengewichte noch eine Last von 35 000 kg tragen kann. Das spezifische Gewicht des Materials sei mit 7,6 und die Inanspruchnahme desselben mit 7,5 kg pro qmm vorausgesetzt.

Lösung: Nach Formel 20.

$$f = \frac{P}{k - l\gamma} = \frac{35\,000}{7{,}5\,.\,10\,000 - 2500\,.\,7{,}6} = \frac{35\,000}{2500\,(7{,}5\,.\,4 - 7{,}6)}$$

$$„ = \frac{14}{22{,}4} = 0{,}625 \text{ dm}^2 = \underline{62{,}5 \text{ cm}^2}.$$

26. Beispiel. Ein ursprünglich auf 5 fache Sicherheit berechnetes Förderseil von 300 m Länge besteht aus 7 Litzen, deren jede aus 18 Drähten von je 2,5 mm Durchmesser gebildet ist.

Es soll nun der Bruchmodul des Materials angegeben werden, wenn bei der genannten Sicherheit die Tragfähigkeit des Seiles außer dem Eigengewichte 9000 kg und das spezifische Gewicht 7,8 beträgt.

Lösung: Nach Formel 20.

$$f = \frac{P}{k - l\gamma} = \frac{P}{\dfrac{s}{m} - l\gamma},$$

woraus $f\left(\dfrac{s}{m} - l\gamma\right) = P,$

$$\frac{s}{m} = \frac{P}{f} + l\gamma,$$

$$s = \left(\frac{P}{f} + l\gamma\right) m = \left(\frac{P}{\dfrac{d^2\pi}{4} \, i \, . \, 7} + l\gamma\right) m$$

$$\text{„} = \left(\frac{9000}{\dfrac{0{,}025^2\pi}{4} \, . \, 18 \, . \, 7} + 3000 \, . \, 7{,}8\right) 5$$

$$\text{„} = (145\,590{,}948 + 23\,400)\,5$$

$$\text{„} = 168\,990{,}948 \, . \, 5 = 844\,954{,}740 \text{ kg pro qdm}$$

$$\text{„} \, \infty \, 84{,}5 \text{ kg pro qmm.}$$

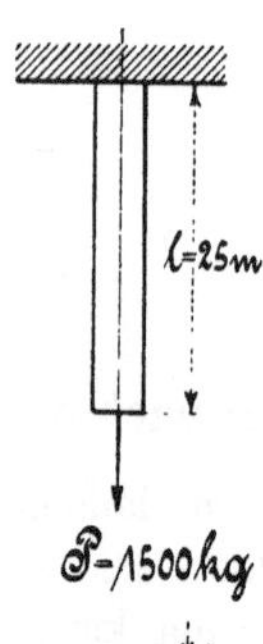

Fig. 175.

27. Beispiel. Ein Pumpengestänge von Flacheisen habe die Länge von 25 m und werde mit einer Last von 1500 kg beansprucht. Die Materialspannung sei mit 600 kg pro qcm und das spezifische Gewicht des in Frage kommenden Materials mit 7,6 vorgeschrieben.

Welche Abmessungen muß der Querschnitt erhalten, wenn die Breite und Dicke im Verhältnis stehen wie 7 : 2,5?

Lösung: Nach Formel 20.

$$f = \frac{P}{k - l\gamma}, \text{ worin } f = b\delta = \frac{7\delta}{2{,}5}\delta = \frac{7\delta^2}{2{,}5}$$

$$\text{„} = \frac{7\delta^2 4}{10} = 2{,}8\delta^2 \text{ ist.}$$

Den Wert eingesetzt, gibt $\quad 2{,}8\,\delta^2 = \dfrac{P}{k - l\gamma},$

woraus $\delta = \sqrt{\dfrac{P}{k - l\gamma}\dfrac{1}{2{,}8}} = \sqrt{\dfrac{1500}{(60\,000 - 250 \, . \, 7{,}6)\,2{,}8}} = 0{,}096$ dm

$$\text{„} = 9{,}6 \text{ mm} \, \infty \, \underline{10 \text{ mm}}$$

und $\quad b = \dfrac{7\delta}{2{,}5} = 2{,}8\delta = 2{,}8 \, . \, 9{,}6 = 26{,}88 \text{ mm} \, \infty \, \underline{27 \text{ mm}}$ folgt.

28. Beispiel. Die beistehend skizzierte, aus Rundeisen von 35 mm Durchmeser hergestellte Kette werde mit einer Höchstlast von 5000 kg belastet. Die in der Praxis vielfach benutzte Materialspannung ist mit 6 kg gegeben, die einer 4 bis 5 fachen Sicherheit gegenüber einer zwischen Null und max. wechselnden Belastung entspricht. Das spezifische Gewicht des Ketteneisens beträgt 7,7.

Welche Traglänge erhält die Kette?

Lösung:

1. Mittlerer Umfang eines Kettengliedes.

Für das Verhältnis $\dfrac{b}{a} = \dfrac{(0{,}75 + 0{,}5)\,d}{(1{,}3 + 0{,}5)\,d} = \dfrac{1{,}25}{1{,}8} = 0{,}7$

wird der mittlere Umfang aus der folgenden Annäherungsgleichung bestimmt.

$$u = 4,4 \sqrt{a^2 + b^2} = 4,4 \sqrt{(1,8\,d)^2 + (1,25\,d)^2}$$
$$\text{„} = 4,4\,d \sqrt{3,24 + 1,5625} = 4,4\,d \sqrt{4,8025}$$
$$\text{„} = 4,4\,d \cdot 2,1908 = 9,64\,d = \sim 10\,d.$$

2. Tragfähigkeit.

$$P + G = fk = 2 \frac{d^2 \pi}{4} k = \frac{d^2 \pi}{2} k.$$

3. Gewicht eines Kettengliedes.

$$g = V\gamma = fu\gamma = \frac{d^2 \pi}{4} 10\,d\,\gamma.$$

4. Anzahl der Kettenglieder pro lfd. Meter.

$$A = \frac{l}{2,6\,d}.$$

5. Gewicht pro lfd. Meter Kette.

$$G_1 = gA = \frac{d^2 \pi}{4} 10\,d\,\gamma \frac{l}{2,6\,d}.$$

6. Gewicht der ganzen Kette.

$$G = G_1 L = \frac{d^2 \pi}{4} 10\,d\gamma \frac{l}{2,6\,d} L.$$

7. Traglänge der Kette.

$$P + G = \frac{d^2 \pi}{2} k, \text{ oder die Werte eingesetzt,}$$

$$P + \frac{d^2 \pi}{4} 10\,d\gamma \frac{l}{2,6\,d} L = \frac{d^2 \pi}{2} k,$$

woraus

$$L = \left(\frac{d^2 \pi}{2} k - P \right) \frac{4 \cdot 2,6}{d^2 \pi 10 \gamma l}$$

$$\text{„} = \left(\frac{0,35^2 \pi}{2} 60000 - 5000 \right) \frac{4 \cdot 2,6}{0,35^2 \pi \cdot 10 \cdot 7,7 \cdot 10}$$

$$\text{„} = 65,45356 \frac{2,6}{0,0962113 \cdot 7,7} = \underline{229,68 \text{ m}.}$$

29. Beispiel. Welche Traglänge erhält ein aus i Drähten gedrehtes Seil für den Fall, daß das Drahtmaterial mit 12 kg beansprucht werden kann und das spezifische Gewicht 7,8 beträgt?

Beim Drehen des Seiles verkürzen sich die einzelnen Drähte um 10 % ihrer Länge.

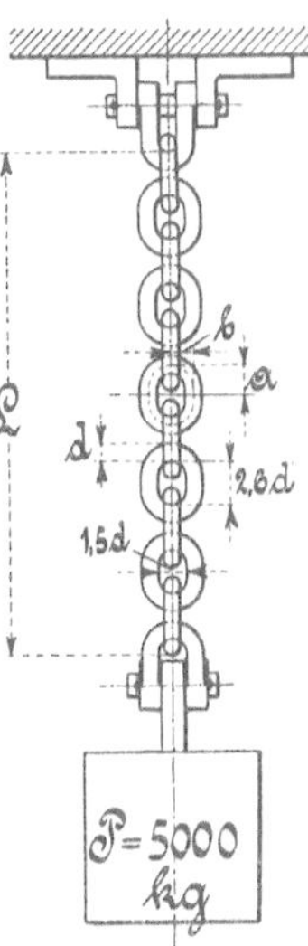

Fig. 176.

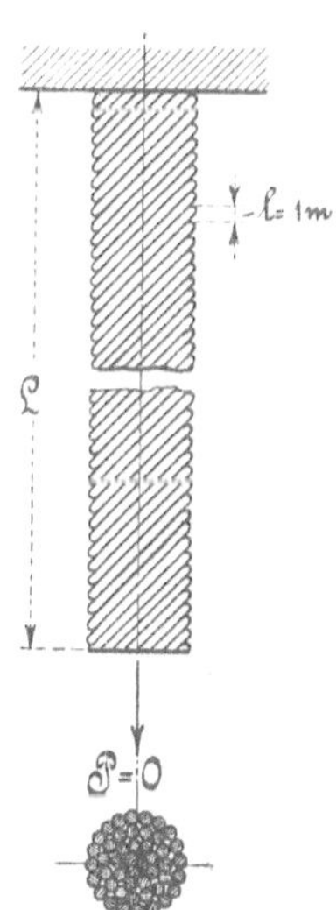

Fig. 177.

Lösung:

1. Tragfähigkeit.

$$G = fk.$$

2. Gewicht pro lfd. Meter Drahtseil.

$$G_1 = V\gamma = f\,(l + 0,1 \cdot l)\,\gamma = 1,1\,fl\gamma.$$

3. Gewicht des ganzen Seiles.

$$G = G_1\,L.$$

4. Traglänge des Seiles.

$$G = fk \quad \text{oder} \quad G_1\,L = fk,$$

$$\text{woraus } L = \frac{fk}{G_1} = \frac{fk}{1,1\,fl\gamma} = \frac{k}{1,1\,l\gamma} = \frac{120\,000}{1,1 \cdot 10 \cdot 7,8}$$

$$\text{\textquotedblright} = \frac{2000}{1,43} = \underline{1398 \text{ m}} \text{ folgt.}$$

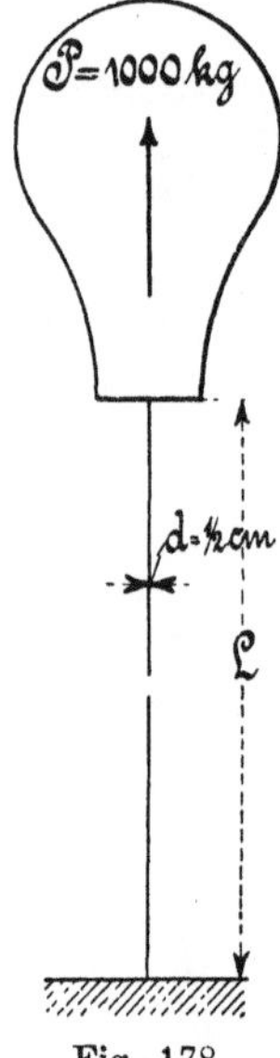

Fig. 178.

30. Beispiel. Wie lang muß das $^1/_2$ cm dicke Drahtseil eines Luftballons werden, wenn er einen Auftrieb von 1000 kg besitzt und das Seil mit der Erde in Berührung bleiben soll?

Das spezifische Gewicht des Seilmaterials sei 7,8.

Lösung:

1. Tragfähigkeit.

$$P = fk = \frac{d^2\pi}{4}\,k = 1000\,\text{kg}.$$

2. Gewicht des Seiles.

$$G = V\gamma = fL\gamma = \frac{d^2\pi}{4}\,\gamma L.$$

3. Seillänge.

$$G = P$$

$$\text{oder} \quad \frac{d^2\pi}{4}\,\gamma L = P$$

$$L = \frac{P4}{d^2\pi\gamma} = \frac{1000 \cdot 4}{0,05^2\pi \cdot 7,8} = \frac{1000 \cdot 4}{5^2 \cdot 10^{-4} \cdot \pi \cdot 7,8}$$

$$\text{\textquotedblright} = \frac{8\,000\,000}{1194,59} = 65\,294,3 \text{ dm} = \underline{6529,43 \text{ m}}.$$

31. Beispiel. Welcher Materialspannung wird die im vorhergehenden Beispiele bestimmte Seillänge entsprechen?

Lösung:

$$P = \frac{d^2\pi}{4}\,k$$

$$k = \frac{4P}{d^2\pi} = \frac{4 \cdot 1000}{0,5^2 \cdot \pi} = \underline{5095,5}\,\frac{\text{kg}}{\text{qcm}}.$$

32. Beispiel. Bei welcher Länge würde das verwandte Seil reißen, wenn der Bruchmodul 40 kg pro qmm beträgt?

Lösung:

$$P = G, \text{ worin } P = fk$$
$$\text{und } G = fL\gamma \text{ ist.}$$

Eingesetzt, gibt
$$fk = fL\gamma$$
$$L = \frac{k}{\gamma} = \frac{400\,000}{7,8} = 51\,282,05 \text{ dm}$$
$$\text{„} = \underline{5128,205 \text{ m}}.$$

Siebente Aufgabengruppe.

Zu § 9.   Körper von gleicher Zugfestigkeit.

33. Beispiel. Das aus Rundeisen hergestellte Gestänge einer Pumpenanlage habe eine Länge von 150 m und soll aus 5 gleichlangen Teilen von konstantem Querschnitte hergestellt werden. Der auf dem Kolben lastende Wasserdruck einschließlich des Kolbengewichtes und der Reibung betrage 20 Tonnen. Die Materialspannung sei mit 4 kg und das spezifische Gewicht mit 7,6 in Rechnung gezogen.

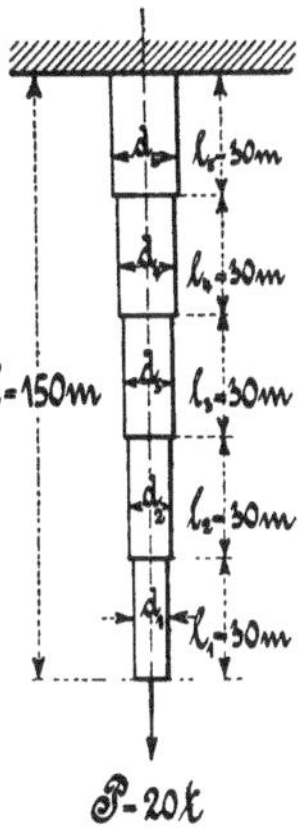

Welche Durchmesser sind den 5 Stangenteilen zu geben?

Lösung: Nach Formel 20 ergeben sich folgende Werte:

Fig. 179.

1. $f_1 = \dfrac{d_1{}^2\pi}{4} = \dfrac{P}{k - l_1\gamma},$

$$d_1 = \sqrt{\frac{4}{\pi}\frac{P}{k - l_1\gamma}} = 1,128\sqrt{\frac{20\,000}{40\,000 - 300 \cdot 7,6}}$$

$$\text{„} = 1,128\sqrt{\frac{20\,000}{400\,(100 - 3 \cdot 1,9)}} = 1,128\sqrt{\frac{50}{100 - 5,7}}$$

$$\text{„} = 1,128\sqrt{\frac{50}{94,3}} = 0,821 \text{ dm} = \underline{82,1 \text{ mm}}.$$

2. $f_2 = \dfrac{d_2{}^2\pi}{4} = \dfrac{Pk}{(k - l_1\gamma)(k - l_2\gamma)},$

$$d_2 = \sqrt{\frac{4}{\pi}\frac{Pk}{(k - l_1\gamma)(k - l_2\gamma)}} = 1,128\sqrt{\frac{20\,000 \cdot 40\,000}{(40\,000 - 300 \cdot 7,6)^2}}$$

$$\text{„} = 11,28\sqrt{\frac{50}{8892,49}} = 0,8458 \text{ dm} = \underline{84,58 \text{ mm}}.$$

3. $f_3 = \dfrac{d_3{}^2 \pi}{4} = \dfrac{Pk^2}{(k - l_1\gamma)(k - l_2\gamma)(k - l_3\gamma)},$

$$d_3 = \sqrt[4]{\dfrac{4}{\pi} \dfrac{Pk^2}{(k - l_1\gamma)(k - l_2\gamma)(k - l_3\gamma)}}$$

$$\text{,,} = 1{,}128 \sqrt[4]{\dfrac{20\,000 \cdot 40\,000^2}{(40\,000 - 300 \cdot 7{,}6)^3}}$$

$$\text{,,} = \dfrac{112{,}8}{94{,}3} \sqrt[4]{\dfrac{50}{94{,}3}} = 0{,}8710\ \text{dm} = \underline{87{,}1\ \text{mm}}\,.$$

4. $f_4 = \dfrac{d_4{}^2 \pi}{4} = \dfrac{Pk^3}{(k - l_1\gamma)(k - l_2\gamma)(k - l_3\gamma)(k - l_4\gamma)},$

$$d_4 = \sqrt[4]{\dfrac{4}{\pi} \dfrac{Pk^3}{(k - l_1\gamma)(k - l_2\gamma)(k - l_3\gamma)(k - l_4\gamma)}}$$

$$\text{,,} = 1{,}128 \sqrt[4]{\dfrac{20\,000 \cdot 40\,000^3}{(40\,000 - 300 \cdot 7{,}6)^4}}$$

$$\text{,,} = \dfrac{1128}{94{,}3^2} \sqrt{50} = 0{,}8969\ \text{dm} = \underline{89{,}69\ \text{mm}}\,.$$

5. $f_5 = \dfrac{d_5{}^2 \pi}{4} = \dfrac{Pk^4}{(k - l_1\gamma)(k - l_2\gamma)(k - l_3\gamma)(k - l_4\gamma)(k - l_5\gamma)},$

$$d_5 = \sqrt[4]{\dfrac{4}{\pi} \dfrac{Pk^4}{(k - l_1\gamma)(k - l_2\gamma)(k - l_3\gamma)(k - l_4\gamma)(k - l_5\gamma)}}$$

$$\text{,,} = 1{,}128 \sqrt[4]{\dfrac{20\,000 \cdot 40\,000^4}{(40\,000 - 300 \cdot 7{,}6)^5}} = \dfrac{11\,280}{94{,}3^2} \sqrt{\dfrac{50}{94{,}3}}$$

$$\text{,,} = 0{,}9237\ \text{dm} = \underline{92{,}37\ \text{mm}}\,.$$

34. Beispiel. Eine mit 5000 kg belastete Zugstange von Flacheisen soll unter Berücksichtigung des Eigengewichtes für den Fall bestimmt werden, daß die Länge derselben 35 m und das Verhältnis der Breite zur Dicke des Querschnittes gleich 5,5 zu 1,5 sein und die Materialbeanspruchung 5 kg pro qmm betragen soll.

Das spezifische Gewicht betrage 7,6.

Berechnet sollen werden

1. die Abmessungen des größten Querschnittes,

2. die Querschnittsabmessungen, im Abstande 20 m vom freien Ende aus gemessen, und

3. die Seiten des kleinsten Querschnittes.

Lösung: Nach Formel 22.

1. $f = \dfrac{P}{k}\, e^{\frac{1}{k}\gamma} = \dfrac{5000}{50\,000}\, 2{,}71\,828^{\frac{350}{50\,000} \cdot 7{,}6} = 0{,}1 \cdot 2{,}71\,828^{0{,}0532}$

$$= 0{,}10\,547\ \text{qdm} = 10{,}547\ \text{qcm}\,.$$

Da nun $\qquad f = b\delta = \dfrac{11}{3}\delta \cdot \delta = \dfrac{11}{3}\delta^2$ ist,

so erhält man $\quad d = \sqrt{\dfrac{3f}{11}} = \sqrt{\dfrac{3 \cdot 10{,}547}{11}} = \underline{1{,}696 \text{ cm}}$

und $\qquad b = \dfrac{11}{3}\delta = \dfrac{11}{3} \cdot 1{,}696 = \underline{6{,}215 \text{ cm}}$.

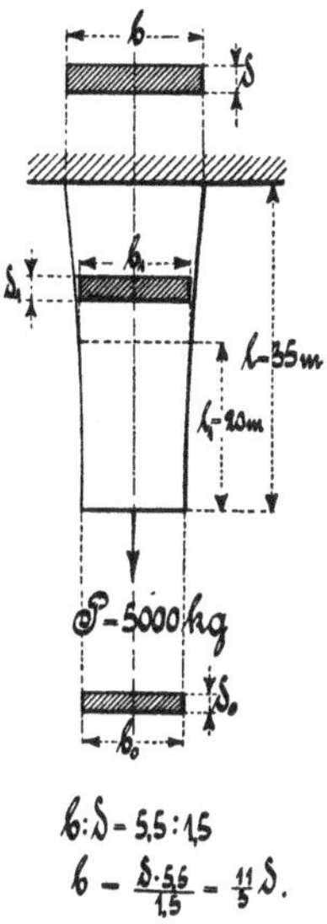

2. $f_1 = \dfrac{P}{k}\, e^{\frac{l_1}{k}\gamma} = \dfrac{5000'}{50000}\, 2{,}71828^{\frac{200}{50000}\,7{,}6}$

$\qquad\qquad\text{„} = 0{,}1 \cdot 2{,}71828^{\,0{,}0304} = 0{,}10307 \text{ qdm}$

$\qquad\qquad\text{„} = 10{,}307 \text{ qcm}$.

Da nun $f_1 = b_1\delta_1 = \dfrac{11}{3}\delta_1 \cdot \delta_1 = \dfrac{11}{3}\delta_1{}^2$ ist,

so folgt

$$\delta_1 = \sqrt{\dfrac{3f_1}{11}} = \sqrt{\dfrac{3 \cdot 10{,}307}{11}} = \underline{1{,}676 \text{ cm}}$$

und $\qquad b_1 = \dfrac{11}{3}\delta_1 = \dfrac{11}{3}\, 1{,}676 = \underline{6{,}149 \text{ cm}}$.

3. $f_0 = \dfrac{P}{k}\, e^{\frac{0}{k}\gamma} = \dfrac{P}{k}\, e^0 = \dfrac{P}{k} = \dfrac{5000}{50000}$

$\qquad\qquad\text{„} = 0{,}1 \text{ qdm} = 10 \text{ qcm}$.

Nun ist aber $f_0 = b_0\delta_0 = \dfrac{11}{3}\delta_0 \cdot \delta_0 = \dfrac{11}{3}\delta_0{}^2$,

woraus $\qquad \delta_0 = \sqrt{\dfrac{3f_0}{11}} = \sqrt{\dfrac{3 \cdot 10}{11}} = \underline{1{,}651 \text{ cm}}$

und $\qquad b_0 = \dfrac{11}{3}\delta_0 = \dfrac{11}{3} \cdot 1{,}651 = \underline{6{,}050 \text{ cm}}$ folgt.

Fig. 180.

Achte Aufgabengruppe.

Zu § 10. Hohlzylinder und Hohlkugel.

35. Beispiel. Ein gußeisernes Rohr habe einen lichten Durchmesser von 450 mm und eine Wandstärke von 15 mm.

Welchen Überdruck wird das Rohr aushalten können, wenn das Material mit 150 kg pro qcm beansprucht werden soll?

Lösung: Nach Formel 25.

$$\delta = \dfrac{1}{2}\,\dfrac{p}{k}\,d,$$

$$p = \dfrac{2k\delta}{d} = \dfrac{2 \cdot 150 \cdot 1{,}5}{45} = \underline{10 \text{ Atm}}.$$

36. Beispiel. Ein schmiedeeisernes Rohr habe einen lichten Durchmesser von 30 cm, das zur Fortleitung einer unter 5 Atm. Überdruck stehenden Flüssigkeit dienen soll. Die Materialspannung soll 4 kg betragen.

Mit Rücksicht auf die Abnutzung und die Eigengewichtswirkung soll dem Festigkeitswerte noch eine Konstante von 8 mm zugefügt werden.

Welche Wandstärke muß das Rohr haben?

Lösung: Nach Formel 25.

$$\delta = \frac{1}{2}\frac{p}{k}\,d + c = \frac{1}{2}\,\frac{5}{400}\,30 + 0{,}8 = 0{,}187 + 0{,}8 = \underline{0{,}987\ \text{cm}}\,.$$

37. Beispiel. Es soll die Wandstärke einer aus Kupfer hergestellten Hohlkugel von 90 cm lichtem Durchmesser für den Fall angegeben werden, daß die Materialspannung 2,2 kg pro qmm, der Innenüberdruck 3,5 Atm. beträgt und daß der durch die Rechnung sich ergebenden Wandstärke noch ein Erfahrungswert von 4 mm zugefügt wird.

Lösung: Nach Formel 23.

$$\delta = \frac{1}{4}\frac{p}{k}\,d + c = \frac{1}{4}\,\frac{3{,}5}{220}\,90 + 0{,}4 = 0{,}358 + 0{,}4 = \underline{0{,}758\ \text{cm}}.$$

38. Beispiel. Der Durchmesser des Zylinders einer liegenden Dampfmaschine betrage 50 cm. Die absolute Dampfspannung sei 8 Atm. Die Materialspannung des vorliegenden Gußeisens sei 130 kg pro qcm.

Welche Wandstärke muß der Dampfzylinder erhalten?

Lösung: Nach Formel 28.

$$\delta = \frac{1}{2}\frac{(p-1)+2}{k}\,d + c = \frac{1}{2}\,\frac{(8-1)+2}{130}\,50 + 1{,}5 = 1{,}73 + 1{,}5$$

$$" = \underline{3{,}23\ \text{cm}}.$$

39. Beispiel. Die Blechstärke eines Dampfkessels von 1,5 m lichtem Durchmesser soll für 12 Atm. Überdruckspannung ermittelt werden.

Die Materialspannung des vorliegenden Kesselbleches sei mit 500 kg pro qcm in Rechnung zu ziehen.

Lösung: Nach Formel 28.

$$\delta = \frac{1}{2}\frac{p+2}{k}\,d + c = \frac{1}{2}\,\frac{12+2}{500}\,150 + 0{,}3 = 2{,}1 + 0{,}3 = \underline{2{,}4\ \text{cm}}.$$

40. Beispiel. Wie groß ist die Blechstärke eines Lokomotivkessels mit 120 cm lichtem Durchmesser und 9 Atm. Überdruck zu wählen, wenn Schweißeisen für das Blech- und Nietmaterial mit 3000 kg Bruchmodul zur Verwendung und zweireihig versetzte Überlappungsnietung bei 4,5 facher Sicherheit in Frage kommen soll? Die Festigkeitsverhältniszahl der Nietnaht sei erfahrungsgemäß mit 0,70 gegeben. Der sich aus der

Rechnung ergebenden Wandstärke soll noch ein Zuschlag von 0,8 mm zugefügt werden.

Lösung: Nach Formel 27.

$$\delta = \frac{1}{2}\frac{p\,m}{s\,\varphi}\,d + c = \frac{1}{2}\frac{9 \cdot 4{,}5}{3000 \cdot 0{,}70}\,120 + 0{,}08 = 1{,}15 + 0{,}08 = \underline{1{,}23\ \text{cm}}.$$

41. Beispiel. Es soll der äußere Durchmesser und die Wanddicke eines auf 12 Atm. beanspruchten Dampfkesselheizrohres von 40 cm lichtem Durchmesser für eine Materialspannung von 5 kg pro qmm bestimmt werden.

Lösung: Nach Formel 33.

$$d_a = d_i \sqrt{\frac{k_d}{k_d - 1{,}7\,p_a}} = 40 \sqrt{\frac{500}{500 - 1{,}7 \cdot 12}} = \underline{40{,}84\ \text{cm}},$$

$$\delta = \frac{1}{2}(d_a - d_i) = \frac{1}{2}(40{,}84 - 40) = \frac{1}{2} \cdot 0{,}84 = \underline{0{,}42\ \text{cm}}.$$

Neunte Aufgabengruppe.

Zu § 12. Schub- oder Scherfestigkeit.

42. Beispiel. Welche Kraft hat man beim Lochen eines schmiedeeisernen Bleches von 10 mm Dicke aufzuwenden, wenn der Lochdurchmesser des Bleches 30 cm und die Schubfestigkeit gegen Bruch 35 kg beträgt?

Lösung: Nach Formel 40.

$$P_{max} = f\,s_s = d\,\pi\,\delta\,s_s = 30\,\pi \cdot 10 \cdot 35$$
$$,, \quad = \underline{32970\ \text{kg}}.$$

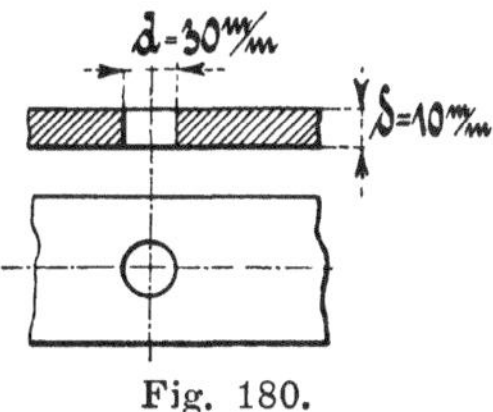

Fig. 180.

43. Beispiel. Bis zu welcher Grenze lassen sich in vorstehender Blechtafel noch Löcher stanzen, wenn die Bruchfestigkeit gegen Druck des gehärteten Stahlstempels 100 kg beträgt, und wie groß müßte hierbei die zum Lochen nötige Kraft sein?

Lösung: Nach den Formeln 40 und 8.

1. Der Lochdurchmesser d.

$$P = d\,\pi\,\delta\,s_s \quad \text{gegen Schub},$$

$$P = \frac{d^2\,\pi}{4}\,s_d \quad \text{gegen Druck}.$$

Durch Gleichsetzen folgt:

$$d\,\pi\,\delta\,s_s = \frac{d^2\,\pi}{4}\,s_d\,,$$

woraus man $\quad \delta\,s_s = \dfrac{d}{4}\,s_d$

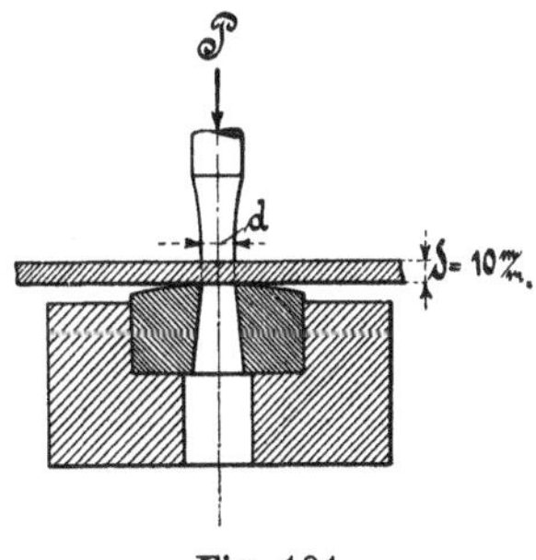

Fig. 181.

oder $$d = 4\,\delta\,\frac{s_s}{s_d} = 4 \cdot 10 \cdot \frac{35}{100} = \underline{14\ \text{mm}}$$

erhält.

2. Die Kraft P. $P = d\pi\delta s_s = 14\,\pi \cdot 10 \cdot 35 = \underline{15386\ \text{kg}}$.

44. Beispiel. Welche Abmessungen erhält die beistehende Zugstangenverbindung für eine Belastung von 10000 kg bei 750 kg Materialspannung?

Lösung: Nach den Formeln 7 und 40.

1. Der Zugstangendurchmesser d.

$$P = f k_z = \frac{d^2\pi}{4}\,k_z,$$

$$d = \sqrt{\frac{4P}{\pi k_z}} = 1{,}128\,\sqrt{\frac{P}{750}} = 0{,}0412\,\sqrt{P}$$

$$\text{,,} = 0{,}0412\,\sqrt{10000} = 0{,}0412 \cdot 100 = 4{,}12\ \text{cm} = \sim \underline{42\ \text{mm}}.$$

2. Die Gabeldicke δ.

$$P = f k_z = 2 d \delta k_z,$$

$$\delta = \frac{P}{2\,d k_z} = \frac{10000}{2 \cdot 4{,}2 \cdot 750} = 1{,}59\ \text{cm} = \sim \underline{16\ \text{mm}}.$$

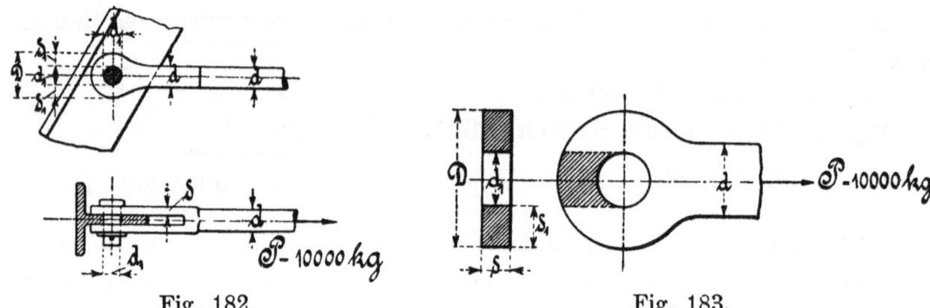

Fig. 182.   Fig. 183.

3. Der Bolzendurchmesser d_1.

$$P = f k_s = \frac{2\,d_1{}^2\pi}{4}\,0{,}8 k_z = 0{,}4\,d_1{}^2\pi k_z,$$

$$d_1 = \sqrt{\frac{P}{0{,}4\,\pi k_z}} = \frac{0{,}564}{2}\,\sqrt{\frac{10 \cdot 10000}{750}}$$

$$\text{,,} = 3{,}26\ \text{cm} = \sim \underline{33\ \text{mm}}.$$

4. Der Augendurchmesser D. Die beiden Augen der Gabel können entweder durch Zerreißen senkrecht zur Stangenrichtung oder durch Herausscheren des Bolzens in Richtung der Stange zum Bruche geführt werden.

1. gegen Zug: $P = f k_z = (D - d_1)\, \delta\, 2 k_z,$

$$D = \frac{P}{2\,\delta\,k_z} + d_1 = \frac{10\,000}{2\,.\,1{,}6\,.\,750} + 3{,}3 = 4{,}167 + 3{,}3$$

$$\text{„} = 7{,}467 \text{ cm} = \sim \underline{75 \text{ mm}}.$$

2. gegen Schub: $P = f k_s = 2\,\delta_1\,\delta\, 2\,.\,0{,}8 k_z = 3{,}2\,\delta_1\,\delta\,k_z,$

$$\delta_1 = \frac{P}{3{,}2\,k_z\,\delta} = \frac{10\,000}{3{,}2\,.\,750\,.\,1{,}6} = 2{,}604 \text{ cm}.$$

$$D = 2\,\delta_1 + d_1 = 2\,.\,2{,}604 + 3{,}3 = 8{,}508 \text{ cm}$$

$$\text{„} = \sim \underline{85 \text{ mm}}.$$

Der letzte Durchmesser, als der größere, ist der Ausführung zugrunde zu legen.

45. Beispiel. Es sind die Abmessungen eines einfachen Hängewerkes für eine Spannweite und Höhe von 8, bezw. 3 m zu bestimmen.

Der Elastizitätsmodul für Holz beträgt rund 100 000 kg/qcm. Die Sicherheit in den Streben soll 10 fach sein. Die zulässigen Spannungen gegen Zug, Druck und Abscherung sind für das Holzmaterial mit 100,60 und 10 kg/qcm, für Schmiedeeisen dagegen mit 750 kg vorgeschrieben.

Zu ermitteln sind also

1. die Länge l_1 der beiden Streben,
2. der Neigungswinkel α zwischen Horizontalbalken und Strebe,
3. der Strebendruck S,
4. der Horizontaldruck H_1,
5. der Horizontaldruck H_2,
6. die Seite δ_1 des quadratischen Querschnittes der Streben,
7. die Seite δ_2 des quadratischen Querschnittes der Hängesäule,
8. die Höhe h_1 des überstehenden Kopfes der Säule,

9. die Materialspannungen gegen Schub und Druck der Streben gegenüber der Säule,

10. die Durchmesser der beiden Schraubenbolzen, womit die Flacheisen an der Säule befestigt sind,

11. die Breite b_1 der zu einer Schraube ausgebildeten Flacheisen, deren Dicke mit 10 mm angenommen ist,

12. der Kerndurchmesser d der Schraube,

13. die Plattendicke δ_3, deren Breite gleich der Flacheisenbreite sein soll,

14. der Bolzenabstand h_2 vom Säulenende,

15. die Breite b_2 der Zapfen, womit sich die Streben auf den Horizontalbalken stützen, und

16. die Länge l_2 des vor den Zapfen stehenden Holzes, für eine Zapfentiefe von 5 cm.

Lösung:

1. Die Strebenlänge l_1.

Nach dem geometrischen Satze des Pythagoras ergibt sich

$$l_1 = \sqrt{\left(\frac{l}{2}\right)^2 + h^2} = \sqrt{\left(\frac{8}{2}\right)^2 + 3^2} = \sqrt{16 + 9} = \sqrt{25} = \underline{5 \text{ m.}}$$

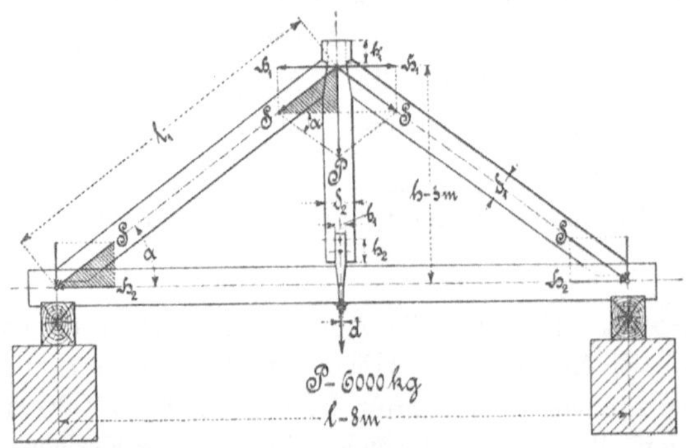

Fig. 184.

2. Der Neigungswinkel α.

$$\sin \alpha = \frac{h}{l_1} = \frac{3}{5} = 0{,}6,$$

$$\alpha \sim \underline{36^0 50'.}$$

3. Der Strebendruck S.

Aus der Ähnlichkeit des halben Dachbinderdreieckes mit dem schraffierten Kräftedreiecke folgt der Strebendruck

$$S : l_1 = \frac{P}{2} : h,$$

$$S = \frac{l_1 \frac{P}{2}}{h} = \frac{l_1 P}{2h} = \frac{5 \cdot 6000}{2 \cdot 3} = \underline{5000 \text{ kg.}}$$

4. Der Horizontaldruck H_1.

Aus den gleichen Dreiecken folgt auch

$$H_1 : \frac{l}{2} = \frac{P}{2} : h,$$

$$H_1 = \frac{\frac{l}{2} \cdot \frac{P}{2}}{h} = \frac{lP}{4h} = \frac{8 \cdot 6000}{4 \cdot 3} = \underline{4000 \text{ kg.}}$$

5. Der Horizontaldruck H_2.

Auch der Druck H_2 ergibt sich aus der Kongruenz der beiden schraffierten Kraftdreiecke ebenso groß als der Druck H_1,

also $H_2 = H_1 = \underline{4000 \text{ kg.}}$

6. Die Quadratseite δ_1 der Streben. Nach Formel 142.

Die Berechnung der Streben ist auf Knickungsfestigkeit vorzunehmen, die zwar noch nicht an diese Stelle gehört, der Vollständigkeit halber aber nach der genannten Formel ausgeführt werden soll.

$$P = \frac{\omega}{m} \frac{\pi^2}{\alpha} \frac{\Theta}{l^2},$$

worin $\quad\omega = 1$ eine Erfahrungszahl,

$\qquad m = 10$ den vorgeschriebenen Sicherheitsgrad,

$\qquad \pi^2 = \mathrm{rd}\, 10$,

$\qquad \alpha = \dfrac{1}{100\,000}$ den Dehnungskoeffizienten,

$\qquad \Theta = \dfrac{\delta_1^{\,4}}{12}$ das Trägheitsmoment,

$\qquad$ l die Strebenlänge in cm gemessen und

$\qquad$ P die Belastung in kg bezeichnet.

Nach Θ aufgelöst, folgt die Gleichung

$$\Theta = \frac{m\,\alpha\,l^2 P}{\omega\,\pi^2} = \frac{10\,\dfrac{1}{100\,000}\,l^2 P}{1 \cdot 10} = \frac{P l^2}{100\,000}.$$

Will man diesen Ausdruck noch auf eine in der Praxis gut bekannte Formel überführen, so hat man nur nötig, die Kraft P in Tonnen und die Länge l im Metermaße auszudrücken, indem man das erste Maß mit 1000, das letzte dagegen mit 100 multipliziert.

Dies ausgeführt, gibt

$$\Theta = \frac{P l^2\, 1000 \cdot 100^2}{100\,000} = 100\, P l^2.$$

Wird in diese Gleichung der oben genannte Wert für Θ eingesetzt, so ergibt sich

$$\frac{\delta_1^{\,4}}{12} = 100\, P l^2,$$

woraus $\qquad \delta_1 = \sqrt[4]{12 \cdot 100\, P l^2} = \sqrt[4]{12 \cdot 100 \cdot 6 \cdot 5^2}$

$\qquad\qquad\;\; = 5 \cdot 2 \sqrt[4]{18} = 10 \cdot 2{,}0 = \underline{20\ \text{cm}}$ folgt.

7. Die Quadratseite δ_2 der Hängesäule. Nach Formel 7.

Den kleinsten Querschnitt hat die Säule an der Stelle, wo die beiden Streben die auf Zug beanspruchte Säule unterstützen.

Die Quadratseite δ_2 wird dann unter der Annahme, daß die Streben das $1/_5$ fache von δ_2 in die Säule eingelassen sind, erhalten aus

$$P = f\,k_z = (\delta_2 - 2\,c)\,\delta_2\,k_z = \left(\delta_2 - 2\,\frac{\delta_2}{5}\right)\delta_2\,k_z = 0{,}6\,\delta_2^{\,2}\,k_z,$$

$$\delta_2 = \sqrt{\frac{P}{0{,}6\,k_z}} = \sqrt{\frac{6000}{0{,}6 \cdot 100}} = \sqrt{100} = \underline{10\ \text{cm}}.$$

Das Resultat besagt, daß eine Hängesäule mit 10 cm Quadratseite den gestellten Bedingungen vollständig entspricht. Da nun aber die Streben bereits eine Quadratseite von 20 cm erhalten müssen, so ist es angebracht, der Hängesäule die gleiche Abmessung zu geben.

Es sei deshalb $\delta_2 = \underline{20\ \mathrm{cm}}$ angenommen.

8. Die überstehende Kopfhöhe h_1 der Säule. Nach Formel 40.

Der Zug P der Hängesäule wird von den beiden Vertikaldrücken der Streben von je $\dfrac{P}{2}$ aufgefangen, die nun das vor ihnen stehende Holzmaterial von der Höhe h_1 abzuscheren suchen. Die dadurch bedingte Mindesthöhe ergibt sich aus

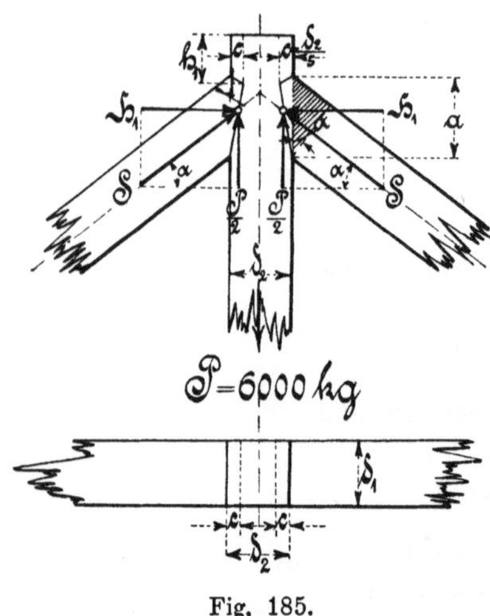

Fig. 185.

$$P = f k_s = 2 h_1 \delta_2 k_s,$$

$$h_1 = \frac{P}{2 \delta_2 k_s} = \frac{6000}{2 \cdot 20 \cdot 10} = \underline{15\ \mathrm{cm}}.$$

9. Die Materialspannungen zwischen Säule und Streben.

1. Man hat sich zu überzeugen, ob die durch den Querschnitt der Streben festgelegte Höhe a der abscherenden Vertikalkraft genügend Widerstand leistet.

Die Formel 40 ergibt die Schubspannung zu

$$P = f k_s = 2 \delta_1 a k_s = 2 \delta_1 \frac{\delta_1}{\cos \alpha} k_s,$$

$$k_s = \frac{P \cdot \cos \alpha}{2 \delta_1^{\,2}} = \frac{6000 \cdot 0{,}800}{2 \cdot 20^2} = \underline{6\ \mathrm{kg/qcm}}.$$

Da die zulässige Schubspannung mit 10 kg/qcm vorgeschrieben war, der vorliegende Wert aber innerhalb dieser Grenze bleibt, so kann die Höhe a beibehalten werden.

2. Die Streben drücken mit dem Horizontaldrucke H_1 gegen die Hängesäule, deren Druckfläche so groß sein muß, daß die zulässige Druckspannung nicht überschritten wird.

Die Formel 8 liefert eine Materialspannung

$$H_1 = f k_d = \delta_1 a k_d = \delta_1 \frac{\delta_1}{\cos \alpha} k_d = \frac{\delta_1^{\,2}}{\cos \alpha} k_d,$$

$$k_d = \frac{H_1 \cdot \cos\alpha}{\delta_1{}^2} = \frac{4000 \cdot 0,800}{20^2} = \underline{8 \text{ kg/qcm.}}$$

Auch diese Spannung liegt innerhalb der zulässigen Grenze, die mit 60 kg/qcm vorgeschrieben ist.

10. Die Bolzendurchmesser d_2. Nach Formel 40.

$$P = f k_s = 4 \frac{d_2{}^2 \pi}{4} 0,8 k_z = 0,8 d_2{}^2 \pi k_z,$$

$$d_2 = \sqrt{\frac{P}{0,8\pi k_z}} = 0,282 \sqrt{5 \frac{P}{k_z}} = 0,282 \sqrt{5 \frac{6000}{750}}$$

$$„ = 0,282 \cdot 6,325 = 1,78 \sim \underline{2 \text{ cm.}}$$

Bei der Wahl der Bolzendurchmesser ist aber auch noch auf den Leibungsdruck, der 60 kg/qcm nicht überschreiten soll, Rücksicht zu nehmen.

Nach Formel 8 findet sich ein solcher Durchmesser d_2 zu

$$P = f k_d = 2 d_2 \delta_2 k_d,$$

woraus sich

$$d_2 = \frac{P}{2 \delta_2 k_d} = \frac{6000}{2 \cdot 20 \cdot 60}$$

$$„ = \underline{2,5 \text{ cm}}$$

ergibt, welcher Wert der Ausführung zugrunde zu legen ist.

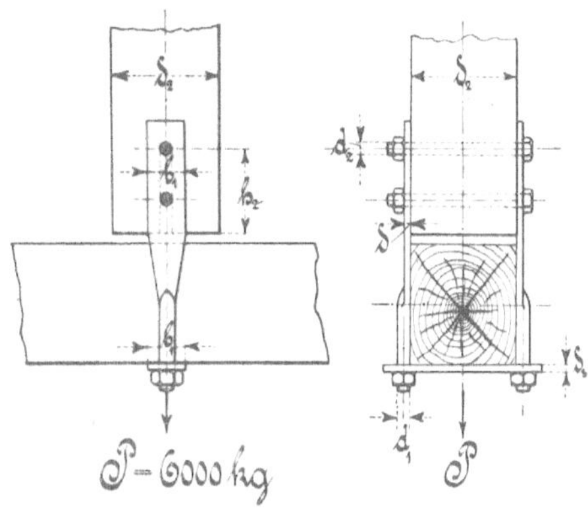

Fig. 186.

11. Die Flanschenbreite b_1. Nach Formel 7.

$$P = f k_z = 2 (b_1 - d_2) \delta k_z,$$

$$b_1 = \frac{P}{2\delta k_z} + d_2 = \frac{6000}{2 \cdot 1 \cdot 750} + 2,5 = 4 + 2,5 = \underline{6,5 \text{ cm.}}$$

12. Der Schraubendurchmesser d_1. Nach Formel 7.

$$P = f k_z = 2 \frac{d_1{}^2 \pi}{4} k_z = 0,5 d_1{}^2 \pi k_z,$$

$$d_1 = \sqrt{\frac{P}{0,5\pi k_z}} = 0,564 \sqrt{2 \frac{P}{k_z}} = 0,564 \sqrt{2 \frac{P}{k_z}}$$

$$„ = 0,564 \sqrt{2 \frac{6000}{750}} = 0,564 \cdot 4 = 2,256 \text{ cm} = \underline{22,56 \text{ mm.}}$$

Diesem entspricht nach der Gewindetabelle von Whitworth ein Gewinde von $1^1/_8{}''$ mit $d_1 = \underline{23,93 \text{ mm.}}$

13. Die Plattendicke δ_3. Nach Formel 40.

$$P = f k_s = 2 b_1 \delta_3 \, 0,8 k_z = 1,6 \, b_1 \delta_3 k_z,$$

$$\delta_3 = \frac{P}{1,6 \, b_1 k_z} = \frac{6000}{1,6 \cdot 6,5 \cdot 750} = 0,77 \sim \underline{1 \text{ cm}}.$$

14. Der Bolzenabstand h_2. Nach Formel 40.

Der auf die Bolzen wirkende Druck muß von dem darunter liegenden Holze aufgenommen werden. Die beiden Abscherungsflächen erfordern eine Mindesthöhe h_2, die sich aus dem nachstehenden ergibt:

$$P = f k_s = 2 h_2 \delta_2 k_s,$$

$$h_2 = \frac{P}{2 \delta_2 k_s} = \frac{6000}{2 \cdot 20 \cdot 10} = \underline{15 \text{ cm}}.$$

Da außer der Abscherung auch noch ein Aufreißen in der Mitte der Hängesäule möglich sein kann, so wird in der Praxis die zuletzt ermittelte Höhe bis auf den doppelten Wert vergrößert.

15. Die Zapfenbreite b_2. Nach Formel 40.

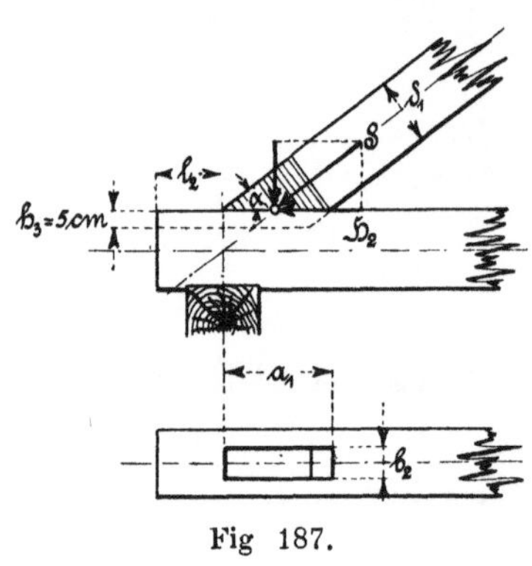

Fig 187.

Die Kraft H_2 beansprucht die Strebe gegenüber dem Horizontalbalken auf Verschiebung, die von dem Zapfenquerschnitte aufzunehmen ist.

Da die Zapfenlänge abhängig vom Strebenquerschnitte ist, kann nur noch die Breite des Zapfens auf folgende Weise bestimmt werden:

$$H_2 = f k_s = b_2 a_1 k_s = b_2 \frac{\delta_1}{\sin \alpha} k_s,$$

$$b_2 = \frac{H_2 \cdot \sin \alpha}{\delta_1 k_s} = \frac{4000 \cdot 0,6}{20 \cdot 10}$$

$$\text{\textquotedbl} = \underline{12 \text{ cm}}.$$

16. Die Länge l_2 des Vorholzes. Nach Formel 40.

$$H_2 = f k_s = (b_2 l_2 + h_3 l_2 \, 2) \, k_s$$
$$\text{\textquotedbl} = l_2 (b_2 + 2 h_3) \, k_s,$$

$$l_2 = \frac{H_2}{(b_2 + 2 h_3) \, k_s} = \frac{4000}{(12 + 2 \cdot 5) \, 10} = \frac{200}{11} = 18,18 \sim \underline{20 \text{ cm}}.$$

Wenn nun in der Praxis auch diese Länge oftmals überschritten wird, liegt doch dazu um so weniger Grund vor, als die durch den Vertikaldruck bewirkte Reibung zwischen Strebe und Balken den Widerstand noch vergrößert.

Zehnte Aufgabengruppe.

Zu § 14—24. Die Biegungsfestigkeit.

46. Beispiel. Ein aus Holz hergestellter Freiträger von rechteckigem Querschnitt hat eine Länge von 1,5 m und wird am freien Ende mit 1100 kg belastet. Die Materialspannung soll mit 45 kg/qcm in Rechnung gezogen werden.

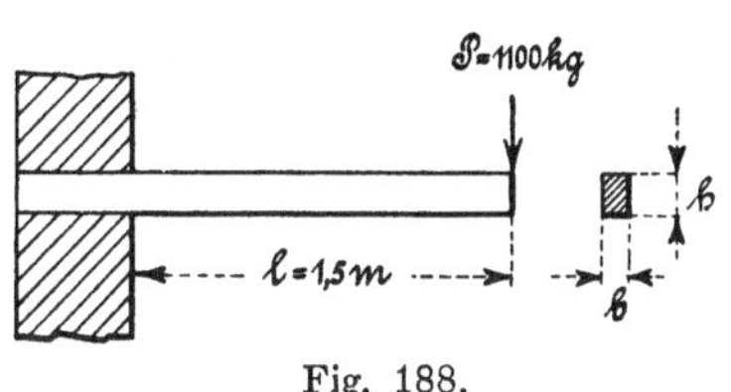

Fig. 188.

Welche Abmessungen muß der Querschnitt erhalten, wenn das Material am günstigsten ausgenutzt werden soll?

Lösung: Nach den Formeln 58 und 78.

$$M_b = W k_b, \text{ worin } M_b = Pl$$
$$\text{und } W = \frac{b h^2}{6} \text{ ist.}$$

Da nun $b : h = 5 : 7$ sein muß, woraus sich $b = \dfrac{5 h}{7}$ ergibt, so erhält man durch Einsetzen der Werte

$$Pl = \frac{b h^2}{6} k_b = \frac{\frac{5h}{7} h^2}{6} k_b = \frac{5}{42} h^3 k_b,$$

$$h = \sqrt[3]{\frac{42 Pl}{5 k_b}} = \sqrt[3]{\frac{42 \cdot 1100 \cdot 150}{5 \cdot 45}} = \underline{31{,}34 \text{ cm,}}$$

$$b = \frac{5}{7} h = \frac{5}{7} \cdot 31{,}34 = \underline{22{,}4 \text{ cm.}}$$

47. Beispiel. Ein aus Schmiedeeisen hergestellter Stirnzapfen werde mit 2700 kg beansprucht. Die Materialspannung soll 5 kg/qmm betragen.

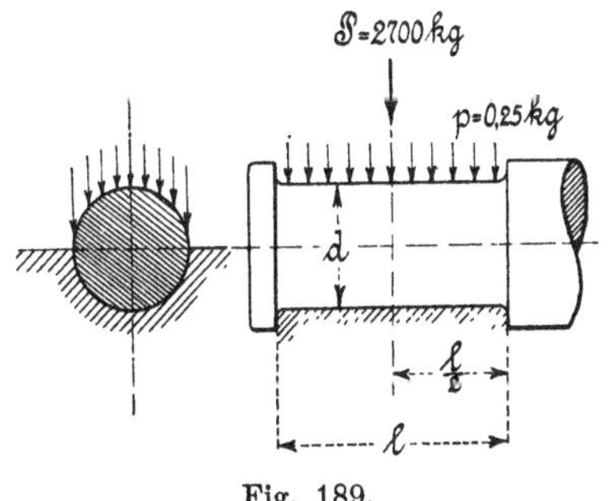

Fig. 189.

1. Wie groß muß der Durchmesser des Zapfens ausgeführt werden, wenn der Flächendruck zwischen Zapfen und Lager 0,25 kg/qmm nicht überschreiten soll?

2. Welcher Durchmesser ist zu wählen, wenn die Tourenzahl des Zapfens 500 beträgt und wie groß wird in diesem Falle der Flächendruck sein?

Lösung: Zunächst ist das von der Materialspannung und dem Flächendruck abhängige Verhältnis zwischen Durchmesser und Länge des Zapfens zu ermitteln.

Nach den Formeln 58 und 80.

$$M_b = W k_b = \frac{d^3 \pi}{32} k_b \sim 0{,}1\,d^3 k_b,$$

wo $\qquad\qquad M_b = \dfrac{P l}{2}$ ist.

Diesen Wert eingesetzt, gibt $\dfrac{P l}{2} = 0{,}1\,d^3 k_b,$

woraus man $\qquad\qquad P = \dfrac{0{,}2\,d^3 k_b}{l}$ erhält.

Nach Formel 8 ist

$$P = f p = d l p.$$

Durch Gleichsetzen folgt $\qquad d l p = \dfrac{0{,}2\,d^3 k_b}{l}$

oder $\qquad\qquad \left(\dfrac{l}{d}\right)^2 = \dfrac{0{,}2\,k_b}{p}$

„ $\qquad \dfrac{l}{d} = \sqrt{\dfrac{0{,}2\,k_b}{p}} = \sqrt{\dfrac{0{,}2 \cdot 5}{0{,}25}} = \sqrt{4} = \underline{2}.$

1. Der Durchmesser d. $\qquad M_b = 0{,}1\,d^3 k_b$

oder $\qquad\qquad\qquad \dfrac{P l}{2} = 0{,}1\,d^3 k_b.$

Mit d dividiert, gibt $\qquad \dfrac{P l}{2\,d} = 0{,}1\,d^2 k_b,$

woraus $\qquad d = \sqrt{\dfrac{P l}{0{,}1 \cdot 2\,d k_b}} = \sqrt{5\,\dfrac{P}{k_b}\dfrac{l}{d}} = \sqrt{5\,\dfrac{2700}{5}\,2}$

„ $= 10\,\sqrt{54} = 73{,}48 \sim \underline{74\ \text{mm}}$ folgt.

2. Führt der Zapfen in der Minute mehr als 100 Umdrehungen aus, so macht man das Verhältnis der Länge zum Durchmesser von der Tourenzahl abhängig. Eine für Schmiedeeisen, Stahl und Gußeisen brauchbare Mittelgleichung ist

$$\frac{l}{d} = 0{,}14\,\sqrt{n} = 0{,}14\,\sqrt{500} = 1{,}4\,\sqrt{5} = \underline{3{,}13}.$$

Den Wert in die oben stehende Gleichung eingesetzt, liefert

$$d = \sqrt{5\,\frac{P}{k_b}\frac{l}{d}} = \sqrt{5\,\frac{2700}{5}\,3{,}13} = 30\,\sqrt{9{,}39} = 91{,}9 \sim \underline{92\ \text{mm}}.$$

Der Flächendruck erhält dann einen Wert von

$$P = f p = d l p,$$

hieraus $\qquad p = \dfrac{P}{d l} = \dfrac{P}{d \cdot 3{,}13\,d} = \dfrac{2700}{3{,}13 \cdot 92^2} = \underline{0{,}102\ \text{kg}}.$

48. Beispiel. Welche Abmessungen sind bei 4 kg Materialspannung der schmiedeeisernen Achse einer Seilscheibe zu geben, deren Gewicht 300 kg beträgt und bei der die beiden Seilenden mit 1600 kg angespannt sind. Während das eine Seilende mit der Senkrechten einen Winkel von 15° bildet, schließen die beiden Seilrichtungen einen solchen von 55° 20′ ein. Die zwischen den Zapfenmitten gemessene Achsenlänge sei mit 320 mm vorgeschrieben. Die Tourenzahl sei 75.

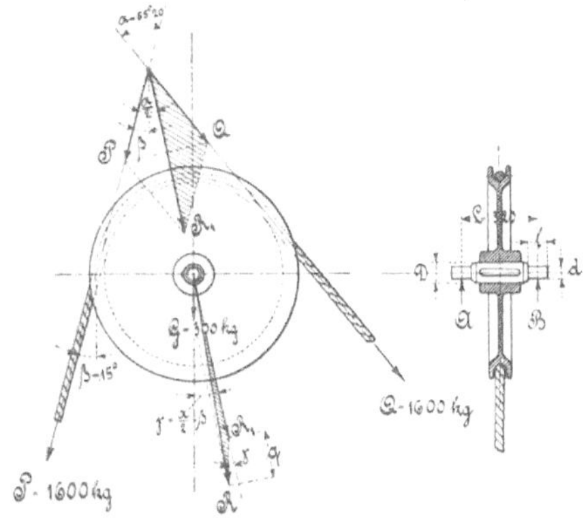

Lösung:

1. Die beiden Lagerdrücke A und B.

a) **Die Mittelkraft R_1:**

$$\frac{R_1}{2} = Q \cos \frac{\alpha}{2}$$

oder $\qquad R_1 = 2\,Q \cos \dfrac{\alpha}{2}.$

Fig. 190.

b) **Der Achsendruck R.**

$$R^2 = R_1{}^2 + G^2 + 2\,R_1 q, \quad \text{wo } q = G \cos \gamma \text{ ist.}$$

$$R = \sqrt{R_1{}^2 + G^2 + 2\,R_1 q}$$

$$„ = \sqrt{\left(2\,Q \cos \frac{\alpha}{2}\right)^2 + G^2 + 2 \cdot 2\,Q \cos \frac{\alpha}{2}\,G \cos \gamma}$$

$$„ = \sqrt{4\,Q \cos \frac{\alpha}{2}\left(Q \cos \frac{\alpha}{2} + G \cos \gamma\right) + G^2}$$

$$„ = \sqrt{4 \cdot 1600 \cos 27° 40′ \,(1600 \cos 27° 40′ + 300 \cos 12° 40′) + 300^2}$$

$$„ = 100 \sqrt{64 \cdot 0{,}88566\,(16 \cdot 0{,}88566 + 3 \cdot 0{,}97566) + 9}$$

$$„ = 100 \sqrt{56{,}68224 \cdot 17{,}09754 + 9}$$

$$„ = 100 \sqrt{969{,}15 + 9} = 100 \sqrt{978{,}15} = 3127{,}5 \doteq \infty\ \underline{3128\,\text{kg}}.$$

c) **Die Lagerdrücke A und B. Nach Formel 82.**

$$A = B = \frac{R}{2} = \frac{3128}{2} = \underline{1564\,\text{kg}}.$$

2. Der Achsendurchmesser D. Nach den Formeln 58 und 83.

$$M_b = W k_b = 0{,}1\,D^3 k_b,$$

$$D = \sqrt[3]{\frac{M_b}{0{,}1\,k_b}} = \sqrt[3]{10\,\frac{AL}{2\,k_b}} = \sqrt[3]{\frac{5 \cdot 1564 \cdot 320}{4}} = 20 \sqrt[3]{78{,}2}$$

$$„ = 85{,}52 \infty \underline{86\,\text{mm}}.$$

3. Der Durchmesser d und die Länge l der Stirnzapfen. Nach den Formeln 58 und 80.

Bei freier Wahl des Verhältnisses zwischen Zapfenlänge und Durchmesser wählt man bei Schmiedeeisen und Stahl 1,4, sofern die Tourenzahl $n \lesseqgtr 100$ ist.

Also $\dfrac{l}{d} = 1,4$ oder $l = 1,4\,d$ gesetzt, gibt, in nachstehende Gleichung eingeführt,

$$M_b = W k_b,$$

oder

$$A\,\frac{l}{2} = 0,1\,d^3 k_b,$$

„

$$\frac{A\,1,4\,d}{2} = 0,1\,d^3 k_b,$$

„

$$0,7\,A = 0,1\,d^2 k_b,$$

„

$$d = \sqrt{\frac{0,7\,A}{0,1\,k_b}} = \sqrt{7\,\frac{1564}{4}} = \sqrt{2737} = 52,3 \sim \underline{52 \text{ mm}}$$

und

$$l = 1,4\,d = 1,4 \cdot 52 = 72,8 \sim \underline{73 \text{ mm}}.$$

49. Beispiel. Für eine Maschine von 390 mm Zylinderdurchmesser und einer Überdruckdampfspannung von 15 Atm. soll der Gabelzapfen berechnet werden, womit der Kolbenstangendruck auf die Pleuelstange übertragen wird.

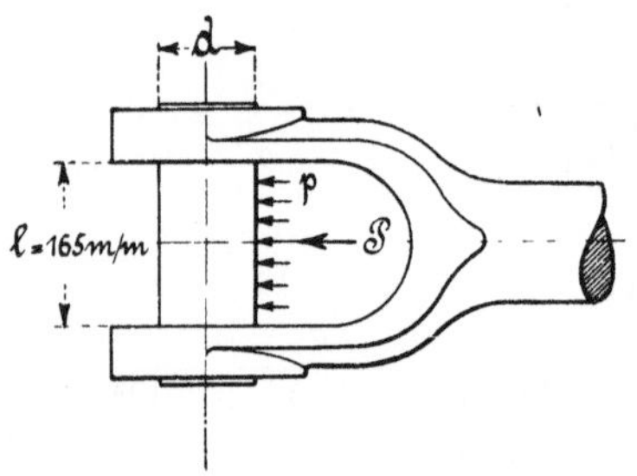

Fig. 191.

Die Materialbeanspruchung des Zapfens soll 4 kg/qmm, der Flächendruck mit Rücksicht auf die geringe Drehung 1,5 kg betragen.

Lösung:

1. Der Kolben- oder Zapfendruck P.

Nach Formel 8.

$$P = fp = \frac{D^2 \pi}{4}\,p = \frac{39^2 \pi}{4}\,15$$

$$„ = 1194,6 \cdot 15 = 17919 \sim \underline{18000 \text{ kg}}.$$

2. Das Verhältnis zwischen Länge l und Durchmesser d des Zapfens.

Das vorliegende Verhältnis wird in gleicher Weise entwickelt, wie das bereits einmal im 47. Beispiele durchgeführt worden ist.

Nach den Formeln 58 und 96.

$$M_b = W k_b = 0,1\,d^3 k_b,$$

wo

$$M_b = \frac{Pl}{8} \text{ ist.}$$

Den Wert eingesetzt, gibt $\dfrac{Pl}{8} = 0,1\,d^3 k_b,$

woraus man $$P = \frac{0,8\,d^3 k_b}{1}$$ erhält.

Nach Formel 8 ist
$$P = f\,p = l\,d\,p.$$

Durch Gleichsetzen folgt $$l\,d\,p = \frac{0,8\,d^3 k_b}{1},$$

$$\left(\frac{l}{d}\right)^2 = \frac{0,8\,k_b}{p},$$

$$\frac{l}{d} = \sqrt{\frac{0,8\,k_b}{p}} = \sqrt{\frac{0,8 \cdot 4}{1,5}} = 1,46 \sim \underline{1,5}.$$

3. Der Zapfendurchmesser d. Nach den Formeln 58 und 96.

$$\frac{P\,l}{8} = 0,1\,d^3 k_b,$$

oder, mit d dividiert, $$\frac{P\,l}{8\,d} = 0,1\,d^2 k_b,$$

oder $$d = \sqrt{\frac{P\,l}{8\,d\,0,1\,k_b}} = \frac{1}{2}\sqrt{5\,\frac{P}{k_b}\cdot\frac{l}{d}} = 0,5\,\sqrt{5\,\frac{18\,000}{4}\,1,5}$$

$$\text{„} = 93,2 \sim \underline{100\ \text{mm}}.$$

Die hohe Abrundung ist deshalb berechtigt, weil der Zapfen auf Biegung und Abscherung beansprucht wird, die letztere aber vernachlässigt worden ist. Desgleichen ist die durch Reibung verursachte Abnutzung zu berücksichtigen.

50. Beispiel. Ein Träger von 7 m Länge werde in den aus der beistehenden Skizze ersichtlichen Abständen mit den Lasten 1500, 3000 und 750 kg beansprucht.

Welche Abmessungen muß der Querschnitt erhalten, wenn die in der Skizze angegebenen Verhältnisse Berücksichtigung finden sollen und die Materialspannung mit 750 kg vorgeschrieben wird?

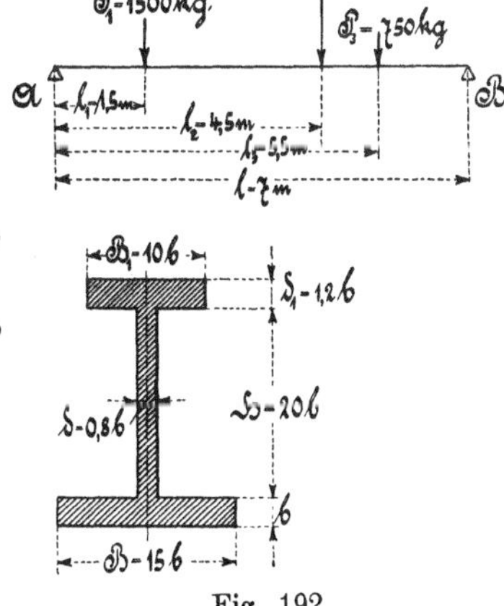

Fig. 192.

Zu bestimmen sind also

1. die beiden Auflagerreaktionen A u. B,
2. das größte Biegungsmoment M_{max},
3. der Schwerpunktsabstand e_1 bezw. e_2,
4. das Trägheitsmoment Θ,
5. das Widerstandsmoment W und
6. die Verhältnisgröße b.

Lösung:

1. Die Auflagerreaktionen A und B.

Nach Formeln 87 und 88.

Den Drehpunkt an die Stelle A gelegt, gibt

$$B\,l = \overset{3}{\underset{1}{\Sigma}} P\,l,$$

$$B = \frac{1}{l}\overset{3}{\underset{1}{\Sigma}} P\,l = \frac{1}{l}(P_1 l_1 + P_2 l_2 + P_3 l_3)$$

$$„ = \frac{1}{7}(1500 \cdot 1{,}5 + 3000 \cdot 4{,}5 + 750 \cdot 5{,}5) = 2839{,}3 \backsim \underline{2840\ \text{kg}}.$$

$$A = \overset{3}{\underset{1}{\Sigma}} P - B = P_1 + P_2 + P_3 - B = 1500 + 3000 + 750 - 2840$$

$$„ = \underline{2410\ \text{kg}}.$$

2. Das größte Biegungsmoment M_{max}.

Zur Berechnung dieses Momentes kann man das in der Einleitung des § 23 näher beschriebene und in der Fig. 109 dargestellte Schubkraftdiagramm benutzen, was immer zweckmäßig ist, sobald viele Einzellasten vorliegen oder voraussichtlich große Zahlenrechnungen auszuführen sind.

Da sich im vorliegenden Falle die Einzelmomente ohne große Mühe ermitteln lassen, so soll das Maximalmoment durch Rechnung festgestellt werden.

Den Drehpunkt an die Laststelle P_1 gelegt, gibt
$$M_1 = A\,l_1 = 2410 \cdot 1{,}5 = 3615\ \text{mkg}.$$

Wird der Drehpunkt an die Laststelle P_2 gelegt, so erhält man
$$M_2 = A\,l_2 - P_1(l_2 - l_1) = 2410 \cdot 4{,}5 - 1500(4{,}5 - 1{,}5)$$
$$„ = 6345\ \text{mkg}.$$

Für die Laststelle P_3 als Drehpunkt ergibt sich
$$M_3 = B(l - l_3) = 2840(7 - 5{,}5) = 4260\ \text{mkg}.$$

Das Maximalmoment liegt somit an der Laststelle P_2.

3. Der Schwerpunktsabstand e_1, bezw. e_2.

$$F \cdot e_1 = \overset{3}{\underset{1}{\Sigma}} F\,\eta,$$

$$e_1 = \frac{F_1 \eta_1 + F_2 \eta_2 + F_3 \eta_3}{F_1 + F_2 + F_3}$$

$$„ = \frac{Bb\,\dfrac{b}{2} + H\delta\left(\dfrac{H}{2} + b\right) + B_1 \delta_1\left(H + b + \dfrac{\delta_1}{2}\right)}{Bb + H\delta + B_1 \delta_1}$$

$$„ = \frac{15\,bb\,\dfrac{b}{2} + 20\,b\,0{,}8b\left(\dfrac{20\,b}{2} + b\right) + 10\,b\,1{,}2b\left(20\,b + b + \dfrac{1{,}2\,b}{2}\right)}{15\,bb + 20\,b\,0{,}8b + 10\,b\,1{,}2b}$$

$$„ = \frac{7{,}5\,b^3 + 176\,b^3 + 259{,}2\,b^3}{15\,b^2 + 16\,b^2 + 12\,b^2} = \frac{442{,}7\,b^3}{43\,b^2}$$

$$e_1 = 10{,}295\,b \backsim \underline{10{,}3\,b},$$

$$e_2 = b + H + \delta_1 - e_1 = b + 20\,b + 1{,}2\,b - 10{,}3\,b = \underline{11{,}9\,b}.$$

4. Das Trägheitsmoment Θ.

Unter Verwendung der Formel 68 ergibt sich das Trägheitsmoment Θ nach der im 2. Beispiele des § 18 entwickelten Gleichung unter Einführung der hier vorliegenden Beziehungen zu

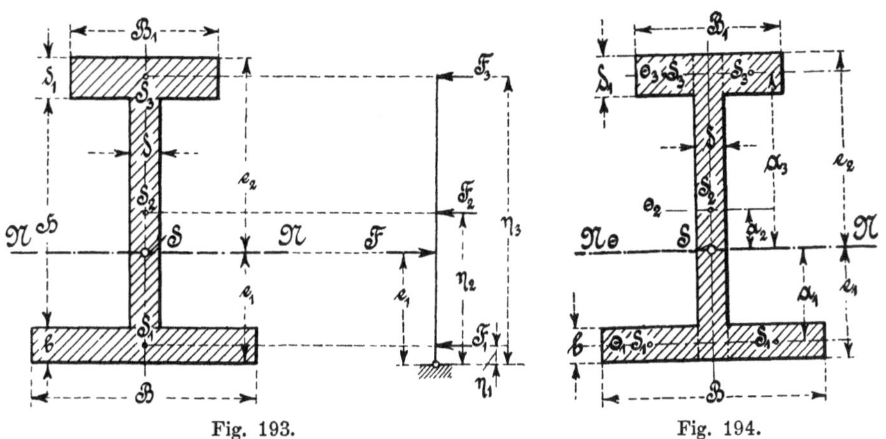

Fig. 193.   Fig. 194.

$$\Theta = \frac{1}{3}\left[B\,e_1{}^3 - (B - \delta)(e_1 - b)^3 + B_1\,e_2{}^3 - (B_1 - \delta)(e_2 - \delta_1)^3\right]$$

$$\text{„} = \frac{1}{3}\left[15\,b\,(10{,}3\,b)^3 - (15\,b - 0{,}8\,b)(10{,}3\,b - b)^3 + 10\,b\,(11{,}9\,b)^3 - \right.$$
$$\left. - (10\,b - 0{,}8\,b)(11{,}9\,b - 1{,}2\,b)^3\right]$$

$$\text{„} = \frac{1}{3}\left(16391\,b^4 - 11421{,}8\,b^4 + 16851{,}6\,b^4 - 11270{,}4\,b^4\right)$$

$$\text{„} = \frac{1}{3}\,10550{,}4\,b^4 = \underline{3516{,}8\,b^4}.$$

5. Das Widerstandsmoment W_1, bezw. W_2.

$$W_1 = \frac{\Theta}{e_1} = \frac{3516{,}8\,b^4}{10{,}3\,b} = \underline{341{,}4\,b^3},$$

$$W_2 = \frac{\Theta}{e_2} = \frac{3516{,}8\,b^4}{11{,}9\,b} = \underline{295{,}5\,b^3}.$$

6. Die Verhältnisgröße b. Nach Formel 58.

Damit die Größe b den beiden Widerstandsmomenten auf der Zug- und Druckseite entsprechen kann, ist zur Berechnung das kleinere Moment W_2 zu benutzen.

Es ist demnach

$$M_{\max} = W\,k_b = 295{,}5\,b^3\,k_b,$$

woraus
$$b = \sqrt[3]{\frac{M_{max}}{295,5\,k_b}} = \sqrt[3]{\frac{6345 \cdot 1000}{295,5 \cdot 7,5}} = 14,19$$
„$\sim \underline{14,2\ \mathrm{mm}}$ folgt.

51. Beispiel. Für die beistehende Konsole sollen die Abmessungen des größten Querschnittes für den Fall berechnet werden, daß das Lager mit 6000 kg Belastung im größten, von der Wandplatte aus gemessenen Abstande von 600 mm auf den Wandarm einwirkt und das Gußeisenmaterial auf der Zug- und Druckseite nach dem Spannungsverhältnis 1 : 3 bei 2 kg Zugspannung beansprucht wird.

Außerdem ist noch der Durchmesser der Schraubenbolzen, bezw. die Schraubensorte unter der Annahme anzugeben, daß die Belastungen der oberen und unteren Schrauben gleich groß sind und die Materialinanspruchnahme 6 kg betragen soll.

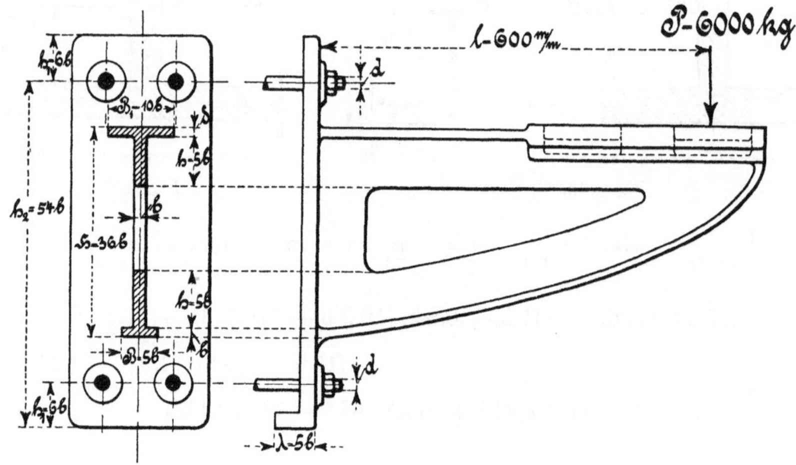

Fig. 195.

Zu berechnen sind somit
1. die Rippendicke δ,
2. das Trägheitsmoment Θ,
3. die Verhältniszahl b,
4. die Zuglast P_1 der Schrauben und
5. der Durchmesser d_1 der Schrauben.

Lösung:

1. Die Rippendicke δ.

$$F\,e_1 = \overset{4}{\underset{1}{\Sigma}}F\,\eta,$$
$$(F_1 + F_2 + F_3 + F_4)\,e_1 = (F_1\,\eta_1 + F_2\,\eta_2 + F_3\,\eta_3 + F_4\,\eta_4)$$

$$(\mathrm{B}\,\mathrm{b} + \mathrm{h}\,\mathrm{b} + \mathrm{h}\,\mathrm{b} + \mathrm{B}_1\,\delta)\,\mathrm{e}_1 = \mathrm{B}\,\mathrm{b}\,\frac{\mathrm{b}}{2} + \mathrm{h}\,\mathrm{b}\Big(\mathrm{b} + \frac{\mathrm{h}}{2}\Big) + \mathrm{h}\,\mathrm{b}\Big(\mathrm{H} - \delta - \frac{\mathrm{h}}{2}\Big) + $$
$$+ \mathrm{B}_1\,\delta\Big(\mathrm{H} - \frac{\delta}{2}\Big)$$

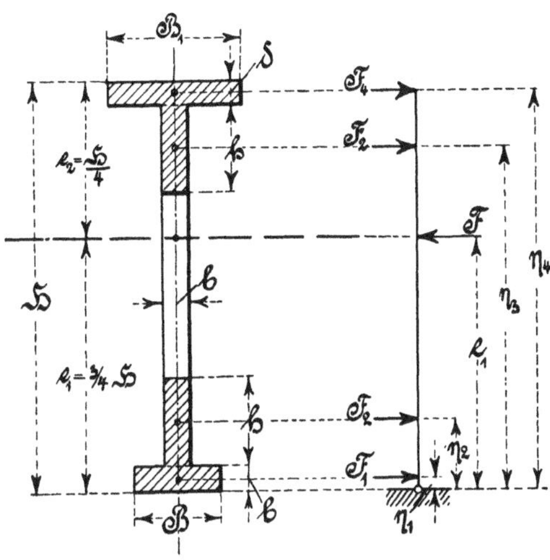

Fig. 196.

$$(5\,\mathrm{b}\,\mathrm{b} + 5\,\mathrm{b}\,\mathrm{b}\,2 + 10\,\mathrm{b}\,\delta)\,27\,\mathrm{b} = 5\,\mathrm{b}\,\mathrm{b}\,\frac{\mathrm{b}}{2} + 5\,\mathrm{b}\,\mathrm{b}\,(\mathrm{b} + 2,5\,\mathrm{b} + $$
$$+ 36\,\mathrm{b} - \delta - 2,5\,\mathrm{b}) + 10\,\mathrm{b}\,\delta\,(36\,\mathrm{b} - 0,5\,\delta)$$
$$405\,\mathrm{b}^3 + 270\,\mathrm{b}^2\delta = 2,5\,\mathrm{b}^3 + 185\,\mathrm{b}^3 - 5\,\mathrm{b}^2\delta + 360\,\mathrm{b}^2\delta - 5\,\mathrm{b}\,\delta^2$$
$$5\,\mathrm{b}\,\delta^2 - 85\,\mathrm{b}^2\delta + 217,5\,\mathrm{b}^3 = 0,$$
$$\delta^2 - 17\,\mathrm{b}\,\delta + 43,5\,\mathrm{b}^2 = 0,$$
$$\delta = \frac{17\,\mathrm{b} \pm \sqrt{(17\,\mathrm{b})^2 - 4\,.\,43,5\,\mathrm{b}^2}}{2}$$
$$\text{,,} = \frac{17\,\mathrm{b} \pm \mathrm{b}\sqrt{115}}{2}$$
$$\text{,,} = 0,5\,\mathrm{b}\,(17 \pm 10,72),$$
$$\delta_1 = 0,5\,\mathrm{b}\,.\,27,72 = 13,6\,\mathrm{b},$$
$$\delta_2 = 0,5\,\mathrm{b}\,.\,7,72 = 3,86\,\mathrm{b} \sim \underline{3,9\,\mathrm{b}}.$$

Der kleinere Wert ist· zu benutzen.

2. Das Trägheitsmoment Θ. Nach Formel 68.

$$\Theta = \Theta_1 + \Theta_2 + \Theta_3 + \Theta_4 + \mathrm{F}_1\,\mathrm{a}_1{}^2 + $$
$$+ \mathrm{F}_2\,\mathrm{a}_2{}^2 + \mathrm{F}_3\,\mathrm{a}_3{}^2 + \mathrm{F}_4\,\mathrm{a}_4{}^2$$

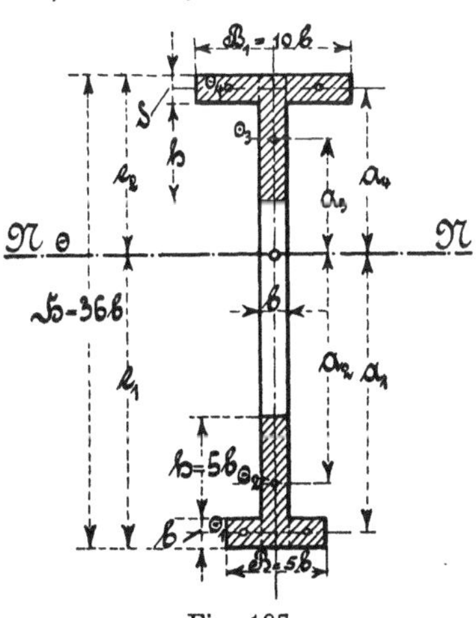

Fig. 197.

$$\Theta = \frac{(B-b)b^3}{12} + \frac{b(h+b)^3}{12} + \frac{b(h+\delta)^3}{12} + \frac{(B_1-b)\delta^3}{12} +$$

$$+ (B-b)b\left(e_1 - \frac{b}{2}\right)^2 + b(h+b)\left(e_1 - b - \frac{h}{2}\right)^2 +$$

$$+ b(h+\delta)\left(e_2 - \delta - \frac{h}{2}\right)^2 + (B_1-b)\delta\left(e_2 - \frac{\delta}{2}\right)^2$$

$$,, = \frac{1}{12}(4\,b^4 + 216\,b^4 + 705\,b^4 + 533,9\,b^4) + 2809\,b^4 + 3314,1\,b^4 +$$

$$+ 40,56\,b^4 + 1744,5\,b^4$$

$$,, = \frac{1}{12} \cdot 1458,9\,b^4 + 7908,16\,b^4 = (121,57 + 7908,16)\,b^4$$

$$,, = 8029,73\,b^4 \sim \underline{8030\,b^4}.$$

3. Die Verhältniszahl b. Nach Formel 58.

$$M_b = W\,k_b = \frac{\Theta}{e_2}\,k_z = \frac{8030\,b^4}{9\,b} \cdot 2 = 1784,4\,b^3,$$

$$b = \sqrt[3]{\frac{M_b}{1784,4}} = \sqrt[3]{\frac{P\,l}{1784,4}} = \sqrt[3]{\frac{6000 \cdot 600}{1784,4}} = \underline{12,6\ \text{mm}}.$$

4. Die Zuglast der Schrauben P_1.

$$P(l+\lambda) = 2\,P_1\,h_1 + 2\,P_1\,h_2 = 2\,P_1\,(h_1 + h_2)$$

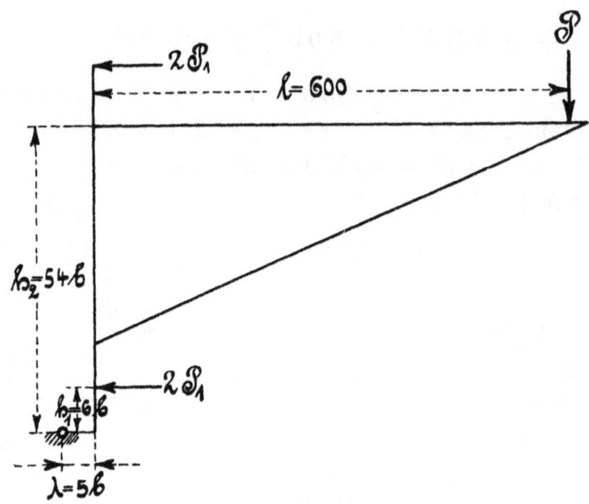

Fig. 198.

$$P_1 = \frac{P(l+\lambda)}{2\,(h_1 + h_2)} = \frac{6000\,(600 + 5 \cdot 12,6)}{2\,(6 \cdot 12,6 + 54 \cdot 12,6)}$$

$$,, = \frac{3000 \cdot 663}{12,6 \cdot 60} = \underline{2631\ \text{kg}}.$$

5. **Der Schraubendurchmesser** d_1. Nach Formel 7.

$$P_1 = \frac{d_1{}^2 \pi}{4} k_z,$$

$$d_1 = \sqrt{\frac{4 P_1}{\pi k_z}} = 1{,}128 \sqrt{\frac{2631}{6}} = 1{,}128 \sqrt{438{,}5} = \underline{23{,}6} \text{ mm.}$$

Es ist eine $1^1/_8{}''$-Schraube mit $d_1 = \underline{23{,}9 \text{ mm}}$ nach der Tabelle von Witworth zu nehmen.

52. Beispiel. Es soll die quadratische Fußplatte für eine mit 30 t belastete Säule hergestellt werden. Die Platte ist aus Gußeisen bei 250 kg/qcm Materialspannung anzufertigen und mit 8 Rippen zu versehen. Sie ruht auf gutem Ziegelmauerwerk, das mit 12 kg/qcm beansprucht werden kann. Der äußere Durchmesser der Nabe betrage 18 cm.

Lösung:

1. Die Seitenlänge a der quadratischen Platte. Nach Formel 8.

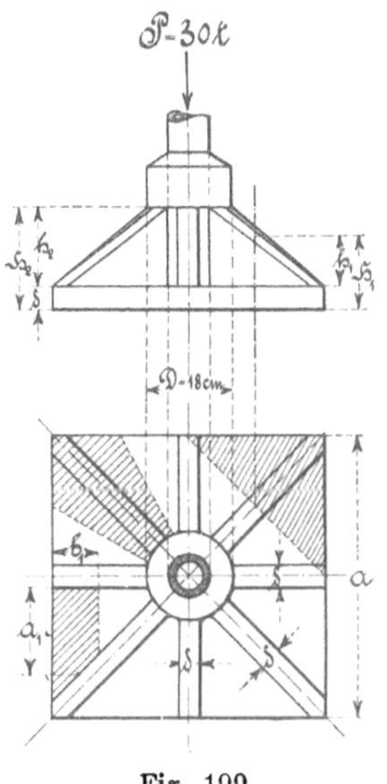

Fig. 100.

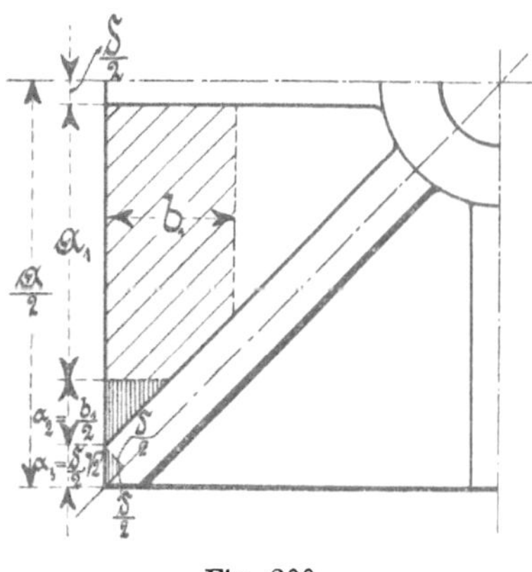

Fig. 200.

$$P = f k_d = a^2 k_d,$$

$$a = \sqrt{\frac{P}{k_d}} + \sqrt{\frac{30\,000}{12}} = 100 \sqrt{0{,}25} = \underline{50 \text{ cm.}}$$

2. Die Platten- und Rippenstärke δ.

Um einen Anhalt für die Plattendicke zu gewinnen, betrachtet man einen zwischen den Rippen liegenden Streifen von der Länge a_1 und der Breite b_1.

Der Streifen wird nun gleichmäßig belastet, und man kann ihn als einen gleichmäßig belasteten, beiderseitig gelagerten Träger auffassen. Dabei ergibt sich an Hand der beistehenden Skizze folgendes:

$$\frac{P_1 a_1}{8} = W_1 k_b, \quad \text{worin} \quad P_1 = a_1 b_1 k_d \quad \text{die Belastung darstellt und}$$

$$W_1 = \frac{b_1 \delta^2}{6} \quad \text{ist.}$$

Diese Werte eingesetzt, gibt

$$\frac{a_1 b_1 k_d a_1}{8} = \frac{b_1 \delta^2}{6} k_b,$$

woraus
$$\delta = \sqrt{\frac{a_1{}^2 b_1 k_d 6}{8 b_1 k_b}} = \frac{a_1}{2} \sqrt{3 \frac{k_d}{k_b}} = \frac{a_1}{2} \sqrt{3 \frac{12}{250}}$$

$$\text{,,} = 0{,}5 a_1 \cdot 0{,}379 = 0{,}189 a_1 \sim 0{,}19 a_1$$

folgt.

Zur zahlenmäßigen Bestimmung von a_1 sei die Breite b_1 mit
$$b_1 = 0{,}18 a$$
angenommen, dann erhält man nach beistehender Figur

$$a_1 = \frac{a}{2} - \frac{\delta}{2} - a_2 - a_3 = \frac{a}{2} - \frac{\delta}{2} - \frac{b_1}{2} - \frac{\delta}{2} \sqrt{2}$$

$$\text{,,} = \frac{a - b_1}{2} - \frac{\delta}{2} (1 + \sqrt{2}).$$

Durch Einführung dieses Wertes in die obere Gleichung ergibt sich die Plattendicke δ zu

$$\delta = 0{,}19 a_1 = 0{,}19 \left\{ \frac{a - b_1}{2} - \frac{\delta}{2}(1 + \sqrt{2}) \right\} = \frac{0{,}19}{2} (a - b_1 - 2{,}414 \delta),$$

$$\frac{\delta}{0{,}095} + 2{,}414 \delta = a - b_1,$$

$$(10{,}526 + 2{,}414) \delta = a - 0{,}18 a = 0{,}82 a,$$

$$12{,}940 \delta = 0{,}82 a,$$

$$\delta = \frac{0{,}82 \cdot 50}{12{,}94} = 3{,}16 \sim \underline{3{,}0 \text{ cm.}}$$

3. Berechnung der Rippenhöhen h_1 und h_2. Nach Formel 58.

1. Erfahrungsgemäß ist der beistehende Querschnitt ein gefährlicher Querschnitt, der als der 8. Teil der ganzen Platte auch nur mit $\frac{1}{8} P$ gleichmäßig belastet wird, die man sich im Schwerpunkte S angreifend denken kann.

Für den ⊤-förmigen Querschnitt gilt nun die Biegungsgleichung
$$M_1 = W_1 k_b,$$

worin
$$M_1 = \frac{P}{8} \eta = \frac{P}{8} \frac{a}{12} \sqrt{2}$$

und nach der im § 18,1 entwickelten Gleichung

$$W = \frac{\Theta}{e_1} = \frac{\frac{1}{3}\left[B_1 e_1{}^3 - (B_1 - \delta)\, h^3 + \delta e_2{}^3\right]}{e_1}$$

ist. Setzt man nun in den letzten Ausdruck die Werte

$$B_1 = \frac{a}{2}\sqrt{2},$$

$$e_1 = \frac{1}{2}\frac{\delta H_1{}^2 + (B_1 - \delta)\,\delta^2}{\delta H_1 + (B_1 - \delta)\,\delta},$$

$$e_2 = H_1 - e_1$$

und

$$h = h_1 - e_2$$

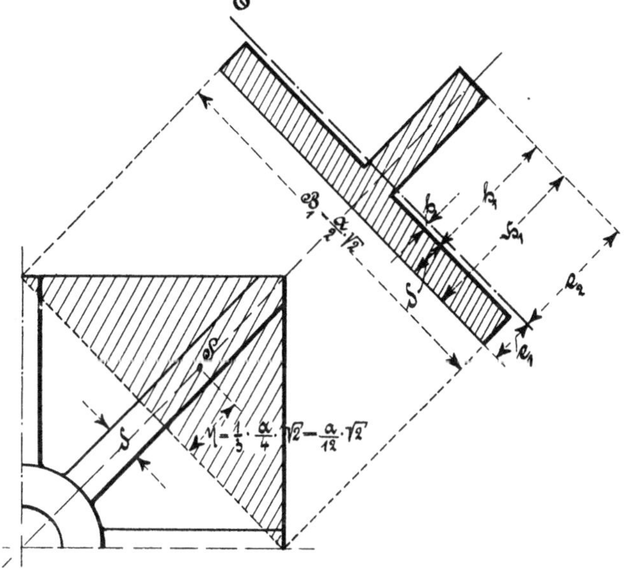

Fig. 201.

ein, so ergibt sich mit Rücksicht darauf, daß der Wert B_1 im Verhältnis zu h_1 sehr groß ist, der abgerundete Wert

$$W_1 \sim \frac{3}{22}\,\delta\,(\delta B_1 + h_1{}^2) = \frac{3}{22}\,\delta\left(\delta\frac{a}{2}\sqrt{2} + h_1{}^2\right).$$

Das Widerstandsmoment in die vorstehende Biegungsgleichung eingeführt, liefert die Rippenhöhe h_1 zu

$$\frac{P}{8}\frac{a}{12}\sqrt{2} = \frac{3}{22}\,\delta\left(\frac{a}{2}\,\delta\sqrt{2} + h_1{}^2\right)k_b,$$

woraus

$$h_1 = \sqrt{\frac{P}{8}\frac{a}{12}\sqrt{2}\,\frac{22}{3\delta k_b} - \frac{a}{2}\,\delta\sqrt{2}}$$

$$„ = \sqrt{\frac{a\sqrt{2}}{2}\left(\frac{11\,P}{2\,.\,12\,.\,3\delta k_b} - \delta\right)}$$

$$„ = \sqrt{\frac{50\,.\,1{,}414}{2}\left(\frac{11\,.\,30\,000}{2\,.\,12\,.\,3\,.\,3\,.\,250} - 3\right)}$$

$$„ = \sqrt{25\,.\,1{,}414\,\frac{55-27}{9}} = \frac{10}{3}\sqrt{9{,}898}$$

$$„ = 10{,}49 \sim \underline{10{,}5}\ \text{cm folgt.}$$

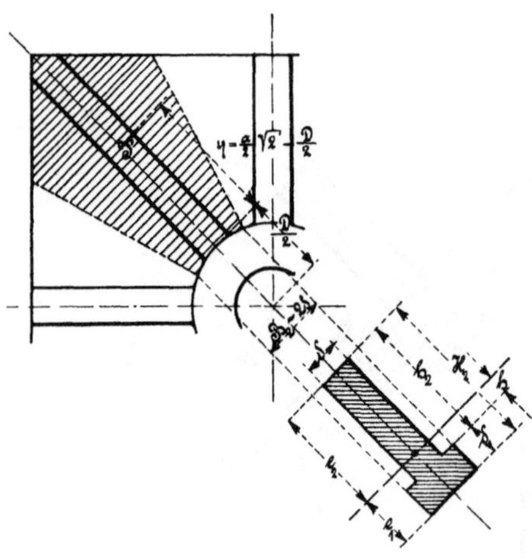

Fig. 202.

2. Wie auch weiter die Erfahrung gelehrt hat, kann — wie beistehende Skizze zeigt — auch ein Ausbrechen der Platte eintreten. Rechnet man wieder die schraffierte Fläche als den 8. Teil der ganzen Platte, so kann man den Teil als einen gleichmäßig belasteten Freiträger ansehen, der einen $\perp$ förmigen gefährlichen Querschnitt von der Rippenhöhe h_2 besitzt.

Die Höhe der Rippe ergibt sich dann nach Formel 58 zu

$$M_2 = W_2\,k_b,$$

worin

$$M_2 = \frac{P}{8}\,\eta = \frac{P}{8}\left(\frac{a}{2}\sqrt{2} - \frac{D}{2}\right) = \frac{P}{16}(a\sqrt{2} - D)$$

und nach § 18,1

$$W_2 = \frac{\Theta}{e_1} = \frac{\frac{1}{3}\left[B_2 e_1{}^3 - (B_2 - \delta)\,h^3 + \delta e_2{}^3\right]}{e_1}$$

ist. Führt man auch hier die Werte

$$B_2 \sim 2\,\delta,$$

$$e_1 = \frac{1}{2}\frac{\delta H_2{}^2 + (B_2 - \delta)\,\delta^2}{\delta H_2 + (B_2 - \delta)\,\delta},$$

$$e_2 = H_2 - e_1$$

und

$$h = h_2 - e_2$$

ein, so erhält man mit Rücksicht darauf, daß der Wert B_2 im Verhältnis zu h_2 klein ist, das Widerstandsmoment

$$W_2 \sim \frac{3}{14} \delta (\delta B_2 + h_2{}^2) = \frac{3}{14} \delta (\delta 2 \delta + h_2{}^2)$$

$$\text{„} = \frac{3}{14} \delta (2\delta^2 + h_2{}^2).$$

Das Moment, in die vorstehende Biegungsgleichung eingesetzt, gibt die Rippenhöhe h_2 zu

$$\frac{P}{16} (a \sqrt{2} - D) = \frac{3}{14} \delta (2\delta^2 + h_2{}^2) k_b,$$

woraus

$$h_2 = \sqrt{\frac{P}{16} (a \sqrt{2} - D) \frac{14}{3 \delta k_b} - 2\delta^2}$$

$$\text{„} = \sqrt{\frac{30000}{8} (50 \cdot 1{,}414 - 18) \frac{7}{3 \cdot 3 \cdot 250} - 2 \cdot 3^2}$$

$$\text{„} = \sqrt{\frac{5}{3} \cdot 52{,}7 \cdot 7 - 18} = \sqrt{596{,}8} = \underline{24{,}4} \text{ cm folgt.}$$

53. Beispiel. Zwei Triebwerkswellen, die in der Minute 75 und 120 Touren machen sollen, sind durch ein Stirnräderpaar zu verbinden. Die zu übertragende Leistung beträgt 6,5 PS.

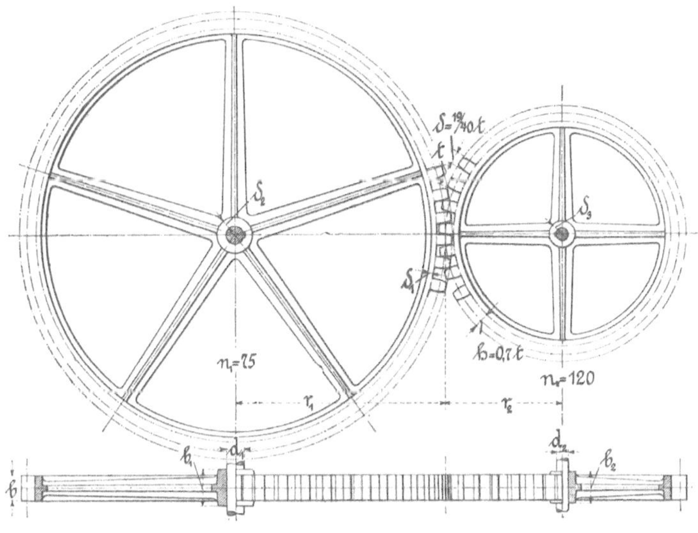

Fig. 203.

Welche Verhältnisse müssen die Räder bekommen, wenn die Zähnezahl des kleinen Rades mit 40, die Rad- oder Zahnbreite gleich der 3 fachen Teilung und die zulässige Beanspruchung des Materials mit 2 kg/qmm gegeben ist?

Zu berechnen sind

1. die Geschwindigkeitsübersetzung ψ,

2. die Kraftübersetzung φ,

3. die Zähnezahl z_1 des großen Rades,

4. die Momente M_1 und M_2 der Räder,

5. die Teilung t der Räder,

6. die Radbreite b,

7. die Wellendurchmesser d_1 und d_2 bei einer Materialbeanspruchung von 5 kg,

8. die Radien r_1 und r_2 der Zahnräder,

9. die Anzahl a_1 und a_2 der Radarme,

10. die Dicke β und Höhe h_1, bezw. h_2 der Radarme, unter der Annahme einer Dicke gleich der halben Teilung,

11. der Zahndruck P,

12. die Umfangsgeschwindigkeit v und

13. die Nabenbreiten b_1 und b_2, die Radkranz- und Nabendicke δ_1, bezw. δ_2 und δ_3.

Lösung:

1. Die Geschwindigkeitsübersetzung ψ.

Bezeichnen n_1 und n_2 die Tourenzahlen der Zahnräder, so findet man die gesuchte Übersetzung aus dem Verhältnis der Umfangsgeschwindigkeiten der beiden Räder zu

$$\psi = \frac{n_2}{n_1} = \frac{120}{75} = \frac{8}{5} = \underline{1,6}.$$

2. Die Kraftübersetzung φ.

Bildet man das Verhältnis zwischen den Radien, Zähnezahlen und Momenten beider Räder, so erhält man die Kraftübersetzung, die mit der Geschwindigkeitsübersetzung im reziproken Verhältnisse steht. Die Verhältnisse ergeben sich aus

$$
\begin{array}{lll}
\text{a) } z_2 t = 2 r_2 \pi & \text{b) } M_2 = P r_2 & \text{c) } v = \dfrac{2 r_2 \pi n_2}{60} \\[2mm]
\quad\; z_1 t = 2 r_1 \pi & \quad\; M_1 = P r_1 & \quad\; v = \dfrac{2 r_1 \pi n_1}{60} \\[1mm]
\hline
z_2 : z_1 = r_2 : r_1 & M_2 : M_1 = r_2 : r_1 & \\[2mm]
& & r_2 : r_1 = n_1 : n_2,
\end{array}
$$

wovon $\varphi = \dfrac{M_2}{M_1} = \dfrac{r_2}{r_1} = \dfrac{z_2}{z_1}$ die Kraftübersetzung und $\psi = \dfrac{n_2}{n_1}$ die Geschwindigkeitsübersetzung darstellt, zwischen denen die Beziehung

$$\varphi = \frac{1}{\psi}$$

besteht, die das **Grundgesetz der Mechanik** ausspricht.

Im vorliegenden Beispiele ergibt sich aber die Kraftübersetzung zu

$$\varphi = \frac{1}{\psi} = \frac{1}{1,6} = \underline{0,625}.$$

3. Die Zähnezahl z_1 des großen Rades.

Aus der Kraftübersetzung

$$\varphi = \frac{z_2}{z_1}$$

berechnet, ergibt sich die gesuchte Zähnezahl

$$z_1 = \frac{z_2}{\varphi} = \frac{40}{0,625} = 40 \cdot 1,6 = \underline{64}.$$

4. Die Momente M_1 und M_2 der Räder.

Aus der unter Formel 149 angegebenen Arbeitsgleichung entwickelt sich das Moment M_1 des großen Zahnrades zu

$$M_1 = 716\,200\,\frac{N}{n_1} = 716\,200\,\frac{6,5}{75} = 62\,070,7 \sim \underline{62\,071}\ \text{mmkg}.$$

Das Moment M_2 des kleinen Rades folgt dann aus

$$\varphi = \frac{M_2}{M_1},$$

$$M_2 = \varphi M_1 = 0,625 \cdot 62,071 = 38\,794,3 \sim \underline{38\,795}\ \text{mmkg}.$$

5. Die Teilung t der Räder.

Die Teilung läßt sich entweder aus dem Zahndrucke P oder aus dem Moment M und der Zähnezahl z auf folgende Weise ermitteln.

Zur Berechnung des auf Biegung beanspruchten Zahnes denke man sich den sonst im Teilkreis wirkenden Zahndruck P am äußersten Ende des Zahnes angreifend, so ergibt sich nach Formel 58

$$M_b = W k_b,$$

worin $M_b = Ph = P\,0,7\,t$

und $W = \dfrac{b x^2}{6} \infty \dfrac{b\left(\dfrac{t}{2}\right)^2}{6} = \dfrac{b t^2}{24}$

bedeutet. Durch Einsetzen der Werte folgt weiter

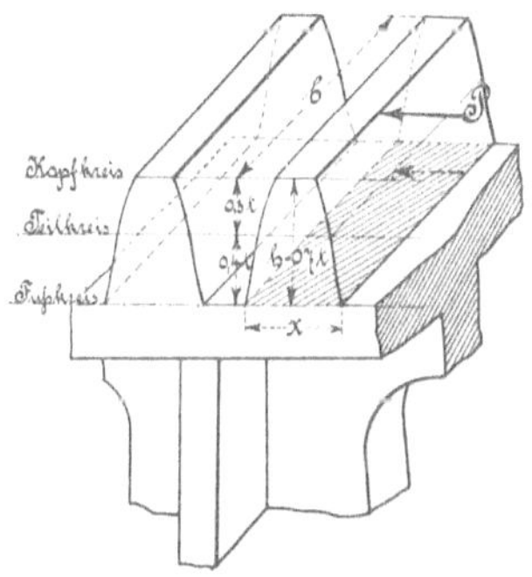

Fig. 204.

$$P\,0,7\,t = \frac{b t^2}{24}\,k_b,$$

oder

$$bt = \frac{0,7 \cdot 24\,P}{k_b} = 16,8\,\frac{P}{k_b}$$

„

$$\text{„} = 16,8\,\frac{\dfrac{M_d}{r}}{k_b} = 16,8\,\frac{M_d}{r\,k_b}$$

oder
$$b\,t = 16{,}8\,\frac{M_d}{\dfrac{z\,t}{2\,\pi}\,k_b} = 16{,}82\,\pi\,\frac{M_d}{z\,t\,k_b} = 105{,}6\,\frac{M_d}{z\,t\,k_b}\,.$$

In diesen Gleichungen setzt man

1. **für Kranräder**, die eine Umfangsgeschwindigkeit bis etwa 0,5 m haben, eine Zahnbreite $b = 2\,t$ und eine Beanspruchung des Gußeisenmaterials $k = 2{,}5$ bis 5 kg, im Mittel etwa 3,75 kg, womit sich dann eine Teilung

$$t = 1{,}5\,\sqrt{P} = 2{,}4\,\sqrt[3]{\frac{M_d}{z}}$$

ergibt;

2. **für Triebwerkräder**, bei denen die Umfangsgeschwindigkeit $v > 0{,}5$ m ist, eine Zahnbreite $b = 2\,t$ bis $5\,t$, im Mittel etwa $b = 3\,t$, wobei mit Rücksicht auf Reibung und Abnutzung die Grenzen

$$\frac{P\,n}{b} < 500 \text{ bei Eisen}$$

und

$$\frac{P\,n}{b} < 300 \text{ bis } 400 \text{ bei Holz}$$

zu beachten sind.

Die zweckmäßig von den Umfangsgeschwindigkeiten abhängig zu machenden Materialspannungen wähle man nach der Erfahrungsgleichung

$$k = \frac{34{,}5}{v + 11} \text{ für Gußeisen,}$$

$$\frac{10}{3}\,k \quad \text{,, Gußstahl}$$

$$\text{und } 0{,}6\,k \quad \text{,, Holz.}$$

Für die Mittelwerte $b = 3\,t$ und $k = 2$ kg ergibt sich die Teilung

$$t = 1{,}67\,\sqrt{P} = 2{,}6\,\sqrt[3]{\frac{M_d}{z}}\,.$$

Auf das vorliegende Beispiel angewandt, wird

$$t = 2{,}6\,\sqrt[3]{\frac{M_1}{z_1}} = 2{,}6\,\sqrt[3]{\frac{62\,071}{64}} = 25{,}7 \backsim \underline{8{,}2\,\pi}\,.$$

6. Die Radbreite b.
Nach den in der Aufgabe gestellten Bedingungen ist
$$b = 3\,t = 3\,.\,25{,}7 = 77{,}1 \backsim \underline{77 \text{ mm}}\,.$$

7. Die Wellendurchmesser d_1 und d_2.
Die Durchmesser ergeben sich nach Formel 147 zu
$$d_1 = 1{,}72\,\sqrt[3]{\frac{M_1}{k_d}} = 1{,}72\,\sqrt[3]{\frac{62\,071}{5}} = 39{,}83 \backsim \underline{40 \text{ mm}}\,.$$

$$d_2 = 1{,}72 \sqrt[3]{\frac{M_2}{k_d}} = 1{,}72 \sqrt[3]{\frac{38\,795}{5}} = 34{,}05 \infty \underline{35 \text{ mm}}.$$

8. Die Radien r_1 und r_2 der Zahnräder.
Die Radien können aus der Gleichung

$$zt = 2r\pi$$

berechnet werden. Es sind

$$r_1 = \frac{z_1 t}{2\pi} = \frac{64 \cdot 8{,}2\pi}{2\pi} = \underline{262{,}4 \text{ mm}},$$

$$r_2 = \frac{z_2 t}{2\pi} = \frac{40 \cdot 8{,}2 \cdot \pi}{2\pi} = \underline{164 \text{ mm}}.$$

9. Die Anzahl a_1 und a_2 der Radarme.

Es ist zweckmäßig, die Armzahl eines Rades von dem Radius oder der Zähnezahl, bezw. der Teilung abhängig zu machen. Eine Unterlage gewährt folgende Erfahrungsgleichung

$$a_1 = 2 + \frac{r_1}{3\,t} = 2 + \frac{262{,}4}{3 \cdot 8{,}2\pi} = 2 + 3 = \underline{5},$$

$$a_2 = 2 + \frac{r_2}{3\,t} = 2 + \frac{164}{3 \cdot 8{,}2\pi} = 2 + 2 = \underline{4}\,.$$

10. Die Dicke β und Höhe h der Radarme.

Bei der Berechnung der auf Biegung beanspruchten Arme nimmt man an, daß sich das Moment durch den Radkranz gleichmäßig auf die einzelnen Arme verteilt, was in Wirklichkeit freilich nicht der Fall ist.

Obwohl man die Armquerschnitte an jeder Stelle berechnen kann, ist es in der Praxis zur Gewohnheit geworden, sich den Arm bis zur Wellenmitte verlängert zu denken und für diese Stelle den Querschnitt, bezw. die Höhe h des Armes zu ermitteln. Auch pflegt man die Nebenrippen nicht mit in Rechnung zu ziehen, man betrachtet sie nur als seitliche Versteifung der Radarme. Auf die Weise erhält man nach Formel 58

1. die Armhöhe h_1 des großen Rades.

$$\frac{M_1}{a_1} = W\,k = \frac{\beta h_1{}^2}{6}\,k,$$

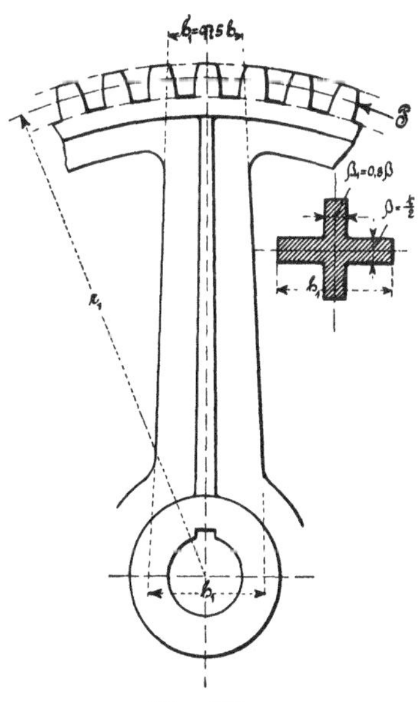

Fig. 205.

woraus sich
$$h_1 = \sqrt{\frac{6\,M_1}{a_1\,\beta\,k}} = \sqrt{\frac{6\,M_1}{a_1\,\frac{t}{2}\,k}} = \sqrt{\frac{6\cdot 62071}{5\cdot 4,1\,\pi\cdot 2}}$$
$$\text{„} = 53,78 \varpropto \underline{54\ \text{mm}}$$

ergibt.

2. Die Armhöhe h_2 des kleinen Rades.
$$\frac{M_2}{a_2} = W\,k = \frac{\beta\,h_2{}^2}{6}\,k\,,$$

$$h_2 = \sqrt{\frac{6\,M_2}{a_2\,\beta\,k}} = \sqrt{\frac{6\,M_2}{a_2\,\frac{t}{2}\,k}} = \sqrt{\frac{6\cdot 38795}{4\cdot 4,1\,\pi\cdot 2}} = 47,54$$

$$\text{„} \varpropto \underline{48\ \text{mm}}\,.$$

Verjüngt man die Arme auf eine im Teilkreise zu messende Höhe
$$h^1 = 0,75\,h,$$
so erhält man eine der Rechnung gut angenäherte Armform.

Die letzten Höhen betragen

1. $h_1{}^1 = 0,75\,h_1 = 0,75\cdot 54 = 40,5 \varpropto \underline{40\ \text{mm}}$,

2. $h_2{}^1 = 0,75\,h_2 = 0,75\cdot 48 = \underline{36\ \text{mm}}$.

11. Der Zahndruck P.

Die Umfangskraft P berechnet man aus der Momentengleichung
$$M = P\,r$$

zu
$$P = \frac{M_1}{r_1} = \frac{62071}{262,4} = 236,9 \varpropto \underline{237\ \text{mm}}.$$

12. Die Umfangsgeschwindigkeit v.
$$v = \frac{2\,r_2\,\pi\,n_2}{60} = \frac{r_2\,\pi\,n_2}{30} = \frac{164\,\pi\,120}{30} = 2060,8\ \text{mm}$$

$$\text{„} \varpropto \underline{2,06\ \text{m}}.$$

13. Die Nabenbreiten b_1 und b_2, die Radkranz- und Nabendicken δ_1, bezw. δ_2 und δ_3.

Infolge der ungleichen Beanspruchungen der Radnabe und des Radkranzes liefert die Rechnung zu kleine Wandstärken. Man wählt sie deshalb nach Erfahrungsgleichungen, z. B:

1. Die Radkranzdicke für beide Räder
$$\delta_1 \varpropto \frac{t}{2} = 4,1\,\pi = 12,88 \varpropto \underline{13\ \text{mm}},$$

2. die Nabendicken
$$\delta_2 = 0,4\,(d_1 + 10) = 0,4\,(40 + 10) = \underline{20\ \text{mm}},$$
$$\delta_3 = 0,4\,(d_2 + 10) = 0,4\,(35 + 10) = \underline{18\ \text{mm}},$$

oder man nimmt gleich den halben Wellendurchmesser an.

3. **Die Breite der Naben** ergibt sich aus

$$b_1 = b + 0,06\,r_1 = 77 + 0,06 . 262,4 = 92,74 \sim \underline{93\ mm},$$
$$b_2 = b + 0,06\,r_2 = 77 + 0,06 . 164 = 86,84 \sim \underline{87\ mm}.$$

54. Beispiel. Ein auf 2 Mauern zu lagernder $\mathbf{I}$-Träger von 8 m Länge wird pro lfd. Meter mit 500 kg und in einem 2 m von der einen Auflage aus gemessenen Abstande noch mit einer Einzellast von 700 kg belastet.

Welches Profil ist dem Träger zu geben, wenn die zulässige Materialspannung 875 kg/qcm betragen soll?

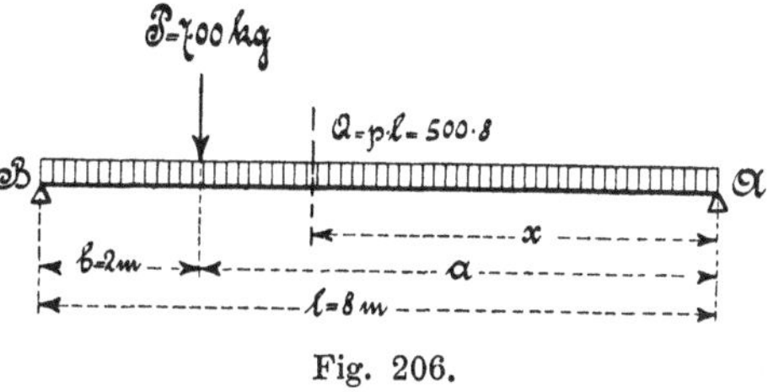

Fig. 206.

Lösung:

1. Die Auflagerdrücke A und B. Nach Formel 97.

$$A = \frac{Pb}{l} + \frac{Q}{2} = \frac{700 . 2}{8} + \frac{500 . 8}{2} = \underline{2175\ kg},$$

$$B = \frac{Pa}{l} + \frac{Q}{2} = \frac{700 . 6}{8} + \frac{500 . 8}{2} = \underline{2525\ kg}.$$

2. Die Lage des gefährlichen Querschnittes x. Nach Formel 98.

$$x = \frac{Pb}{Q} + \frac{l}{2} = \frac{700 . 2}{500 . 8} + \frac{8}{2} = \underline{4,35\ m}.$$

3. Das größte Biegungsmoment M_{max}.

Das größte Moment tritt im gefährlichen Querschnitte auf. Hat man die Lage desselben noch nicht ermittelt, so gelangt man nach § 23 Abs. b, 7 zu dem gesuchten Momente, wenn man feststellt, ob

$$\frac{P}{Q} \gtrless \frac{a - b}{2\,b}$$

ist. Setzt man daher in diese Bedingungsgleichung die vorliegenden Werte ein, so folgt

$$\frac{700}{500 . 8} < \frac{6 - 2}{2 . 2},$$

oder $\qquad\qquad 0,175 < 1,$

womit festgestellt ist, daß das größte Biegungsmoment nach Formel 99 zu berechnen ist.

Es beträgt

$$M_{max} = \left(P\frac{b}{l} + \frac{Q}{2}\right)^2 \frac{1}{2Q} = \left(700\frac{2}{8} + \frac{500 . 8}{2}\right)^2 \frac{8}{2 . 500 . 8} = 4730,625\ mkg$$

$$„\ = \underline{473\,062,5\ cmkg}.$$

Mit Hilfe des Querschnittabstandes x erhält man das größte Moment

$$M_{max} = Ax - px\frac{x}{2} = x\left(A - \frac{px}{2}\right)$$

$$" = 4{,}35\left(2175 - \frac{500 \cdot 4{,}35}{2}\right) = \underline{4730{,}625 \text{ mkg}}.$$

4. **Das Widerstandsmoment W und das Profil.** Nach Formel 58.

$$M_{max} = Wk_b,$$

woraus
$$W = \frac{M_{max}}{k_b} = \frac{473062{,}5}{875} = \underline{540{,}64 \text{ cm}^3}$$

folgt. Dieser Wert entspricht einem Profile $\underline{\text{No. 28}}$ mit $W = \underline{541 \text{ cm}^3}$.

55. Beispiel. Ein Balkonträger aus $\mathbf{I}$-Eisen werde über seine 1,5 m betragende Länge mit einer gleichmäßig verteilten Last von 500 kg

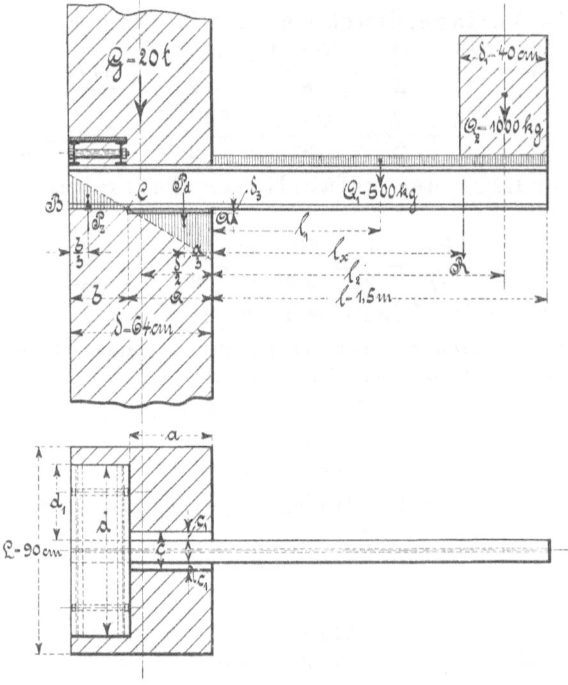

Fig. 207.

und am freien Ende mit einer aus 40 cm starkem Mauerwerke herrührenden Last von 1000 kg belastet. Die Materialspannung soll 1000 kg/qcm betragen. Der Träger ist in einer 64 cm starken und 90 cm breiten

Mauer zu befestigen. Das über dem Träger liegende Mauerwerk habe ein Gewicht von 20 t.

In welcher Weise ist die Konstruktion auszuführen?

Lösung:

1. Das größte Biegungsmoment M_{max}. Nach Formel 81.

$$M_{max} = Q_2 l_2 + Q_1 \frac{l}{2} = 1000\,(150 - 20) + 500 \cdot 75 = \underline{167\,500 \text{ kgcm}}.$$

2. Das Widerstandsmoment W und N.Profil. Nach Formel 58.

$$W = \frac{M_{max}}{k_b} = \frac{167\,500}{1000} = \underline{167,5 \text{ cm}^3},$$

wozu ein $\underline{\text{N. Pr. 19}}$ mit $W = \underline{185}$ und einer Breite der Flanschen von 8,6 cm erforderlich ist.

3. Die resultierende Belastung R.

Zur Ermittelung der Spannungen im Auflager und der Abmessungen der Unterlagsplatten oder Unterzüge ist es zweckmäßig, erst die Resultante R festzustellen. Sie beträgt

$$R = Q_1 + Q_2 = 500 + 1000 = \underline{1500 \text{ kg}}.$$

4. Der Abstand l_x des Angriffspunktes der Resultante vom Auflager, bezw. von der Kippkante A.

Da das Moment aus der Resultante R und dem Abstande l_x gleich dem größten Biegungsmomente sein muß, so erhält man l_x aus

$$M_{max} = R\,l_x,$$

$$l_x = \frac{M_{max}}{R} = \frac{167\,500}{1500} = \frac{335}{3} = 111,67 \backsim \underline{112 \text{ cm}}.$$

5. Der Kantendruck bei A.

Nach Formel 77 wird das Mauerwerk an der Auflage A mit dem resultierenden Drucke (nach der Formel 8)

$$R = f k_d, \text{ woraus die Druckspannung } k_d = \frac{R}{f} \text{ folgt,}$$

und mit einer sich aus dem Biegungsmomente

$$M_b = R \left(l_x + \frac{\delta}{2} \right) = W_d k_d$$

ergebenden Druckspannung

$$k_d = \frac{R \left(l_x + \frac{\delta}{2} \right)}{W_d} = \frac{\frac{R}{2}\,(2 l_x + \delta)}{\frac{\Theta}{\frac{\delta}{2}}} = \frac{R\,(2 l_x + \delta)\,\delta}{4\,\Theta}$$

beansprucht, so daß sich der Flächendruck $k_{i(d)}$ an der Kante A aus der Summe der einzelnen Druckspannungen ermitteln läßt.

Er beträgt

$$k_{i(d)} = \frac{R}{f} + \frac{R(2l_x + \delta)\delta}{4\,\Theta} = \frac{R}{c\delta} + \frac{R(2l_x + \delta)\delta}{4\,\dfrac{c\delta^3}{12}}$$

$$\text{''} \quad = \frac{R}{c}\left(\frac{1}{\delta} + \frac{3(2l_x + \delta)}{\delta^2}\right) = \frac{R}{c}\,\frac{\delta + 6l_x + 3\delta}{\delta^2}$$

$$\text{''} \quad = \frac{R}{c}\,\frac{2(2\delta + 3l_x)}{\delta^2} = \frac{2R(2\delta + 3l_x)}{c\delta^2}.$$

Für die c cm lange Kante bei A ergibt sich dann der Druck

$$K_d = ck_{i(d)} = \frac{2R(2\delta + 3l_x)}{\delta^2} = \frac{2 \cdot 1500\,(2 \cdot 64 + 3 \cdot 112)}{64^2}$$

$$\text{''} \quad = \frac{10875}{32} = 339{,}8\ \text{kg} \infty \underline{340\ \text{kg}}.$$

6. Der Kantenzug bei B.

Während auch hier der sich über die ganze Auflagefläche gleichmäßig verteilte resultierende Druck R eine Druckspannung $k_d = \dfrac{R}{f}$ erzeugt, bewirkt das Biegungsmoment

$$M_b - R\left(l_x + \frac{\delta}{2}\right) = W_z k_z$$

eine Zugspannung $\quad k_z = \dfrac{R\left(l_x + \dfrac{\delta}{2}\right)}{W_z} = \dfrac{\dfrac{R}{2}(2l_x + \delta)}{\dfrac{\Theta}{\dfrac{\delta}{2}}} = \dfrac{R(2l_x + \delta)\delta}{4\,\Theta}.$

Wird nun die Zugspannung als positiv, die Druckspannung dagegen als negativ bezeichnet, so erhält man die Materialspannung $k_{i(z)}$ an der Kante B zu

$$k_{i(z)} = -\frac{R}{f} + \frac{R(2l_x + \delta)\delta}{4\,\Theta} = \frac{R(2l_x + \delta)\delta}{4\,\dfrac{d\delta^3}{12}} - \frac{R}{d\delta}$$

$$\text{''} \quad = \frac{R}{d}\left(\frac{3(2l_x + \delta)}{\delta^2} - \frac{1}{\delta}\right) = \frac{R}{d}\,\frac{6l_x + 3\delta - \delta}{\delta^2}$$

$$\text{''} \quad = \frac{R}{d}\,\frac{6l_x + 2\delta}{\delta^2} = \frac{2R(3l_x + \delta)}{d\delta^2}.$$

Für die d cm lange Kante bei B ergibt sich dann ein Zug

$$K_z = dk_{i(z)} = \frac{2R(3l_x + \delta)}{\delta^2}$$

$$\text{''} \quad = \frac{2 \cdot 1500\,(3 \cdot 112 + 64)}{64^2} = \frac{9375}{32} = \underline{292{,}9\ \text{kg}}.$$

7. Die Plattenbreiten a und b.

Aus der Ähnlichkeit der aus der Figur ersichtlichen Spannungsdreiecke erhält man die Plattenbreite b zu

$$K_d : K_z = a : b$$

$$b = a\,\frac{K_z}{K_d} = a\,\frac{\dfrac{2\,R\,(3\,l_x + \delta)}{\delta^2}}{\dfrac{2\,R\,(3\,l_x + 2\,\delta)}{\delta^2}} = a\,\frac{3\,l_x + \delta}{3\,l_x + 2\,\delta}.$$

Den Wert in die Gleichung

$$a + b = \delta$$

eingesetzt, gibt die Plattenbreite a, wie folgt:

$$a + a\,\frac{3\,l_x + \delta}{3\,l_x + 2\,\delta} = \delta$$

$$a\left(1 + \frac{3\,l_x + \delta}{3\,l_x + 2\,\delta}\right) = \delta$$

$$a\,\frac{3\,l_x + 2\,\delta + 3\,l_x + \delta}{3\,l_x + 2\,\delta} = \delta,$$

$$a\,(6\,l_x + 3\,\delta) = \delta\,(3\,l_x + 2\,\delta),$$

$$a = \frac{\delta\,(3\,l_x + 2\,\delta)}{3\,(2\,l_x + \delta)} = \frac{64\,(3 \cdot 112 + 2 \cdot 64)}{3\,(2 \cdot 112 + 64)}$$

$$\text{\textquotedbl} = \frac{64 \cdot 29}{3 \cdot 18} = \frac{1856}{54} = \underline{34{,}37\ \text{cm}}.$$

Die Plattenbreite b beträgt dann

$$b = \delta - a = 64 - 34{,}37 = \underline{29{,}63\ \text{cm}}.$$

8. Der gesamte Druck P_d auf der Strecke $AC = a$.

Da die über der Strecke AC wirkenden Druckspannungen, vom Dreh- oder Nullpunkte C ausgehend, proportional den Abständen zunehmen und an der Stelle A den bereits in Frage 5 angegebenen größten Wert $k_{i(d)}$, bezw. den Kantendruck K_d erreichen, so hat man zur Ermittelung des gesuchten Druckes P_d nur nötig, die Hälfte des Druckes K_d mit der Strecke $AC = a$ zu multiplizieren.

Man erhält somit

$$P_d = \frac{K_d}{2}\,a = \frac{1}{2}\,\frac{2\,R\,(2\,\delta + 3\,l_x)}{\delta^2} \cdot \frac{\delta\,(3\,l_x + 2\,\delta)}{3\,(2\,l_x + \delta)}$$

$$\text{\textquotedbl} = \frac{R\,(2\,\delta + 3\,l_x)^2}{3\,\delta\,(\delta + 2\,l_x)} = \frac{1500\,(2 \cdot 64 + 3 \cdot 112)^2}{3 \cdot 64\,(64 + 2 \cdot 112)} = \underline{5840{,}278\ \text{kg}}.$$

9. Der gesamte Zug P_z auf der Strecke $BC = b$.

Da über der Strecke BC eine ähnliche Spannungsverteilung vorliegt, wie über der vorher genannten Strecke AC, so ergibt sich der gesamte Zug

$$P_z = \frac{K_z}{2}\,b = \frac{1}{2}\,\frac{2\,R\,(3\,l_x + \delta)}{\delta^2} \cdot \frac{\delta\,(\delta + 3\,l_x)}{3\,(\delta + 2\,l_x)} = \frac{R\,(\delta + 3\,l_x)^2}{3\,\delta\,(\delta + 2\,l_x)}$$

$$P_z = \frac{1500\,(64 + 3 \cdot 112)^2}{3 \cdot 64\,(64 + 2 \cdot 112)} = \underline{4340,278\ \text{kg}}\,.$$

10. Die Bestätigung des Gleichgewichtszustandes.

Zur Kontrollierung der in den beiden Vorfragen festgestellten Kräfte dient die Erkenntnis, daß die algebraische Summe dieser Kräfte gleich der in Frage 3 berechneten resultierenden Kraft R sein muß.

Also

$$R = P_d - P_z = 5840,278 - 4340,278 = \underline{1500\ \text{kg}}\,.$$

11. Die Länge c der gußeisernen Unterlagsplatte a.

Es sei angenommen, daß die Unterlagsplatte auf einem Sandsteinwürfel lagere, dessen zulässige Beanspruchung $k_d = 25$ kg beträgt.

Das über dem Träger liegende Mauerwerk von 20 Tonnen Gewicht belastet die Unterlagsplatte pro qcm nach Formel 8 zu

$$G = fp = L\delta p\,,$$

$$p = \frac{G}{L\delta} = \frac{20000}{90 \cdot 64} = 3,47\ \text{kg}\,.$$

Die Plattenlänge c berechne man dann unter Bezugnahme auf das in Frage 5 Gesagte, wie folgt:

$$K_d = c\,k_{i(d)}\,,$$

$$c = \frac{K_d}{k_{i(d)}} = \frac{K_d}{k_d - p} = \frac{340,0}{25 - 3,47}$$

$$\text{,,} = \frac{340}{21,53} = \underline{15,8\ \text{cm}}\,.$$

12. Die Dicke δ_3 der Unterlagsplatte a.

Da der in Frage 2 berechnete Träger nach Tabelle eine Flanschbreite von $b_1 = 8,6$ cm hat, so besitzt die Unterlagsplatte zu beiden Seiten des Trägers eine freitragende Länge von

$$c_1 = \frac{c - b_1}{2} = \frac{15,8 - 8,6}{2} = \frac{7,2}{2} = 3,6\ \text{cm}\,.$$

Die Ermittelung der Plattendicke geschieht nun nach den Formeln 58 und 80 in folgender Weise:

$$M_b = W k_b\,,$$

worin

$$M_b = a c_1 k_d \frac{c_1}{2} = \frac{a c_1{}^2 k_d}{2}$$

und

$$W = \frac{a \delta_3{}^2}{6}\ \text{ist}\,.$$

Wählt man noch für Gußeisen eine zulässige Beanspruchung von 250 kg/qcm, so ergibt sich die Plattendicke δ_3 zu

$$\frac{a c_1{}^2 k_d}{2} = \frac{a \delta_3{}^2}{6} k_b\,,$$

oder
$$c_1{}^2 k_d = \frac{\delta_3{}^2 k_b}{3},$$

„
$$\delta_3 = \sqrt{\frac{3 c_1{}^2 k_d}{k_b}} = c_1 \sqrt{\frac{3 k_d}{k_b}} = 3,6 \sqrt{\frac{3 \cdot 25}{250}} = 0,36 \sqrt{30} = 1,97$$

„ ∞ $\underline{2\ \text{cm}}$.

13. Die Länge d der $\underline{\text{I}}$-Querträger.

Da die auf der Strecke $\overline{BC} = b$ auftretende Zugkraft P_z den Träger an dieser Stelle vom Mauerwerk abzuheben sucht, wobei die Kante A als Kippkante dient, so muß oberhalb des Trägers eine Platte angeordnet werden, die so lang zu bemessen ist, daß das darauf lastende Mauergewicht, mit der halben Mauerstärke multipliziert, dem ersten Kippmomente das Gleichgewicht halten muß.

Führt man die Rechnung für eine doppelte Sicherheit gegen Kippen durch, so wie es in der Praxis vielfach geschieht, so ergibt sich die Plattenlänge d in folgender Weise:

$$2\,P_z \left(a + \frac{2}{3}\,b\right) = G_1\,\frac{\delta}{2},$$

oder
$$\frac{4\,P_z}{3\,\delta}\,(3\,a + 2\,b) = G_1,$$

worin
$$a = \frac{\delta\,(3\,l_x + 2\,\delta)}{3\,(2\,l_x + \delta)} \quad \text{nach der Lösung 7,}$$

$$b = \frac{\delta\,(\delta + 3\,l_x)}{3\,(\delta + 2\,l_x)} \quad \text{nach den Lösungen 7 und 9,}$$

und
$$G_1 = d\,\delta\,p \quad \text{bedeutet.}$$

Diese Werte eingesetzt, liefert

$$\frac{4\,P_z}{3\,\delta} \left(3\,\frac{\delta\,(3\,l_x + 2\,\delta)}{3\,(2\,l_x + \delta)} + 2\,\frac{\delta\,(\delta + 3\,l_x)}{3\,(\delta + 2\,l_x)}\right) = d\,\delta\,p,$$

oder
$$\frac{4\,P_z\,\delta}{3\,\delta^2\,p}\,\frac{9\,l_x + 6\,\delta + 2\,\delta + 6\,l_x}{3\,(\delta + 2\,l_x)} = d$$

„
$$\frac{4\,P_z}{9\,\delta\,p}\,\frac{8\,\delta + 15\,l_x}{\delta + 2\,l_x} = d,$$

„
$$d = \frac{4\,P_z\,(8\,\delta + 15\,l_x)}{9\,\delta\,p\,(\delta + 2\,l_x)} = \frac{4 \cdot 4340,3\,(8 \cdot 64 + 15 \cdot 112)}{9 \cdot 64 \cdot 3,47\,(64 + 2 \cdot 112)},$$

„
$$\text{„} = \frac{594\,621,1}{8994,24} = 66,1 \infty \underline{66\ \text{cm}}.$$

Damit die Platte nicht zu stark ausgeführt werden muß, sollen 2 Träger von $\underline{\text{I}}$ förmigem Querschnitte den Zug P_z abfangen.

14. Das Trägerprofil.

Nach den Formeln 58 und 80 berechnet sich unter der Annahme einer Biegungsbeanspruchung von $k_b = 1000$ kg pro qcm
$$M_b = W k_b,$$

worin
$$M_b = \frac{Q\,d_1}{2} = \frac{d_1\,b\,p\,d_1}{2} = \frac{d_1{}^2\,b\,p}{2}$$

beträgt. Den Wert eingesetzt und die Gleichung nach W aufgelöst, liefert

$$W = \frac{M_b}{k_b} = \frac{d_1{}^2\,b\,p}{2\,k_b} = \frac{\left(\dfrac{66-8{,}6}{2}\right)^2 . 29{,}63 . 3{,}47}{2 . 1000} = 42{,}34 \; \text{cm}^3 .$$

Das Widerstandsmoment verteilt sich auf beide Träger, so daß auf einen Träger nur der halbe Betrag 21,17 cm³ kommt, wofür ein Profil No. 9 mit einem Widerstandsmomente von 25,9 cm³ zu wählen ist.

56. Beispiel. Zur Überdeckung des zu einem gewölbten Raume gehörenden rechteckigen Luftschachtes soll ein aus Flacheisenstäben herzustellender Rost angefertigt werden. Die in Mittelabständen von 3 cm anzuordnenden Stäbe sollen eine Breite von 6 mm und eine Spannweite von 1,5 m erhalten.

Welche Höhe muß den Stäben gegeben werden, damit bei 400 kg pro qm Verkehrslast eine in der Mitte auftretende größte Durchbiegung von 0,5 mm nicht überschritten wird?

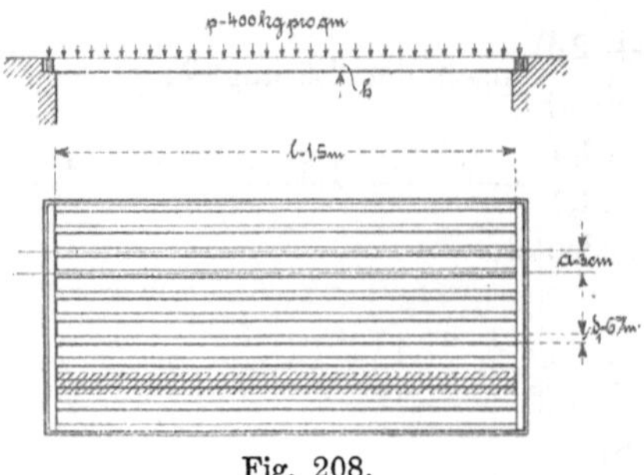

Fig. 208.

Lösung:

Da hier die Durchbiegung vorgeschrieben ist, so hat man zunächst das Trägheitsmoment Θ aus der im § 23, Abs. b, 6 aufgeführten Gleichung der elastischen Linie für die in der Mitte auftretende größte Durchbiegung δ, nämlich

$$\delta = \frac{5}{384} \frac{Q\,\alpha\,l^3}{\Theta} ,$$

zu bestimmen. Man erhält

$$\Theta = \frac{5}{384} \frac{Q\,\alpha\,l^3}{\delta} , \text{ worin } Q = f\,p = a\,l\,p$$

$$„ = 0{,}03 . 1{,}5 . 400 = 18 \; \text{kg}$$

$$\text{und} \quad \Theta = \frac{\delta_1\,h^3}{12} \text{ ist.}$$

Die Werte eingesetzt, gibt eine Stabhöhe von

$$\frac{\delta_1\,h^3}{12} = \frac{5}{384} \frac{Q\,\alpha\,l^3}{\delta} ,$$

$$h = \sqrt[3]{\frac{5 . 12\,Q\,l^3}{384\,E\,\delta_1\,\delta}} = \frac{1}{2}\sqrt[3]{\frac{5\,Q}{4\,E\,\delta_1\,\delta}} = \frac{150}{2}\sqrt[3]{\frac{5 . 18}{4 . 2\,000\,000 . 0{,}6 . 0{,}05}}$$

$$„ = 5{,}408 \backsim 5{,}4 \; \text{cm} .$$

57. Beispiel. Ein aus Gußeisen hergestellter hohler Stirnzapfen werde mit 5200 kg beansprucht. Die Materialspannung soll 2 und der Flächendruck 0,23 kg/qmm betragen. Das Höhlungsverhältnis, d. h. das Verhältnis zwischen lichtem und äußerem Durchmesser, sei 0,7.

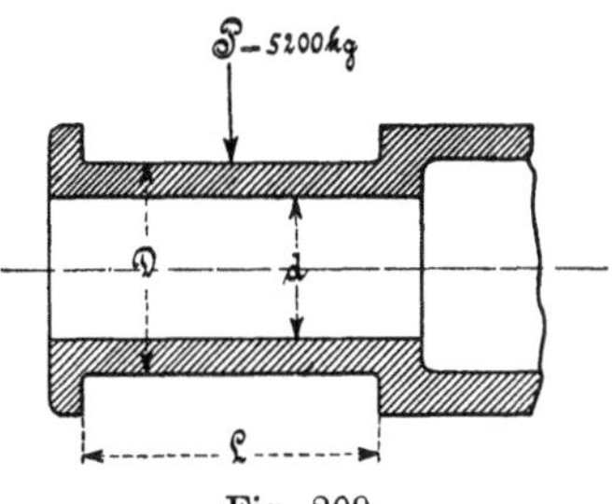

Fig. 209.

Lösung:

Als erstes ist, wie beim vollen Zapfen im Beispiele 2, das Verhältnis zwischen Materialspannung und Flächendruck festzustellen. Nach den Formeln 58 und 80 ist

$$M_b = W k_b = \frac{D^4 - d^4}{D} \frac{\pi}{32} k_b \backsim 0,1 \frac{D^4 - d^4}{D} k_b,$$

worin

$$M_b = P \frac{L}{2} \quad \text{und} \quad d = \alpha D \text{ bedeutet.}$$

Die Werte eingesetzt, gibt

$$\frac{Pl}{2} = 0,1 \frac{D^4 - (\alpha D)^4}{D} k_b = 0,1 D^3 (1 - \alpha^4) k_b,$$

oder

$$P = \frac{0,2 D^3 (1 - \alpha^4) k_b}{L}.$$

Da nach Formel 8

$$P = fp = DLp$$

ist, so erhält man durch Gleichsetzen der beiden P Werte

$$DLp = \frac{0,2 D^3 (1 - \alpha^4) k_b}{L},$$

$$\left(\frac{L}{D}\right)^2 = \frac{0,2 (1 - \alpha^4) k_b}{p},$$

$$\frac{L}{D} = \sqrt{\frac{0,2 k_b}{p} (1 - \alpha^4)} = \sqrt{\frac{0,2 \cdot 2}{0,23} (1 - 0,7^4)} = 1,149 \backsim 1,2.$$

Den Durchmesser und die Länge des Zapfens findet man nun aus der bereits genannten Biegungsgleichung

$$\frac{PL}{2} = 0,1 D^3 (1 - \alpha^4) k_b$$

zu

$$D = \sqrt{\frac{PL}{0,2 (1 - \alpha^4) k_b D}} = \sqrt{5 \frac{P}{k_b} \frac{L}{D} \frac{1}{1 - \alpha^4}}$$

$$" = \sqrt{\frac{5 \cdot 5200 \cdot 1,2}{2 (1 - 0,7^4)}} = \sqrt{\frac{5 \cdot 2600 \cdot 1,2}{0,7599}} = 193,4 \backsim \underline{194\ \text{mm}}.$$

$$L = 1,2 D = 1,2 \cdot 194 = 232,8 \backsim \underline{233\ \text{mm}}.$$

58. Beispiel. Die beistehend skizzierte Achse aus Flußeisen mache 70 Umdrehungen pro Minute und soll mit 4 kg pro qmm beansprucht werden. Der Flächendruck der auf Weißmetall laufenden Zapfen ist mit 0,3 kg vorgeschrieben, wobei aber noch Rücksicht auf $w \leqq 1700$, als einen Erfahrungswert, gegen zu große Abnutzung und Erwärmung zu nehmen ist.

Berechnet sollen werden

1. die beiden Lagerdrücke A und B,
2. die Zapfendurchmesser d_1 und d_2,

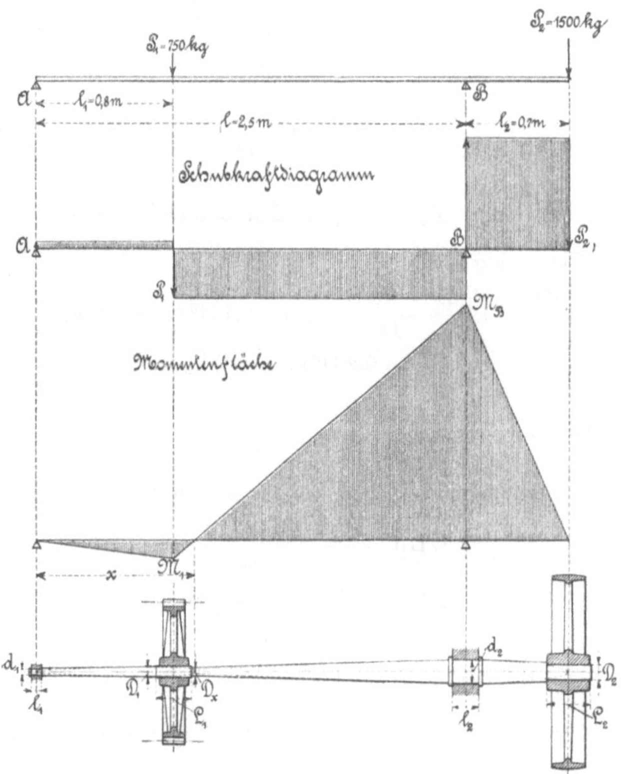

Fig. 210.

3. die Durchmesser D_1 und D_2 der Achse an den beiden Laststellen unter der Annahme, daß die Achsenkopfbreite an der Laststelle 1 mit 200 mm und an der Stelle 2 mit 250 mm auszuführen ist,
4. die Lage x des Wendepunktes der elastischen Linie, woselbst das Biegungsmoment gleich Null wird,
5. die an dieser Stelle wirkende Schubkraft P_x und
6. der dadurch bedingte Mindestdurchmesser D_x der Achse.

Lösung:

1. Die Lagerdrücke A und B.

Nach Formel 93 erhält man den Lagerdruck A aus

$$A\,l + P_2 l_2 = P_1\,(l - l_1),$$

$$A = \frac{P_1\,(l - l_1) - P_2 l_2}{l}$$

$$\text{„} = \frac{750\,(2{,}5 - 0{,}8) - 1500 \cdot 0{,}7}{2{,}5} = \underline{90\ \text{kg}}\,.$$

Der Lagerdruck B beträgt dann

$$A + B = P_1 + P_2,$$

$$B = P_1 + P_2 - A = 750 + 1500 - 90 = \underline{2160\ \text{kg}}\,.$$

2. Die Zapfendurchmesser d_1 und d_2.

Die Abmessungen des Stirnzapfens findet man nach dem bereits im Beispiele 2 Gesagten.

$$\frac{l_1}{d_1} = \sqrt{\frac{0{,}2\,k_b}{p}} = \sqrt{\frac{0{,}2 \cdot 4}{0{,}3}} = 1{,}63,$$

$$\frac{A\,l_1}{2} = 0{,}1\,d_1{}^3\,k_b,$$

$$d_1 = \sqrt{\frac{A\,l_1}{0{,}2\,d_1\,k_b}} = \sqrt{5\,\frac{A}{k_b}\,\frac{l_1}{d_1}} = \sqrt{5\,\frac{90}{4}\,1{,}63} = \underline{13{,}5\ \text{mm}}\,.$$

Mit Rücksicht auf die praktische Ausführung sei dieser Wert auf 40 mm erhöht, womit sich dann eine Länge

$$l_1 = 1{,}63 \cdot 40 = 65{,}2 \backsim 65\ \text{mm}$$

ergibt.

Die Dimensionen des Halszapfens sind in folgender Weise zu ermitteln (vergl. § 23, Abs. b, 5):

$$M_B = W\,k_b, \quad \text{worin } M_B = P_2 l_2$$
$$\text{und } W = 0{,}1\,d_2{}^3 \text{ ist.}$$

Die Werte eingesetzt, gibt

$$P_2 l_2 = 0{,}1\,d_2{}^3\,k_b,$$

$$d_2 = \sqrt[3]{\frac{P_2 l_2}{0{,}1\,k_b}} = \sqrt[3]{\frac{10 \cdot 1500 \cdot 700}{4}} = \sqrt[3]{2{,}5 \cdot 1050000} = 137{,}9 \backsim \underline{140\ \text{mm}}.$$

Gegen Erwärmung muß die Zapfenlänge l_2,

$$l_2\,w = B\,n,$$

$$l_2 = \frac{B\,n}{w} = \frac{2160 \cdot 70}{1700} = 88{,}8\ \text{mm}$$

betragen. Die Länge, aus dem Flächendrucke bestimmt, liefert den Wert

$$B = d_2 l_2 p,$$

$$l_2 = \frac{B}{d_2\,p} = \frac{2160}{140 \cdot 0{,}3} = \backsim 52\ \text{mm}\,.$$

Den in der Aufgabe gestellten Bedingungen würde also eine Länge von 88,8 mm vollständig genügen; mit Rücksicht auf den Zapfendurchmesser und die praktische Ausführung erhöhe man die Länge auf 150 mm.

3. Die Achsendurchmesser D_1 und D_2.

An der Laststelle 1 beträgt der Durchmesser
$$M_1 = 0,1\,D_1^{\,3}\,k_b\,,$$

$$D_1 = \sqrt[3]{\frac{M_1}{0,1\,k_b}} = \sqrt[3]{\frac{10}{k_b}\,A l_1} = \sqrt[3]{\frac{10}{4}\,90\,.\,800} = \sqrt[3]{2,5\,.\,72\,000} = 56,5\ \text{mm}.$$

Hierzu kommt noch der Keilzuschlag nach der Erfahrungsgleichung
$$h_1 = 0,5\,b_1 = 0,5\,(0,2\,D_1 + 6) = 0,5\,(0,2\,.\,56,5 + 6)$$
$$\text{\enspace} = 0,5\,.\,17,3 = 8,65 = \infty\ 9\ \text{mm}.$$

An der Laststelle 2 erhält man einen Durchmesser
$$M_2 = 0,1\,D_2^{\,3}\,k_b,$$

$$D_2 = \sqrt[3]{\frac{M_2}{0,1\,k_b}} = \sqrt[3]{\frac{10}{k_b}\,P_2\lambda} = \sqrt[3]{\frac{10}{4}\,.\,1500\,.\,125} = 77,7\ \text{mm}.$$

Hierzu der Keilzuschlag
$$h_2 = 0,5\,b_2 = 0,5\,(0,2\,D_2 + 6) = 0,5\,(0,2\,.\,77,7 + 6) = 0,5\,.\,21,5 = 10,75$$
$$\text{\enspace} = \infty\ 11\ \text{mm}.$$

4. Die Lage des Wendepunktes.

Legt man an die Stelle C der Achse, die keine Biegungsspannung besitzt, den Drehpunkt, so muß die auf den linken und ebenso auf den rechten Achsenteil wirkende algebraische Summe der Momente gleich Null sein.

Aus dem linken Achsenteile AC folgt der von A aus gemessene Abstand x
$$A x = P_1\,(x - l_1) = P_1 x - P_1 l_1,$$
$$P_1 l_1 = (P_1 - A)\,x,$$
$$x = \frac{P_1 l_1}{P_1 - A} = \frac{750\,.\,0,8}{750 - 90} = 0,909 \infty\ 0,91\ \text{m}.$$

5. Die Schubkraft P_x.

Für den Achsenteil AC erhält man durch Annahme des Drehpunktes bei A
$$P_x x = P_1 l_1,$$
$$P_x = \frac{P_1 l_1}{x} = \frac{750\,.\,0,8}{0,91} = 659,3 \infty\ 660\ \text{kg}.$$

6. Der Achsendurchmesser bei C.

Nach Formel 40 ist
$$P_x = f k_s = \frac{D_x^{\,2}\,\pi}{4}\,0,8\,k = 0,2\,\pi\,D_x^{\,2}\,k,$$

$$D_x = \sqrt{\frac{P_x}{0,2\,\pi\,k}} = 0,564\,\sqrt{5\,\frac{P_x}{k}} = 0,564\,\sqrt{\frac{5\cdot 660}{4}}$$

$$„ = \underline{16,2\ \text{mm}}.$$

Der Durchmesser sei aus praktischen Rücksichten auf 40 mm erhöht.

NB. Da die Bearbeitungskosten gegenüber dem scheinbaren Materialgewinn vielfach sehr hoch sind, so ist es zumeist zweckmäßiger, den größten Durchmesser über die ganze Länge der Achse beizubehalten.

Elfte Aufgabengruppe.

Zu § 25. Die Knickungsfestigkeit.

59. Beispiel. Eine schmiedeeiserne runde Pleuelstange habe einen Durchmesser von 60 mm und eine Länge von 1,4 m. Der Zylinderdurchmesser sei 260 mm, die absolute Dampfspannung 6 Atm.

1. Mit welchem Sicherheitsgrade ist die Stange im Gebrauch?

2. Mit welcher Kraft widersteht die Stange der unter Vernachlässigung des Schleuderns in der Mitte auftretenden Durchbiegung, wenn der Bruchmodul des vorliegenden Materials 4000 kg pro qcm beträgt?

2. Welche Durchbiegung wird die Pleuelstange erleiden, wenn angenommen wird, daß die Tourenzahl der zugehörigen Maschine gering ist?

Lösung:

1. Da im vorliegenden Beispiele der Hub der Maschine nicht angegeben ist, rechnet man den Dampfdruck als die der Beanspruchung der Pleuelstange zugrunde liegende Kraft.

Nach Formel 142 bezw. 139 ist

$$P = \frac{\omega}{m}\,\frac{\pi^2}{\alpha}\,\frac{\Theta}{l^2},$$

woraus
$$m = \frac{\omega\,\pi^2\,\Theta}{P\,\alpha\,l^2} = \frac{\omega\,\pi^2\,\dfrac{d^4\,\pi}{64}}{\dfrac{D^2\,\pi}{4}\,(p-1)\,\alpha\,l^2} = \frac{\pi^2}{16}\,\frac{\omega\,d^4}{D^2\,(p-1)\,\alpha\,l^2}$$

$$„ = \frac{10\cdot 1\cdot 6^4}{16\cdot 26^2\,(6-1)\,\dfrac{1}{2\,000\,000}\cdot 140^2} = \underline{24,4}\ \text{folgt.}$$

2. Unter Bezugnahme auf § 25, Abs. 2, 2 erhält man die Seitenkraft Q aus

$$\frac{Q\,l}{4} = W\,k_b$$

$$Q = \frac{4\,W\,k_b}{l} = \frac{4\cdot 0,1\,d^3\,k_b}{l} = \frac{4\cdot 0,1\cdot 6^3\cdot 4000}{140\cdot 24,4}$$

$$„ = \underline{101,16\ \text{kg}}.$$

3. Die Durchbiegung δ ergibt sich nach § 23, Abs. b, 1 zu

$$\delta = \frac{l^3 \alpha Q}{48\,\Theta} = \frac{l^3 \alpha Q}{48\,\dfrac{d^4 \pi}{64}} = \frac{4 l^3 \alpha Q}{3 \pi d^4} = \frac{4 \cdot 140^3 \cdot \dfrac{1}{2\,000\,000} \cdot 101{,}16}{3 \cdot 3{,}14 \cdot 6{,}0^4}$$

$$\text{„} = \underline{0{,}02\,313\ \text{cm}}\,.$$

60. Beispiel. Es soll der Durchmesser einer aus Flußstahl hergestellten Kolbenstange von der Länge 1,5 m für eine 22 fache Sicherheit bestimmt werden. Der auf den Kolben und somit auf die Stange wirkende Dampfdruck sei 5000 kg.

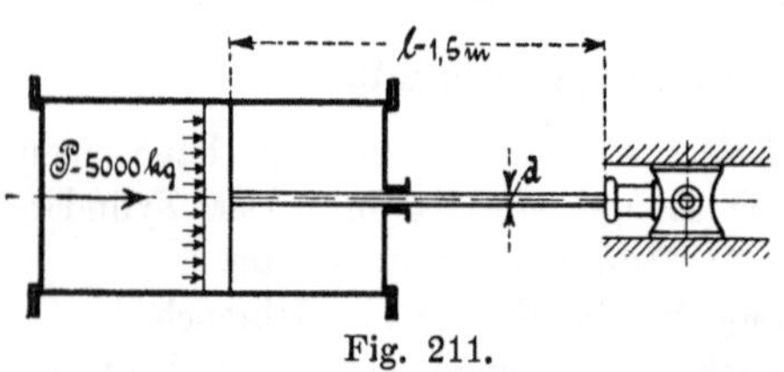

Fig. 211.

Lösung:

Nach den Formeln 142, bezw. 139 ergibt sich der Stangendurchmesser d zu

$$P = \frac{\omega}{m}\,\frac{\pi^2}{\alpha}\,\frac{\Theta}{l^2} = \frac{\omega \pi^2 \dfrac{d^4 \pi}{64}}{m \alpha l^2} = \frac{\pi^3}{64}\,\frac{\omega d^4}{m \alpha l^2} \infty \frac{1}{2}\,\frac{\omega d^4}{m \alpha l^2}$$

$$d = \sqrt[4]{\frac{2\,m \alpha l^2 P}{\omega}} = \sqrt[4]{\frac{2 \cdot 22 \cdot 1 \cdot 150^2 \cdot 5000}{1 \cdot 2\,200\,000}} = 6{,}9 \infty \underline{7\ \text{cm}}\,.$$

61. Beispiel. Von welcher Länge ab muß die vorgenannte Kolbenstange auf Knickung berechnet werden, wenn die Druckspannung an der Bruchgrenze 6000 kg/qcm beträgt?

Lösung:

Nach Formel 143 erhält man die Grenzlänge l

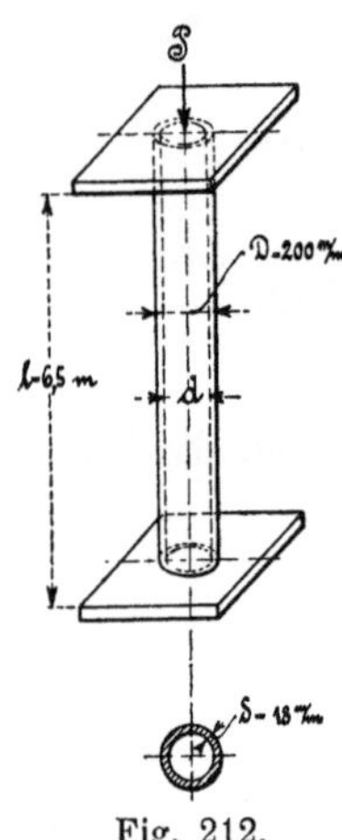

Fig. 212.

$$l = \pi \sqrt{\frac{\omega\,\Theta}{m \alpha f k_d}} = \pi \sqrt{\frac{\omega\,\dfrac{d^4 \pi}{64}}{m \alpha\,\dfrac{d^2 \pi}{4}\,\dfrac{s_d}{m}}} = \frac{\pi d}{4}\sqrt{\frac{\omega}{\alpha s_d}}$$

$$\text{„} = \frac{3{,}14 \cdot 60}{4}\sqrt{\frac{22\,000}{60}} = 901{,}9 \infty \underline{902\ \text{mm}}\,.$$

62. Beispiel. Für eine 6,5 m lange hohle gußeiserne Säule, die einen Außendurchmesser von 200 mm und eine Wandstärke von 18 mm hat, soll für eine 6 fache Sicherheit die Tragkraft P festgestellt werden.

Lösung:

Nach den Formeln 142 bezw. 139 ist

$$P = \frac{\omega}{m}\,\frac{\pi^2}{\alpha}\,\frac{\Theta}{l^2}, \text{ worin } \omega = 1,$$

$$\alpha = \frac{1}{1\,000\,000}$$

und

$$\Theta = (D^4 - d^4)\frac{\pi}{64} = (20^4 - 16{,}4^4)\frac{\pi}{64} = 4300{,}8 \text{ cm}^4 \text{ ist.}$$

Eingesetzt, erhält man

$$P = \frac{1 \cdot 10 \cdot 4300{,}8}{6 \cdot \dfrac{1}{1\,000\,000} \cdot 650^2} = 16\,966 \text{ kg} \backsim \underline{17\,000 \text{ kg}}.$$

63. Beispiel. Welche Querschnittsabmessungen wird die vorhergehende Säule bei derselben Tragkraft haben, wenn sie aus Schmiedeeisen bestehen und aus 4 Quadranteisen gebildet sein soll?

Lösung:

In diesem Falle ist die vorgenannte Knickungsgleichung nach dem Trägheitsmomente aufzulösen, womit dann die gesuchten Dimensionen aus der zugehörigen Tabelle gefunden werden.

Man erhält

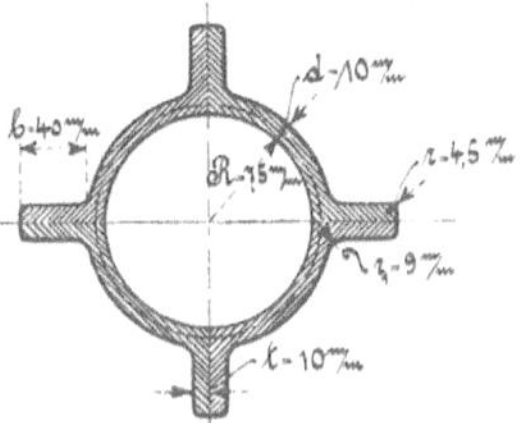

Fig. 213.

$$P = \frac{\omega}{m}\,\frac{\pi^2}{\alpha}\,\frac{\Theta}{l^2},$$

$$\Theta = \frac{P\,m\,\alpha\,l^2}{\omega\,\pi^2} = \frac{17\,000 \cdot 6 \cdot 1 \cdot 650^2}{1 \cdot 10 \cdot 2\,000\,000} = \underline{2154{,}75 \text{ cm}^4}.$$

Dieses entspricht einem $\underline{\text{Profil No. } 7^1/_2}$ mit $\Theta = \underline{2982 \text{ cm}^4}$, wofür sich die in der beistehenden Skizze eingeschriebenen Abmessungen ergeben.

64. Beispiel. Es soll für eine Dampfmaschine von 30 cm Zylinderdurchmesser und 60 cm Hub die aus Schmiedeeisen angefertigte Treibstange von 1,5 m Länge für eine größte Beanspruchung von 6000 kg so berechnet werden, daß die Höhe des rechteckigen Querschnittes gleich der 1,8 fachen Breite desselben betragen und eine 15 fache Sicherheit in Frage kommen soll.

Lösung:

Die Formeln 142 und 139 ergeben

$$P = \frac{\omega}{m}\,\frac{\pi^2}{\alpha}\,\frac{\Theta}{l^2}, \text{ worin } \omega = 1,$$

$$\alpha = \frac{1}{2\,000\,000},$$

$$m = 15$$

$$\text{und}\quad \Theta = \frac{h\,b^3}{12} = \frac{1,8\,b\,b^3}{12} = 0,15\,b^4 \text{ beträgt.}$$

Die Werte eingesetzt, gibt

$$P = \frac{\omega\pi^2\,0,15\,b^4}{m\,\alpha\,l^2},$$

woraus man dann

$$b = \sqrt[4]{\frac{P\,m\,\alpha\,l^2}{\omega\pi^2\,0,15}} = \sqrt[4]{\frac{6000\,.\,15\,.\,1\,.\,150^2}{1\,.\,10\,.\,2\,000\,000\,.\,0,15}} = 5,09 \infty \underline{5\ \text{cm}}$$

und $h = 1,8\,b = 1,8\,.\,5 = \underline{9\ \text{cm}}$ erhält.

Zwölfte Aufgabengruppe.

Zu § 26. Die Torsionsfestigkeit.

65. Beispiel. Eine Welle hat 84 mm Durchmesser und macht 45 Touren.

Wieviel Pferdestärken kann sie übertragen, wenn die zulässige Beanspruchung der Welle mit 3 kg angenommen wird?

Lösung:

Nach den Formeln 146 und 70 ist

$$M_d = W_p\,k_d = \frac{d^3\pi}{16}\,k_d.$$

Nach Formel 149 dagegen ist

$$M_d = 716\,200\,\frac{N}{n}.$$

Durch Gleichsetzen der beiden gleichen Drehmomente erhält man

$$716\,200\,\frac{N}{n} = \frac{d^3\pi}{16}\,k_d,$$

oder $\quad N = \dfrac{d^3\pi}{16}\,k_d\,\dfrac{n}{716\,200} = \dfrac{84^3\,.\,\pi\,.\,3\,.\,45}{16\,.\,716\,200} = \underline{22,7\ \text{PS}}.$

66. Beispiel. Auf einer Welle von 25 m Länge sitzt an dem einen Ende eine Riemenscheibe vom Radius $= 1,2$ m, auf die die Kraft von 125 kg geleitet wird.

1. Welchen Durchmesser muß die Welle unter gewöhnlichen Verhältnissen erhalten?

2. Wieviel Pferdestärken können bei 95 Umdrehungen pro Minute übertragen werden?

Lösung:

1. Der Wellendurchmesser d.
Nach Formel 153 ergibt sich der Durchmesser zu

$$d = 4{,}13 \sqrt[4]{M_d} = 4{,}13 \sqrt[4]{PR} = 4{,}13 \sqrt[4]{125 \cdot 1200}$$
$$\text{"} = 81{,}28 \backsim 80 \,\text{mm} .$$

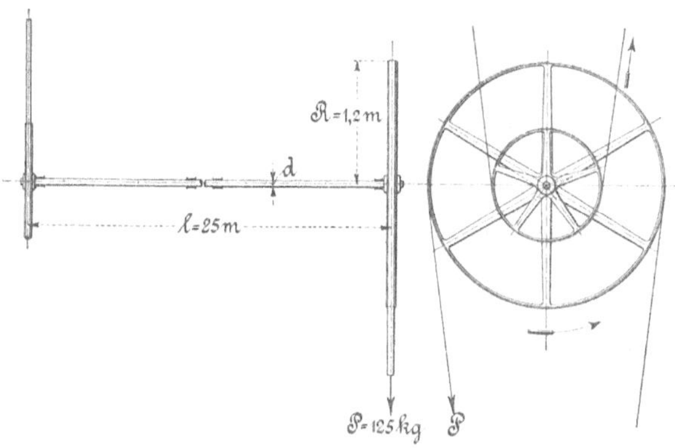

Fig. 214.

2. Die Anzahl N der Pferdestärken.

Nach Formel 154 ist

$$d = 120 \sqrt[4]{\frac{N}{n}} ,$$

woraus sich die Pferdestärken zu

$$N = \left(\frac{d}{120}\right)^4 n = \left(\frac{80}{120}\right)^4 95 = 18{,}7 \,\text{PS}$$

ergeben.

67. Beispiel. Welchen Durchmesser muß die im letzten Beispiele angegebene Welle erhalten, wenn für 1 lfd. Meter eine Verdrehung von 0,8⁰ zulässig sein soll?

Lösung:

Nach Formel 152 ergibt sich der Durchmesser aus

$$\varphi^0 = \frac{180}{\pi} \frac{\beta M_d l}{\Theta_p} = \frac{180}{\pi} \frac{M_d l}{G \dfrac{d^4 \pi}{32}} = \frac{180}{\pi} \frac{M_d l}{0{,}1 d^4 G}$$

$$\text{zu} \quad d = \sqrt[4]{\frac{180}{\pi} \frac{M_d l}{0{,}1 \varphi^0 G}} = \sqrt[4]{\frac{180 \cdot 125 \cdot 1200 \cdot 25\,000}{\pi \cdot 0{,}1 \cdot (0{,}8 \cdot 25) \cdot 8000}} = 60{,}8 \backsim 60 \,\text{mm} .$$

68. Beispiel. Eine 2,8 m lange hohle Welle aus Gußeisen soll bei 40 Umdrehungen pro Minute 80 Pferdestärken übertragen. Das Material soll mit 89 kg pro qcm beansprucht werden. Das Verhältnis des lichten zum äußeren Durchmesser sei mit 0,7 vorgeschrieben.

1. Welche Durchmesser muß die Welle erhalten, und
2. welche Verdrehung wird sie erleiden?

Lösung:

1. Die Wellendurchmesser D und d.

Nach den Formeln 146 und 149 ergeben sich die Durchmesser in folgender Weise:

$$M_d = W_p k_d,$$

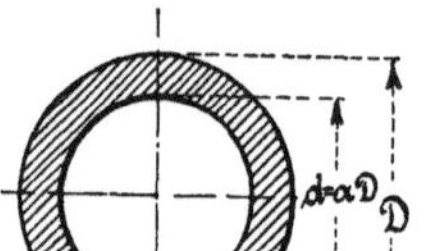

Fig. 215.

worin $M_d = 716\,200\,\dfrac{N}{n}$

und $W_p = \dfrac{D^4 - d^4}{D}\,\dfrac{\pi}{16} = \dfrac{D^4(1-\alpha^4)}{D}\,\dfrac{\pi}{16}$

„ $\infty\ 0,2\,D^3\,(1-\alpha^4)$ ist.

Die Werte eingeführt, liefert

$$716\,200\,\frac{N}{n} = 0,2\,D^3\,(1-\alpha^4)\,k_d,$$

woraus sich der Außendurchmesser zu

$$D = \sqrt[3]{\frac{716\,200}{0,2}\,\frac{N}{n}\,\frac{1}{(1-\alpha^4)\,k_d}} = \sqrt[3]{5\cdot716\,200\cdot\frac{80}{40\,(1-0,7^4)\,89}}$$

„ $= 219,6 \infty\ \underline{220\ \text{mm}}$ berechnet.

Der lichte Durchmeser d beträgt dann

$$d = \alpha D = 0,7\cdot220 = \underline{154\ \text{mm}}.$$

2. Der Verdrehungswinkel φ.

Nach Formel 152 ist

$$\varphi^0 = \frac{180}{\pi}\,\frac{\beta M_d l}{\Theta_p} = \frac{180}{\pi}\,\frac{M_d l}{G\Theta_p},$$

worin $\quad M_d = 716\,200\,\dfrac{N}{n} = 716\,200\,\dfrac{80}{40} = 1\,432\,400\ \text{kgmm},$

$$G = \frac{2}{5}\,E = \frac{2}{5}\cdot10\,000 = 8000\ \text{kg/qmm},$$

und $\quad \Theta_p = (D^4 - d^4)\,\dfrac{\pi}{32} = D^4(1-\alpha^4)\,\dfrac{\pi}{32} \infty\ 0,1\,D^4\,(1-\alpha^4)$

„ $= 0,1\cdot220^4\,(1-0,7^4) = 178\,010\,000\ \text{mm}^4$ beträgt.

Die Werte in die vorstehende Formänderungsgleichung eingesetzt, liefert einen Verdrehungswinkel

$$\varphi^0 = \frac{180\cdot1\,432\,400\cdot2800}{\pi\cdot8000\cdot178\,010\,000} = \underline{0,16^0}.$$

69. Beispiel. Am Windeisen einer 5 m langen Bohrstange aus Vierkanteisen arbeiten 2 Mann mit je 18 kg am Hebelarme von 0,7 m.

Welche Eisensorte ist zu wählen, wenn die größte Materialspannung 36 kg/qmm betragen soll?

Lösung:
Nach Formel 151 ist

$$M_d = \omega \frac{\Theta}{e} k_d,$$

worin $M_d = 2\,Pl$,

$$\omega = \frac{4}{3}$$

und $\Theta = \dfrac{a^4}{12}$ ist.

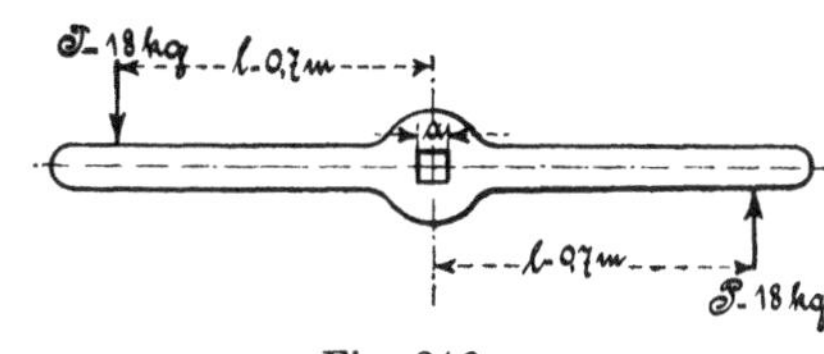

Fig. 216.

Die Werte eingesetzt, gibt

$$2\,Pl = \frac{4}{3} \frac{\dfrac{a^4}{12}}{\dfrac{a}{2}} k_d = \frac{4}{3} \frac{a^3}{6} k_d$$

oder

$$a = \sqrt[3]{\frac{2\,Pl\,3.6}{4\,k_d}} = \sqrt[3]{\frac{2.18.700.18}{4.3,6}} = 31,58 \backsim \underline{32\ \text{mm}}.$$

70. Beispiel. Welche Verdrehung pro lfd. Meter wird die vorgenannte Stange erleiden?

Lösung:

Nach Formel 155 erhält man die ganze Verdrehung zu

$$\varphi^0 = \omega \frac{180}{\pi} \frac{\Theta_p}{4\,\Theta_x \Theta_y} \frac{M_d}{G} L = \omega \frac{180}{\pi} \frac{\Theta_p}{4\,\Theta^2} \frac{M_d}{G} L,$$

worin

$$\omega = 1,2,$$

$$\Theta_p = \frac{b\,h}{12}(h^2 + b^2) = \frac{a\,a}{12}(a^2 + a^2) = \frac{a^4}{6},$$

$$\Theta = \frac{a^4}{12},$$

$$M_d = 2\,Pl \quad \text{und}$$

$$G = \frac{2}{5} E = \frac{2}{5} . 2\,000\,000 = 800\,000\ \text{kg/qcm ist.}$$

Eingesetzt, gibt

$$\varphi^0 = 1,2 \frac{180 \dfrac{a^4}{6} 2\,PlL}{\pi 4 \left(\dfrac{a^4}{12}\right)^2 800\,000} = 1,2 \frac{27\,PlL}{10\,000\,\pi\,a^4}$$

$$, = \frac{1,2 . 27 . 18 . 70 . 500}{10\,000 . \pi . 3,2^4} = 6,199 \backsim 6,2^0.$$

Auf den lfd. Meter kommt dann ein Winkel

$$\vartheta^0 = \frac{\varphi^0}{L} = \frac{6,2}{5} = \underline{1,24^0}.$$

71. Beispiel. Ein Wellenstrang von 30 m Länge soll 50 Pferdestärken bei 200 Touren übertragen. Der Strang sei aus 5 Wellenstücken von 8, 7, 6, 5 und 4 m herzustellen. Von der ersten Welle sollen 22, von der zweiten 15, von der dritten 6, von der vierten 4 und von der fünften 3 Pferdestärken abgegeben werden.

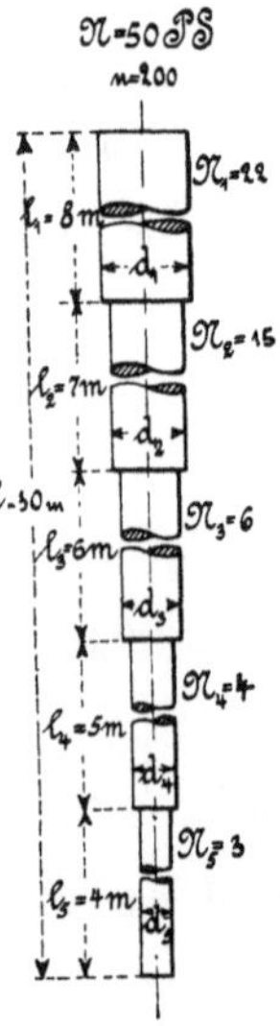

Zu berechnen sind die einzelnen Wellendurchmesser.

Lösung:

Da hier keine besonderen Bedingungen über die Beanspruchung des Materials und der Formänderungen gegeben sind, rechnet man nach den Formeln 150 und 154, und zwar mit derjenigen, die den größten Wert liefert.

Nach den Ausführungen des § 26, Abs. 5 ist nun die Formel 154 zu benutzen.

Man erhält dann die Durchmesser:

Für die **1.** Welle

$$d_1 = 120 \sqrt[4]{\frac{N}{n}} = \sqrt{\frac{N_1 + N_2 + N_3 + N_4 + N_5}{n}}$$

$$\text{,,} = 120 \sqrt[4]{\frac{50}{200}} = 120 \sqrt[4]{0{,}25} = 84{,}8 \infty \underline{85 \text{ mm}}.$$

Fig. 217.

Für die **2.** Welle

$$d_2 = 120 \sqrt[4]{\frac{N - N_1}{n}} = 120 \sqrt[4]{\frac{50 - 22}{200}} = 120 \sqrt[4]{0{,}14} = 73{,}4 \infty \underline{75 \text{ mm}}.$$

Für die **3.** Welle

$$d_3 = 120 \sqrt[4]{\frac{N_3 + N_4 + N_5}{n}} = 120 \sqrt[4]{\frac{6 + 4 + 3}{200}} = 120 \sqrt[4]{0{,}065}$$
$$= 60{,}59 \infty \underline{60 \text{ mm}}.$$

Für die **4.** Welle

$$d_4 = 120 \sqrt[4]{\frac{N_4 + N_5}{n}} = 120 \sqrt[4]{\frac{4 + 3}{200}} = 120 \sqrt[4]{0{,}035} = 51{,}9 \infty \underline{50 \text{ mm}}.$$

Für die **5.** Welle

$$d_5 = 120 \sqrt[4]{\frac{N_5}{n}} = 120 \sqrt[4]{\frac{3}{200}} = 120 \sqrt[4]{0{,}015} = 41{,}99 \infty \underline{40 \text{ mm}}.$$

72. Beispiel. Welche Bohrung muß eine Kegelschalenkuppelung erhalten, zu deren Einrückung eine Achsialkraft von 80 kg aufzuwenden ist? Die Kuppelung habe einen Radius gleich der 5 fachen Bohrung und einen Neigungswinkel der Arbeitsfläche zur Achsenrichtung von 12° 30′. Der Reibungskoeffizient betrage 0,12.

Lösung:

Da die Bohrung oder, was dasselbe ist, der Wellendurchmesser d von dem Drehmomente abhängig ist, muß zunächst die am Umfange der Kuppelung wirkende Umfangskraft P ermittelt werden.

Eine Beziehungsgleichung zwischen der Achsialkraft Q und der Umfangskraft P erhält man auf folgende Weise:

Es bezeichne

p die am Umfange wirkende Kraft (Normalkraft für 1 qcm Arbeits- bezw. Reibfläche),

F die gesamte Arbeitsfläche in qcm,

q_1 die zur Erzeugung von p während der Betriebszeit in Achsenrichtung aufzuwendende Kraft,

Q_1 die für die ganze Arbeitsfläche während der Betriebszeit nötige Achsialkraft,

q_2 die während der Dauer der Einrückung zur Überwindung der zwischen den beiden Arbeitsflächen auftretenden gegenseitigen Reibung in Achsenrichtung nötige Kraft pro qcm Fläche,

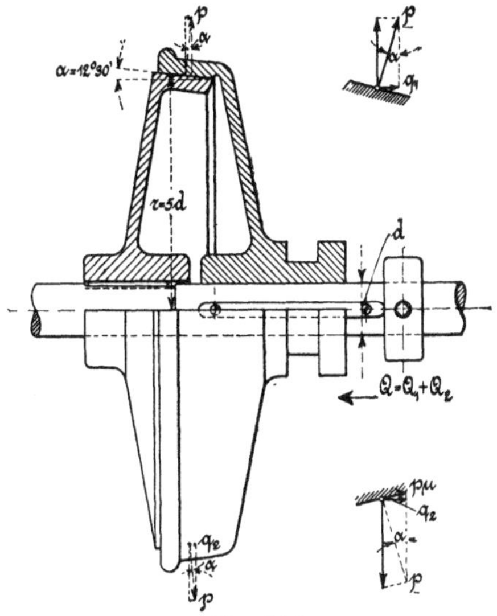

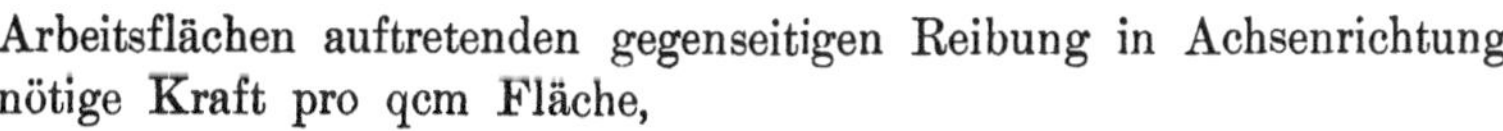
Fig. 218.

Q_2 die während der Einrückungsperiode erforderliche gesamte Achsialkraft,

Q die Summe der vorgenannten Kräfte,

P die am Umfange wirkende Kraft,

P_n die zugehörige Normalkraft und

μ den Reibungskoeffizienten.

1. Die Achsialkraft Q_1.

$$Q_1 = F q_1, \text{ worin } P_n = F p$$
$$\text{und } q_1 = p \sin \alpha$$

bedeutet. Da nun

$$P = P_n \cdot \mu = F p \mu \text{ ist, woraus } F = \frac{P}{p \mu}$$

folgt, so erhält man durch Einsetzen der Werte in die Achsendruckgleichung

$$Q_1 = \frac{P}{p \mu} p \sin \alpha = \frac{P \sin \alpha}{\mu}.$$

2. Die Achsialkraft Q_2.

$$Q_2 = F q_2, \text{ worin F den vorherigen Wert}$$

$$\text{und } q_2 = p\mu . \cos\alpha$$

darstellt.   Eingesetzt, gibt

$$Q_2 = \frac{P}{p\mu} p\mu \cos\alpha = P\cos\alpha.$$

3. Der gesamte Achsendruck Q.

$$Q = Q_1 + Q_2 = \frac{P\sin\alpha}{\mu} + P\cos\alpha = P\frac{\sin\alpha + \mu\cos\alpha]}{\mu},$$

woraus sich die Umfangskraft

$$P = \frac{Q\mu}{\sin\alpha + \mu\cos\alpha} = \frac{80.0{,}12}{\sin 12^0 30' + 0{,}12 . \cos 12^0 30'}$$

$$" = \frac{9{,}6}{0{,}21644 + 0{,}12 . 0{,}97630} = \frac{9{,}6}{0{,}333596} = 28{,}78 \backsim \underline{30\ kg}$$

ergibt.

4. Der Wellendurchmesser d.

Da für die Berechnung des Durchmessers keine besonderen Bedingungen gestellt sind, so ist wie im vorhergehenden Beispiele eine der Formeln 150 und 154 zu verwenden.

Aus Formel 149

$$M_d = 716\,200\,\frac{N}{n}$$

folgt

$$\frac{N}{n} = \frac{M_d}{716\,200} = \frac{Pr}{716\,200} = \frac{P\alpha d}{716\,200}.$$

Diesen Ausdruck in die Formel 154 eingeführt, gibt

$$d = 120\,\sqrt[4]{\frac{N}{n}}$$

oder

$$\left(\frac{d}{120}\right)^4 = \frac{N}{n} = \frac{P\alpha d}{716\,200}$$

"

$$\frac{d^3}{120^4} = \frac{P\alpha}{716\,200}$$

"

$$d = \sqrt[3]{\frac{P\alpha}{716\,200}\,120^4} = 120\,\sqrt[3]{\frac{120\,P\alpha}{716\,200}} = 120\,\sqrt[3]{\frac{12 . 30 . 5}{71\,620}}$$

"   "

$$= 120\,\sqrt[3]{0{,}02\,513} = \underline{35{,}15\ mm}.$$

Die Formel 150 würde nur einen Wert von

$$d = 120\,\sqrt{0{,}02\,513} = 19{,}02\ mm$$

ergeben haben, der gegenüber dem ersten viel zu klein wäre.

Da die Kraftübertragung von der Welle zur Kuppelung und umgekehrt mittelst einer eingelegten Feder erfolgen soll, so ist noch zum Wellendurchmesser der Keilzuschlag

$$h = 0{,}5\,b = 0{,}5\,(0{,}2\,d + 6) = 0{,}5\,(0{,}2 . 35{,}15 + 6) = 6{,}5\ mm$$

hinzufügen, so daß die Bohrung einen Durchmesser von
$$D = d + h = 35{,}15 + 6{,}5 = 41{,}65 \infty \underline{42\ \text{mm}}$$
erhalten muß.

73. Beispiel. Zur Verbindung der Hälften einer Scheibenkuppe-
lung werden 5 Schrauben von 14 mm Durchmesser verwendet und in
gleichen Abständen auf einem Kreise von 140 mm Halbmesser verteilt.

Welchen Durchmesser müssen die Wellenenden haben, wenn das
Material derselben mit 3 kg und das der Schraube mit 4 kg beansprucht
werden soll?

Lösung:

Da die Schrauben im ungünstigsten Falle als Mitnehmer dienen, so
sind sie auf Abscheren zu berechnen.

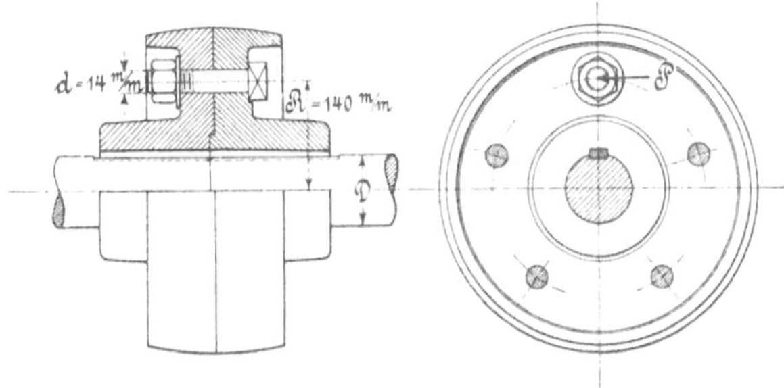

Fig. 219.

Nach Formel 40 ist die auf die Schrauben wirkende Kraft
$$P = f k_s = i \frac{d^2 \pi}{4} 0{,}8\,k = 0{,}2\,i d^2 \pi k .$$

Den Wellendurchmesser erhält man dann aus der Formel 147 zu
$$D = 1{,}72 \sqrt[3]{\frac{M_d}{k_d}} = 1{,}72 \sqrt[3]{\frac{P R}{k_d}} = 1{,}72 \sqrt[3]{\frac{0{,}2\,i d^2 \pi k R}{k_d}}$$
$$\text{„} = 1{,}72 \sqrt[3]{\frac{0{,}2 \cdot 5 \cdot 14^2 \cdot \pi \cdot 4 \cdot 140}{3}} = 83{,}6 \infty \underline{85\ \text{mm}} .$$

Hierzu kommt nun wieder der Keilzuschlag.

74. Beispiel. Zwei mit 3 kg Spannung berechnete Wellen von
50 mm Durchmesser sollen mittelst einer gußeisernen Muffenkuppelung
verbunden werden.

1. Welchen Durchmesser muß die Kuppelung erhalten, wenn sie mit
1 kg beansprucht werden soll, und

2. welche Breite muß der aus Stahl hergestellten Feder bei 5 kg

Beanspruchung gegeben werden, wenn die Länge der Muffe gleich der 15 fachen Keilbreite ist.

　　Lösung:

1. Der Durchmesser D der Kuppelung.

Bezeichnet $W_{p1} = \dfrac{d^3 \pi}{16}$ das polare Widerstandsmoment der Welle,

$W_{p2} = \dfrac{D^4 - d^4}{D} \dfrac{\pi}{16}$ das polare Widerstandsmoment der Muffe,

k_1 die Materialspannung der Welle und
k_2 die Materialspannung der Muffe,

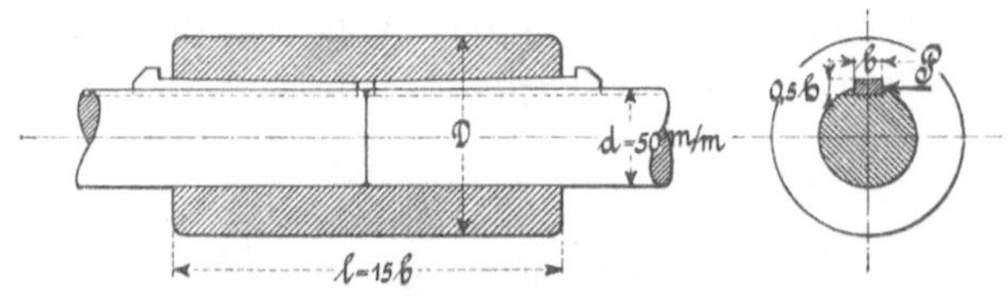

Fig. 220.

so ist nach Formel 146

　　　1.　　　　　　　　　　$M_d = W_{p1}\, k_1$

und　2.　　　　　　　　　　$M_d = W_{p2}\, k_2,$

woraus durch Gleichsetzen

$$W_{p1}\, k_1 = W_{p2}\, k_2$$

oder

$$\frac{d^3 \pi}{16}\, k_1 = \frac{D^4 - d^4}{D} \frac{\pi}{16}\, k_2$$

„

$$d^3 k_1 = \left(D^3 - \frac{d^4}{D} \right) k_2$$

folgt. In der Praxis pflegt man diese Gleichung 4. Grades zumeist durch Probieren zu lösen, indem man für das im Nenner stehende D einen Schätzungswert einsetzt und das übrige nach D, wie folgt, auflöst.

$$D^3 = \frac{d^3 k_1}{k_2} + \frac{d^4}{D},$$

$$D = \sqrt[3]{\frac{d^3 k_1}{k_2} + \frac{d^4}{D}} = d \sqrt[3]{\frac{k_1}{k_2} + \frac{d}{D}}.$$

Für $D \infty 2\,d$ oder $\dfrac{d}{D} = \dfrac{d}{2\,d} = \dfrac{1}{2} = 0{,}5$ gesetzt, gibt

$$D = d \sqrt[3]{\frac{k_1}{k_2} + 0{,}5} = 50 \sqrt[3]{\frac{3}{1} + 0{,}5} = 50 \sqrt[3]{3{,}5} = \underline{75{,}9 \text{ mm}}.$$

Rechnet man hierzu noch den Keilzuschlag von etwa

$$h = 0{,}5\,b = 0{,}5\,(0{,}2\,d + 6) = 0{,}5\,(0{,}2 \cdot 50 + 6) = 0{,}5 \cdot 16 = 8 \text{ mm},$$

so beträgt der Durchmesser der Muffe
$$D = 75,9 + 8 = 83,9 \text{ mm},$$
der mit Rücksicht auf die beim Eintreiben des Keils auftretenden Spannungen auf 90 mm erhöht werden kann.

2. Die Keilbreite b.

Der Keil wird neben Biegung — die hier vernachlässigt werden soll — durch die am Umfange der Welle wirkende Kraft auf Abscheren beansprucht. Diese Kraft beträgt nach Formel 146
$$M_d = W_{p1} k_1$$
oder
$$P \frac{d}{2} = \frac{d^3 \pi}{16} k_1 \infty 0,2 d^3 k_1$$
$$P = 0,4 d^2 k_1 .$$

Den Wert in Formel 40 eingesetzt, gibt
$$P = f k_s = \frac{1}{2} b k_s = \frac{15 b}{2} b k_s = 7,5 b^2 k_s ,$$

woraus man die Breite des Keiles zu
$$b = \sqrt{\frac{P}{7,5 k_s}} = \sqrt{\frac{0,4 d^2 k_1}{7,5 k_s}} = \frac{2 d}{5} \sqrt{\frac{k_1}{3 k_s}} = 0,4 \cdot 50 \sqrt{\frac{3}{3 \cdot 5}} = 8,94 \infty 9 \text{ mm}$$

erhält. Nach der Erfahrungsgleichung ergibt sich eine Breite von
$$b = 0,2 d + 6 = 0,2 \cdot 50 + 6$$
$$„ = 10 + 6 = 16 \text{ mm} .$$

Eine für die Praxis brauchbare Breite liefert das Mittel zwischen den beiden genannten Werten, also etwa
$$\frac{1}{2} (9 + 16) = 0,5 \cdot 25 \infty 13 \text{ mm} .$$

75. Beispiel. Mittelst eines offenen Riementriebes sollen bei 8 m Wellenentfernung 4 Pferdestärken übertragen werden. Die Tourenzahlen der beiden Scheiben seien 50 und 30. Der kleine Scheibenradius betrage 400 mm, die Riemenspannung 0,25 kg/qmm. Die Dicke des Riemens sei mit 6 mm angenommen.

Bestimmt sollen werden

   1. die beiden Wellendurchmesser d_1 und d_2,

   2. der Radius r_1 der großen Scheibe,

   3. der Riemenzug T und

   4. die Riemenbreite b.

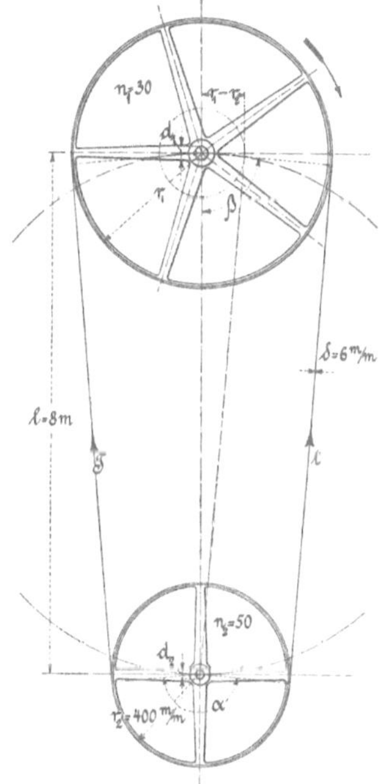

Fig. 221.

Lösung:

1. Die Wellendurchmesser d_1 und d_2.

Da das Verhältnis $\dfrac{N}{n} < 1$ ist, so sind die Wellendurchmesser nach der Verdrehungsformel 154 zu ermitteln.

Man erhält also

$$d_1 = 120\sqrt[4]{\frac{N}{n_1}} = 120\sqrt[4]{\frac{4}{30}} = 72{,}5 \infty \underline{75 \text{ mm}},$$

$$d_2 = 120\sqrt[4]{\frac{N}{n_2}} = 120\sqrt[4]{\frac{4}{50}} = 63{,}8 \infty \underline{65 \text{ mm}}.$$

2. Der Radius r_1 der großen Scheibe.

Nach dem 53. Beispiel ist

$$r_1 : r_2 = n_2 : n_1$$

oder
$$r_1 = \frac{r_2 n_2}{n_1} = \frac{400 \cdot 50}{30} = \underline{667 \text{ mm}}.$$

3. Der Riemenzug T.

Bezeichnet T die Zugkraft im angespannten, d. h. im ziehenden Riementeil, t dagegen den Zug im losen oder gezogenen Teil, so bildet die Differenz dieser Kräfte die Umgangskraft P, die durch die Reibung zwischen Scheibe und Riemen erzeugt ist.

Es ist also

$$T - t = P.$$

Zwischen den beiden Riemen-Zugkräften besteht nun nach der aus der Mechanik zu entnehmenden Reibungstheorie der Zugorgane die Beziehung

$$T = t\,e^{\mu\alpha} \quad \text{oder} \quad t = \frac{T}{e^{\mu\alpha}},$$

worin
$$e = 2{,}71828 \text{ die Basis des log. nat.,}$$
$$\mu \text{ den Koeffizienten der Reibung zwischen Scheibe}$$
$$\text{und Riemen}$$

und
$$\alpha = \text{arc } \alpha$$

bedeutet. Führt man den Wert t in die erste Gleichung ein, so erhält man den Riemenzug

$$T - \frac{T}{e^{\mu\alpha}} = P$$

oder
$$T\left(1 - \frac{1}{e^{\mu\alpha}}\right) = P$$

„
$$T\,\frac{e^{\mu\alpha} - 1}{e^{\mu\alpha}} = P$$

„
$$T = \frac{e^{\mu\alpha}}{e^{\mu\alpha} - 1}\,P.$$

Für das Bogenmaß α kann auch das Winkelmaß nach den Verhältnissen im Einheitskreise, nämlich

$$\alpha : 2\pi = \alpha^0 : 360^0,$$

woraus $\qquad \alpha = \dfrac{2\pi\alpha^0}{360^0} = \dfrac{\pi\alpha^0}{180^0}$ folgt,

gesetzt werden.

Es ist zweckmäßig erst die Potenz auszurechnen, wozu der Winkel α gebraucht wird.

Aus der Figur folgt

$$\cos\beta = \frac{r_1 - r_2}{1} = \frac{667 - 400}{8000} = \frac{267}{8000} = 0,03337,$$

woraus man $\beta = 88^0\,5'$ und $\alpha^0 = 2\beta = 2 \cdot 88^0\,5' = 176^0\,10'$ erhält. Die Potenz hat dann den Wert

$$e^{\mu\alpha} = e^{\mu\frac{\pi\alpha^0}{180^0}} = 2,71828^{\,0,29\,\frac{3,14 \cdot 176^0\,10'}{180^0}}$$

$$\text{„} = 2,71828^{\,0,29\,\frac{3,14 \cdot 10570}{180 \cdot 60}} = 2,71828^{\,0,8912}$$

$$\text{„} = 2,438.$$

Die Umfangskraft P folgt z. B. aus

$$M_2 = P r_2 = 716\,200\,\frac{N}{n_2}$$

$$P = 716\,200\,\frac{N}{r_2 n_2} = \frac{716\,200 \cdot 4}{400 \cdot 50} = 143,2\ \text{kg}.$$

Der Riemenzug T beträgt dann

$$T = \frac{e^{\mu\alpha}}{e^{\mu\alpha} - 1}\,P = \frac{2,438}{1,438}\,P = 1,6954\,P$$

$$\text{„} \varpropto 1,7\,P = 1,7 \cdot 143,2 = 243,4 \varpropto \underline{244\ \text{kg}}.$$

Um diese zeitraubende Rechnung zu ersparen, rechnet man in der Praxis zumeist mit einem durchschnittlichen Riemenzuge

$$T = 2\,P.$$

4. Die Riemenbreite b.

Nach Formel 7 ist

$$T = f k_z = b \delta k_z$$

oder $\qquad b = \dfrac{T}{\delta k_z} = \dfrac{244}{6 \cdot 0,25} = 162,7 \varpropto \underline{163\ \text{mm}}.$

Springer-Verlag Berlin Heidelberg GmbH

Die Hebezeuge. Theorie und Kritik ausgeführter Konstruktionen mit besonderer Berücksichtigung der elektrischen Anlagen. Ein Handbuch für Ingenieure, Techniker und Studierende. Von Ad. Ernst, Professor des Maschinen-Ingenieurwesens an der Königl. Techn. Hochschule zu Stuttgart. Vierte, neubearbeitete Auflage. Drei Bände. Mit 1486 Textfiguren und 97 lithograph. Tafeln. In 3 Leinwandbände gebunden Preis M. 60,—.

Die Gebläse. Bau und Berechnung der Maschinen zur Bewegung, Verdichtung und Verdünnung der Luft. Von Albrecht von Ihering, Kaiserl. Regierungsrat, Mitglied des Kaiserl. Patentamtes, Dozenten an der Königl. Friedrich-Wilhelms-Universität zu Berlin. Zweite, umgearbeitete und vermehrte Auflage. Mit 522 Textfiguren und 11 Tafeln. In Leinwand gebunden Preis M. 20,—.

Die Kraftmaschinen des Kleingewerbes. Von J. O. Knoke, Oberingenieur. Zweite, verbesserte und vermehrte Auflage. Mit 452 Textfiguren. In Leinwand gebunden Preis M. 12,—.

Die Pumpen. Berechnung und Ausführung der für die Förderung von Flüssigkeiten gebräuchlichen Maschinen. Von Konr. Hartmann, Prof. an der Königl. Techn. Hochschule zu Berlin und J. O. Knoke, Oberingenieur in Nürnberg. Dritte, vermehrte und verbesserte Auflage, herausgegeben von H. Berg, Prof. an der Kgl. Techn. Hochschule in Stuttgart. Unter der Presse.

Zur Theorie der Zentrifugalpumpen. Von Dr. techn. Egon R. v. Grünebaum, Ingenieur. Mit 89 Textfiguren und 3 Tafeln. Preis M. 3,—.

Neuere Turbinenanlagen. Auf Veranlassung von Professor E. Reichel und unter Benutzung seines Berichtes „Der Turbinenbau auf der Weltausstellung in Paris 1900" bearbeitet von Wilhelm Wagenbach, Konstruktions-Ingenieur an der Königl. Techn. Hochschule zu Berlin. Mit 48 Textfiguren und 54 Tafeln. In Leinwand gebunden Preis M. 15,—.

Die Dampfturbinen mit einem Anhang über die Aussichten der Wärmekraftmaschinen und über die Gasturbine. Von Dr. A. Stodola, Professor am Eidgenössischen Polytechnikum in Zürich. Dritte, bedeutend erweiterte Auflage. Mit 434 Figuren und 3 lithogr. Tafeln. In Leinwand geb. Preis M. 20,—.

Thermodynamische Rechentafel (für Dampfturbinen) von Dr.-Ing. Reinhold Proell, Diplom-Ingenieur. Mit einer Gebrauchsanweisung. Preis M. 2,50.

Proells Rechentafel herausgegeben von Dr. R. Proells Ingenieurbureau, Dresden. Neue, verbesserte Ausgabe. In dauerhaftem Futteral einschließl. Gebrauchsanweisung. Preis M. 3,—.

Ingenieur-Kalender. Für Maschinen- und Hütten-Ingenieure herausgegeben von Th. Beckert und A. Pohlhausen. In zwei Teilen. Mit zahlreichen Holzschnitten und einer Eisenbahnkarte. I. Teil in Leder mit Klappe. II. Teil (Beilage) geheftet. Preis zusammen M. 3,—. Brieftaschen-Ausgabe mit Ledertaschen usw. Preis M. 4,—. Erscheint alljährlich.

Zu beziehen durch jede Buchhandlung.

Springer-Verlag Berlin Heidelberg GmbH

Das Entwerfen und Berechnen der Verbrennungsmotoren. Handbuch für Konstrukteure und Erbauer von Gas- und Ölkraftmaschinen. Von Hugo Güldner, Oberingenieur, Direktor der Güldner Motoren-Gesellschaft in München. Zweite, bedeutend erweiterte Auflage. Mit 800 Textfiguren und 30 Konstruktionstafeln. In Leinwand gebunden Preis M. 24,—.

Zwangläufige Regelung der Verbrennung bei Verbrennungs-Maschinen. Von Dipl.-Ing. Karl Weidmann, Assistenten an der Technischen Hochschule zu Aachen. Mit 35 Textfiguren und 5 Tafeln. Preis M. 4,—.

Die automatische Regulierung der Turbinen. Von Dr.-Jng. Walther Bauersfeld, Assistenten an der Königl. Technischen Hochschule zu Berlin. Mit 126 Textfiguren. Preis M. 6,—.

Die Bedingungen für eine gute Regulierung. Eine Untersuchung der Regulierungsvorgänge bei Dampfmaschinen und Turbinen. Von J. Isaachsen, Ingenieur. Mit 34 Textfiguren. Preis M. 2,—.

Der Reguliervorgang bei Dampfmaschinen. Von Dr.-Jng. B. Rülf. Mit 15 Textfiguren und 3 Tafeln. Preis M. 2,—.

Berechnung der Leistung und des Dampfverbrauches der Einzylinder-Dampfmaschinen. Ein Taschenbuch zum Gebrauch in der Praxis. Von Joseph Pechan, Professor des Maschinenbaues an der k. k. Staatsgewerbeschule zu Reichenberg. Mit 6 Textfiguren und 38 Tabellen. In Leinwand gebunden Preis M. 5,—.

Die Regelung der Kraftmaschinen. Berechnung und Konstruktion der Schwungräder, des Massenausgleichs und der Kraftmaschinenregler in elementarer Behandlung. Von Professor Max Tolle. Mit 372 Textfiguren und 9 Tafeln. In Leinwand gebunden Preis M. 14,—.

Fliehkraft und Beharrungsregler. Versuch einer einfachen Darstellung der Regulierungsfrage im Talleschen Diagramm. Von Dr.-Jng. Fritz Thümmler. Mit 21 Textfiguren und 6 lithographierten Tafeln. Preis M. 4,—.

Technische Messungen, insbesondere bei Maschinen-Untersuchungen. Zum Gebrauch in Maschinenlaboratorien und für die Praxis. Von Anton Gramberg, Dipl.-Ingenieur, Dozenten an der Technischen Hochschule zu Danzig. Mit 181 Textfiguren. In Leinwand gebunden Preis M. 6,—

Technische Untersuchungsmethoden zur Betriebskontrolle. insbesondere zur Kontrolle des Dampfbetriebes. Zugleich ein Leitfaden für die Arbeiten in den Maschinenbaulaboratorien technischer Lehranstalten. Von Julius Brand, Ingenieur, Oberlehrer der Königl. vereinigten Maschinenbauschulen zu Elberfeld. Mit 168 Textfiguren, 2 Tafeln und mehreren Tabellen. In Leinwand gebunden Preis M. 6,—.

Geschichte der Dampfmaschine. Ihre kulturelle Bedeutung, technische Entwickelung und ihre großen Männer. Von Konrad Matschoß, Ingenieur. Mit 188 Textfiguren, 2 Tafeln und 5 Bildnissen. In Leinwand gebunden Preis M. 10,—.

Zu beziehen durch jede Buchhandlung.